대분류	중분류	소분류	세분류	학습모듈
건 설	건 축	건축설계·감리	건축설계	건축설계시스템

NCS 기반의 산업체 직무프로그램에 맞는 프로그램

건축 설계 시스템

교수학습지침서

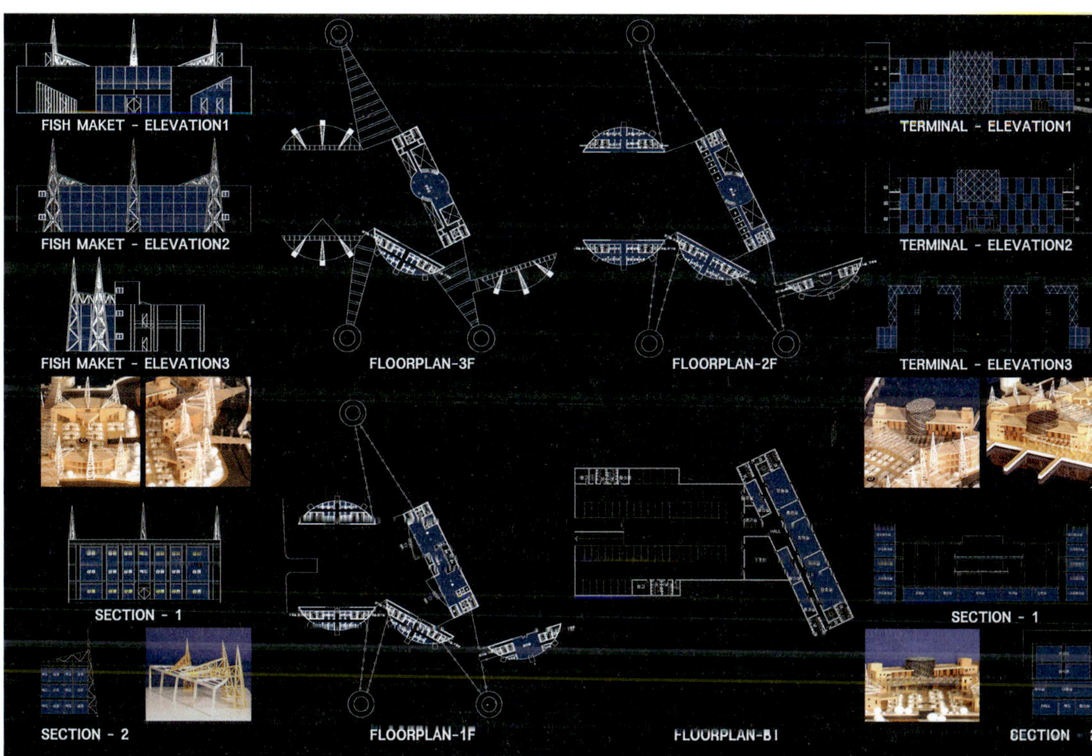

백 경 무 지음

SEOWOO PUBLICATIONS

머 리 말

산업 현장에서 필요한 기술, 능력, 소양이 점점 시대적 요구됨에 따라 건축교육도 과거 이론 위주에서 점점 실무적 경험이 증대되고 이런 실습 위주의 교육이 절실히 요구되는 시대적 상황입니다.

건축교육 중에 건축설계는 건축물을 설계하는 과정 전체를 포함하는 내용이기 때문에 설계, 시공, 구조, 설비, 법규, 환경 등 건축과 관련 된 모든 분야에 상호 연결체인 것이다. 그와 동시에 건축이 예술과 기술의 양면성을 지니고 있는 관계로 창조적 건축도 동시에 요구 되어 진다.

이는 건축 설계가 다양한 분야의 반영물이고, 직관 및 예술적 가치를 함께 존재하기 때문에 건축설계를 합리적이고 효율적으로 진행하기가 그리 쉽지는 않다. 이를 위해서 저자가 판단하기에 가장 필요한 것은 명확한 프로세스와 각 과정에 영향을 주는 시스템들의 정리라고 생각합니다. 시스템 중에 적합한 내용을 선택하여 건축설계에 반영하면 객관적이면서도 시스템적으로 각자의 특성이 내재된 건축설계 결과물이 될 수 있다고 확신합니다.

건축설계는 이론보다는 실무적 성격이 강한 분야이므로 기본 원칙과 그 내용의 실습과 응용이 중요합니다. 따라서 이론적 내용은 그림과 함께 쉽고 간결하게 처리하였으며, 실습은 실제 사례를 보여주고 자신의 설계과정에 적합한 방식을 도입하여 누구나 쉽게 적응할 수 있도록 노력하였습니다.

이 책은 저자의 미국과 일본 등 외국에서 그 동안 학습한 내용 및 건축설계 접근방법들과, 9년간 설계사무소에서 수행한 건축설계 경력, 20년간 학생 지도 경험 및 결과물, 그리고 각종 위원회의 참여한 내용들이 복합적으로 수록 하였습니다.

마지막으로 본 서적이 건축설계를 체계적으로 수행하려는 모든 분들에게 조금이나마 갈증 해소의 역할을 할 수 있기를 기대해 봅니다.

2017년 2월

저자 백 경 무

[NCS-학습모듈의 위치]

대분류	분류명 건설
중분류	분류명 건축
소분류	분류명 건축설계 감리

세분류		
건축설계	능력단위	학습모듈명
분류명2	건축설계 계약 건축설계 운영관리	건축설계 계약 및 운영관리
분류명3	건축설계 조사 분석	건축설계 조사 분석
분류명4	건축설계 기획	건축설계 기획
	건축설계	건축설계 시스템
	건축설계 프레젠테이션	건축설계 프레젠테이션
	BIM 설계	BIM 설계
	관계사 협력설계	관계사 협력설계
	건축설계 설계 도서작성	건축설계 설계 도서작성

차 례

건축 설계 시스템 학습모듈의 개요

학습모듈의 목표

건축설계 시스템이란 건축물을 설계하는 데 고려해야 할 영향인자의 시스템들을 활용하여 효율적이고 시스템적으로 프로세스에 의한 설계방법이다.

먼저 공간 조형의 구현을 형상화하기 위하여 사전준비 시스템을 활용하여 대지 및 그 주위를 조사 분석하고 기획한 각종자료와 요구사항들을 기초로 분석한다. 또한 공간조형 시스템을 이용하여 창의적인 아이디어를 반영한 건축 구상을 구체적인 성과물을 통해 구현해 내는 능력과 구현해 낸 성과물을 경제적, 기능적, 심미적 관점에서 검토하고 조정 할 수 있다. 특히 합리적인 건축 계획안을 수립하기 위하여 대안들을 상호 보완하고 검토하여 조정하여 최종안을 선정한다.

둘째로 구조 계획과 관련한 시스템을 활용하여 구조지질조사 내용을 분석하고 공간의 형태, 건물의 특성, 하중조건의 검토를 통하여 안전하고 경제적이며 시공 가능한 최적의 구조 시스템을 선정할 수 있다. 구조 계산 기준과 공간 형태, 설비 시스템을 통해 건축구조의 기본 모듈을 계획할 수 있다. 구조계산서의 기본 내용을 이해하고 주요내용의 검토를 통해 구조 계획서를 작성할 수 있다. 건축계획에 따라 구조계획을 협의하고 조정할 수 있다.

셋째로 상기의 여러 시스템을 반영하여 기능 분석에 따른 소요 공간의 위치, 성격, 연관성을 결정하여 배치・평면・입면・단면 계획을 할 수 있다. 또한 설계 개념에 부합하는 형태, 규모, 재료, 마감, 색채의 사용을 통하여 배치・평면・입면・단면 계획을 할 수 있다. 성능과 경제성, 시공성, 심미성 관점에서의 종합적 판단을 통하여 최적의 배치・평면・입면・단면 계획안을 선택 할 수 있다. 수평 동선계획과 실 배치계획, 코어계획을 고려하여 평면계획을 할 수 있고 수직 실 배분 계획, 층고 계획, 단열과 방수계획, 재료마감계획을 통하여 단면계획을 할 수 있다. 더불어 창호계획, 외장계획, 색채계획, 지붕과 옥상계획 등을 통하여 입면계획을 할 수 있다.

선수학습

건축설계도서(1403010108_14v2), 건축설계 조사 분석(1403010102_16v3), 건축 프레젠테이션(1403010105_16v3), 건축설계기획(1403010103_16v3)

학습모듈의 내용체계

학습	학습내용	NCS 능력단위요소		
		코드번호	요소명칭	수준
공간조형 계획하기	공간조형 계획	1403010104_14v2.2	공간조형 계획	5
구조 계획하기	구조계획	1403010104_14v2.4	구조계획	5
배치・평면・입면・단면 계획하기	배치・평면・입면・단면 계획	1403010110_16v3.2	배치・평면・입면・단면 계획	5

교육훈련 대상 및 이수시간(예시)

학습명	학습내용명	교육훈련 대상 및 이수시간(hour)		
		고등학교	전문대학	대학교
1. 공간조형 계획	1-1. 설계 준비시스템 1-2. 공간조형 시스템		20	
2. 구조 계획	2-1. 구조 시스템 2-2. 구조 관련 시스템		8	
3. 배치·평면·입면·단면 계획	3-1. 배치·평면·입면·단면 시스템		32	

※ 교육훈련 대상 및 이수 시간은 NCS 능력단위 요소별 수준에 근거하며, 교육훈련 및 산업체 현장 전문가의 의견을 수렴하여 참고로 제시함.

핵심 용어

건축계획, 설계조건, 대지조건, 창조적 아이디어, 3차원 형태, 이미지와 스케치, 대안(Alternatives), 토지이용계획, 전이 공간, 지상구조, 지하구조, 커튼월, SPG, 모듈러 건축, ACM, 특수 구조, 코아계획, 배치계획, 평면계획, 입면계획, 단면계획, 단열, 방수

학습 1	공간조형 계획하기 (LM1403010104_14v2.2)
학습 2	구조계획(1403010104_14v2.4)
학습 3	평 · 입 · 단면 계획(1403010110_16v3.2)

1-1. 설계 준비 시스템

학습목표 • 설계조건, 대지조건, 유사사례, 창조적 아이디어 등의 종합적 판단과 구체화를 통해 공간조형계획을 할 수 있다.

필요 지식 /

[1] 사전조사

-공간조형을 계획하기 위해서는 먼저 그와 관련된 여러 가지 필요한 자료를 수집하고

-수집된 자료를 토대로 각종 자료들을 분류하고 통합하여 시각적인 데이터를 정보화하며

-이런 정보들은 공간조형을 계획을 위한 다양한 분석의 틀을 제공한다.

1. 설계조건

-제시된 조건들을 어떻게 반영할 것인가를 분석하고 계획방향을 설정하여야 한다.

-설계조건 분석은 각 조건의 일반적 사항과 대지분석 및 토지이용계획에서 분석된 내용을 상호 보안하여 정밀한 분석을 하도록 한다.

특히 분석의 표현 도구로는 Diagram을 작성하는 것이 시각적 이해도를 향상시킬 수 있으며, 계획방향의 설정에 수월하다.

(1) 조사 내용

-각종 법규 제한 조건 : 지역지구제, 대지면적, 건폐율, 용적률, 건축물의 높이제한 등의 조사

-주변 현황 및 대지 내 현황 관련 설계 요구 내용들의 조사

-대지 내 계획 건축물 위치 및 조경 관련 요구 사항의 조사

-공간계획 및 각실 배치 유의사항들의 조사

-각 부위별 레벨(바닥레벨 등) 관련 특기사항들의 조사

-출입, 이동, 피난등과 관련된 조건들의 조사

-기타 연계성, 편의성, 안전성, 경제성, 인지성, 상징성 등과 관련된 설계조건들 조사

테마	사물	형상 및 특이사항	비고
기생	다양	사례 및 형상 조사	
공생	다양	사례 및 형상 조사	
동물	새둥지	효율적 형태, 부착형 구조	
	박쥐의 날개	효율적 비행과 접이식 구조	
	악어의 피부	불규칙한 형상과 각질피부	
	개코 도마뱀	접착에 고효율	
	인간 관절	기능적 형태 및 작동	
	헬라세포	불멸의 세포	
식물	벌레 잡는 식물들		
곤충	피 빠는 거머리	치료제	
어류	복어	독: 보톡스	
	해파리	지구 온난화/쥐치와 해파리는 상극	
	콩고의 괴물 물고기	이빨. 전기	
	말뚝 망둥어	공기 호흡과 아가미 호흡. 빨판 있어 잘 붙는 능력	
환경 관련 사물	로듐. 백금. 팔라듐	공해저감 장치 촉매제	
	탄소섬유	강철의20%무게10배 강도. 경량화 에너지 효율배가	
	폴리실리콘	태양전지재료	
	바람	풍차. 허수아비. 풍혈의 연속	
	불	바비큐 타운	
	물	느낌 다른 물/아쿠아리움	

표 1-1 계획방향 관련 생태 및 환경 관련 테마 조사

2. 대지조건

좋은 건축물을 만들기 위해서는 건축물의 대지를 잘 관찰하고 대지의 형상, 대지의 주변과의 관계, 대지의 조건이나 문제점 등을 충분히 파악한다.

-대지주변의 여러 가지 제약 조건 및 공간조형 반영 조건들을 파악하는 단계이다.

-대지의 콘텍스트(context)를 정확히 파악하여야 한다.

-일조, 소음, 바람, 법규 등의 자료를 분석하고,

-각종 시설의 기능적 관계를 파악하도록 한다.

(1)자료준비

-대지 주변 전경 및 주변 현황 사진

-등고가 표기된 지형 측량도와 대지모형

-토지이용계획도, 도시계획확인원, 지구단위계획 시행지침 등 관련 서류

-기타 지적도 및 각종 지도

그림 1-2 대지 주변 전경 및 주변현황 사진

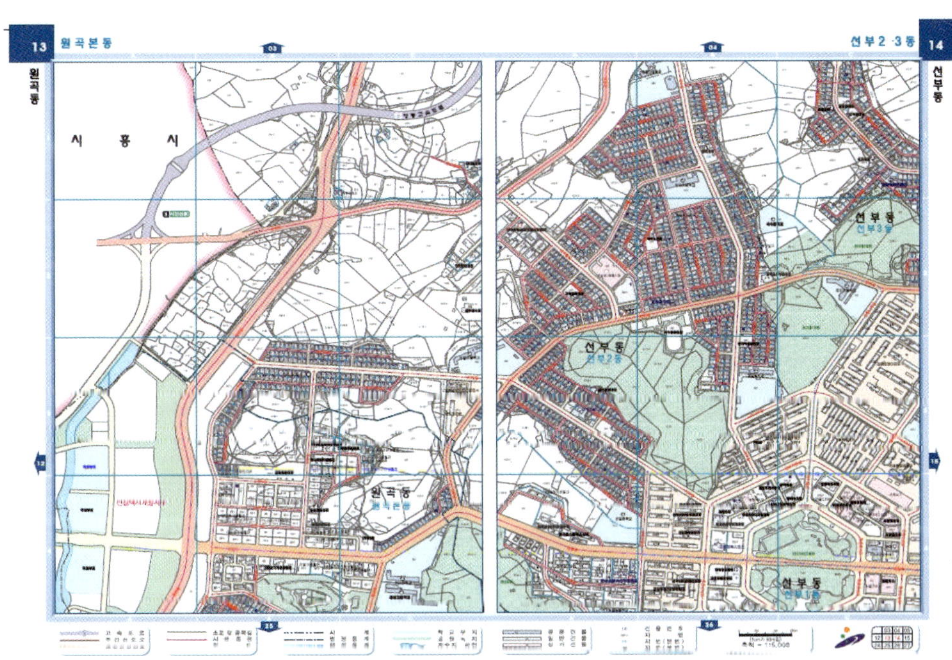

그림 1-3 지적도

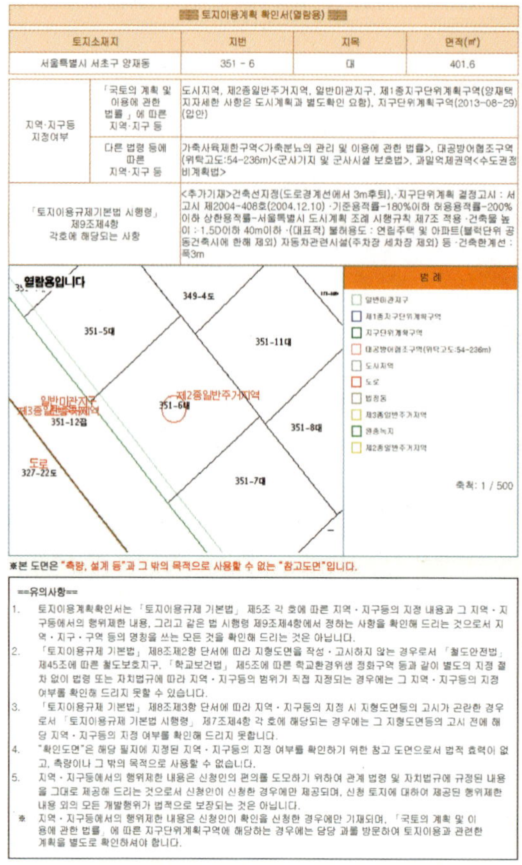

토지이용계획 확인서(열람용)

토지소재지	지번	지목	면적(㎡)
서울특별시 서초구 양재동	351 - 6	대	401.6

지역·지구등 지정여부	「국토의 계획 및 이용에 관한 법률」에 따른 지역·지구 등	도시지역, 제2종일반주거지역, 일반미관지구, 제1종지구단위계획구역(양재택지자세한 사항은 도시계획과 별도확인 요함), 지구단위계획구역(2013-08-29)(입안)
	다른 법령 등에 따른 지역·지구 등	가축사육제한구역<가축분뇨의 관리 및 이용에 관한 법률>, 대공방어협조구역(위탁고도:54-236m)<군사기지 및 군사시설 보호법>, 과밀억제권역<수도권정비계획법>
「토지이용규제기본법 시행령」 제9조제4항 각호에 해당되는 사항		<추가기재>건축선지정(도로경계선에서 3m후퇴),·지구단위계획 결정고시 : 서고시 제2004-408호(2004.12.10) ·기준용적률-180%이하 허용용적률-200%이하 상한용적률-서울특별시 도시계획 조례 시행규칙 제7조 적용 ·건축물 높이 : 1.5D이하 40m이하 ·(대표적) 불허용도 : 연립주택 및 아파트(블럭단위 공동건축시에 한해 제외) 자동차관련시설(주차장 세차장 제외) 등 ·건축한계선 : 폭3m

※본 도면은 "측량, 설계 등"과 그 밖의 목적으로 사용할 수 없는 "참고도면"입니다.

==유의사항==

1. 토지이용계획확인서는 「토지이용규제 기본법」 제5조 각 호에 따른 지역 · 지구등의 지정 내용과 그 지역 · 지구등에서의 행위제한 내용, 그리고 같은 법 시행령 제9조제4항에서 정하는 사항을 확인해 드리는 것으로서 지역 · 지구 · 구역 등의 명칭을 쓰는 모든 것을 확인해 드리는 것은 아닙니다.
2. 「토지이용규제 기본법」 제8조제2항 단서에 따라 지형도면을 작성 · 고시하지 않는 경우로서 「철도안전법」 제45조에 따른 철도보호지구, 「학교보건법」 제5조에 따른 학교환경위생 정화구역 등과 같이 별도의 지정 절차 없이 법령 또는 자치법규에 따라 지역 · 지구등의 범위가 직접 지정되는 경우에는 그 지역 · 지구등의 지정 여부를 확인해 드리지 못할 수 있습니다.
3. 「토지이용규제 기본법」 제8조제3항 단서에 따라 지역 · 지구등의 지정 시 지형도면등의 고시가 곤란한 경우로서 「토지이용규제 기본법 시행령」 제7조제4항 각 호에 해당되는 경우에는 그 지형도면등의 고시 전에 해당 지역 · 지구등의 지정 여부를 확인해 드리지 못합니다.
4. "확인도면"은 해당 필지에 지정된 지역 · 지구등의 지정 여부를 확인하기 위한 참고 도면으로서 법적 효력이 없고, 측량이나 그 밖의 목적으로 사용할 수 없습니다.
5. 지역 · 지구등에서의 행위제한 내용은 신청인의 편의를 도모하기 위하여 관계 법령 및 자치법규에 규정된 내용을 그대로 제공해 드리는 것으로서 신청인이 신청한 경우에만 제공되며, 신청 토지에 대하여 제공된 행위제한 내용 외의 모든 개발행위가 법적으로 보장되는 것은 아닙니다.

※ 지역 · 지구등에서의 행위제한 내용은 신청인이 확인을 신청한 경우에만 기재되며, 「국토의 계획 및 이용에 관한 법률」에 따른 지구단위계획구역에 해당하는 경우에는 담당 과를 방문하여 토지이용과 관련한 계획을 별도로 확인하셔야 합니다.

그림 1-4 토지이용계획 확인서

(2)분석내용

(가)자연요소 분석

①수목에 의한 제한

②홍수 범람 등에 의한 제한

③경사도에 따른 제한 등

(나)법규 제한 요소 분석

①이격 거리에 의한 제한

②일조권에 의한 제한

(다)대지 현황 분석

①도로 조건에 의한 진 · 출입로 분석

②주변대지의 성격 및 건축물의 용도 분석

③도로 및 주변 소음의 정도 분석

(라)설계조건 분석

①기능의 연계에 의한 위치 분석

②주변과의 연계 분석

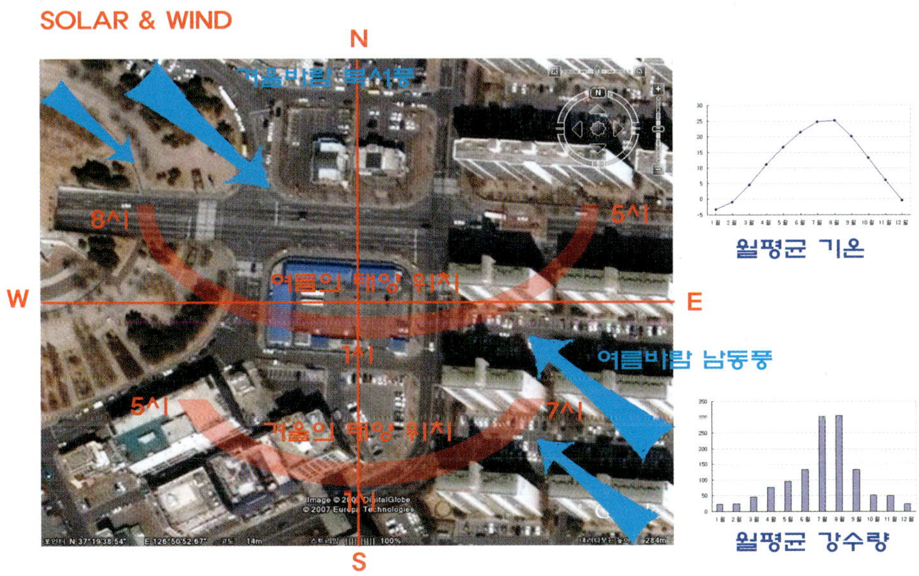

그림 1-5 대지분석-향과 바람

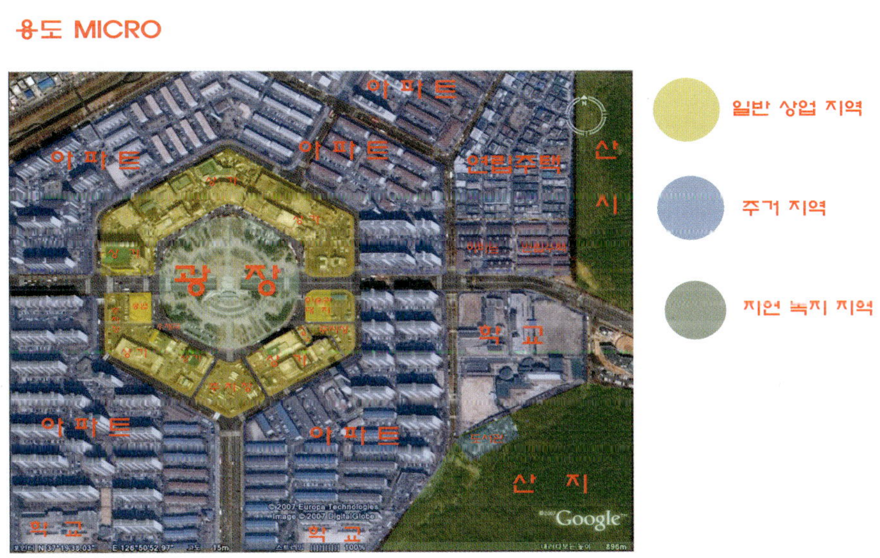

그림 1-6 대지분석-지역

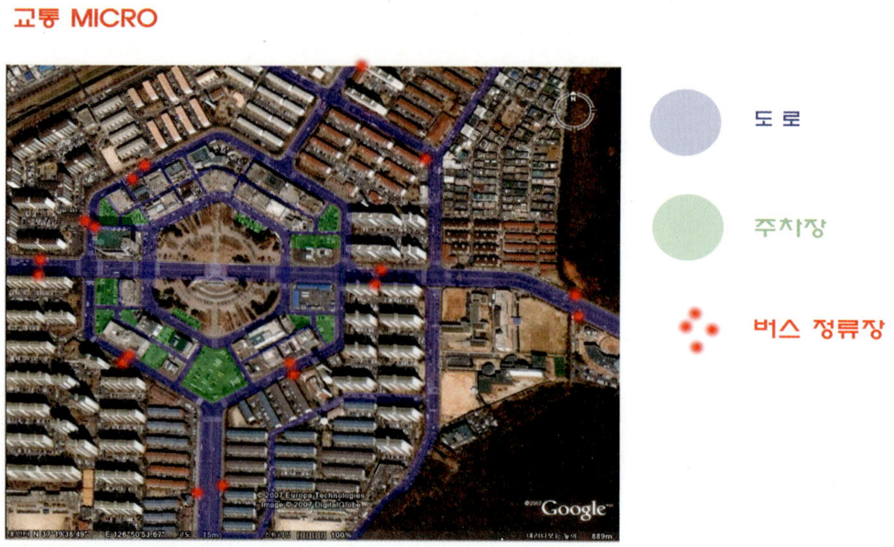

그림 1-7 대지분석-교통

그림 1-8 대지분석-용도

3. 사례조사

이미 설계되고 준공된 건축물, 계획 프로젝트 등을 사전에 조사하고 분석함으로써 건축설계의 전반적 과정의 이해와 적용에 도움이 된다. 이 과정은 초기에 이루어지지만 건축설계 전체과정에 영향을 준다.

(1)활용자료

-건축 관련 서적 및 잡지 등의 데이터

-건축설계 사무소, 시공회사 등의 건축 관련 자료들

-기타 인터넷의 활용 데이터 등

(2)선정

-설계하고자 하는 유사 용도의 사례를 조사하기

-설계하고자 하는 부지면적, 건축면적, 연면적 등이 유사한 규모로 사례위주로 조사하기

-국내와 국외를 구분하여 사례를 조사하기

(3)유의사항

-건축서적, 잡지 등의 수록된 데이터들은 책 편집을 때문에 스케일의 조정이 필요하다.

-다양한 건축자료 중에 본인이 설계하고자 하는 목적에 부합하는 건축물의 조사하기.

(4) 분석내용

-공간적 건축적 기본개념과 창조적 아이디어들을 분석한다.

-건축물의 제약요소와 그에 관한 해결방안을 분석한다.

-건축물의 죠닝 별 면적을 산출하고, 상호 수직과 수평의 연관 관계를 분석한다.

-건축물 용도에 필요한 소요 제실을 분석하고 각 제실의 면적을 산출한다.

그림 1-9 사례조사

4. 계획 각론

(1) 의미

-계획 각론의 데이터는 법규 데이터가 최소 기준이라면 적정 수치를 의미한다.

-계획 각론 데이터는 국가별, 책자마다 수치가 다를 수 있고 다양하다.

-데이터의 수치를 학생들이 납득할 수 있도록 설명하여야 한다.

(2) 원칙

-계획 각론 조사할 경우 그림 위주로 함축하여 정리한다. (키워드 식 정리)

-각 용도의 유형별 특징과 정의가 중요하다.

-각 데이터를 계획 설계, 기본설계, 실시설계별로 적용이 필요한 요소를 구분하여 이해가 필요하다.

-부지관련, 주요기능과 죠닝, 개념, 유형, 실별 구성, 동선 등에 파악에 주안점을 두고 정리하도록 한다. (부록 참조)

직선형	구불구불한 순환형	누빈형	빗형	체인형
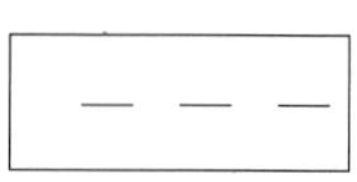	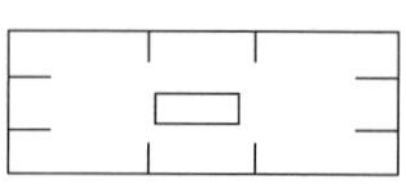	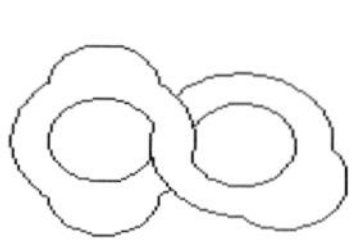	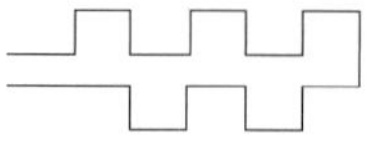	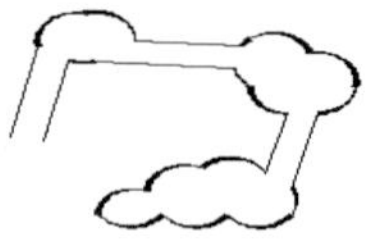
별형	FAN형	블록(大)	블록(小)	분산접근형
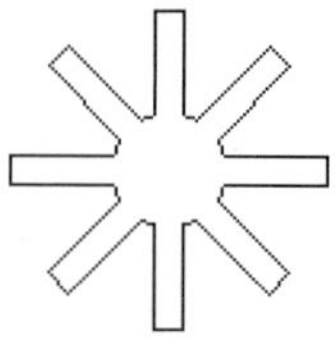	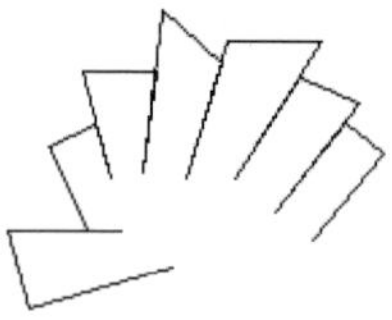	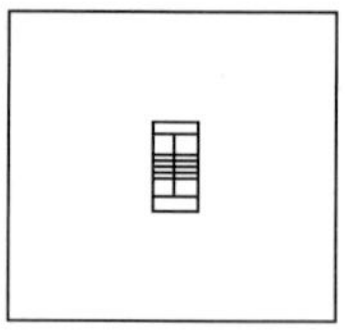	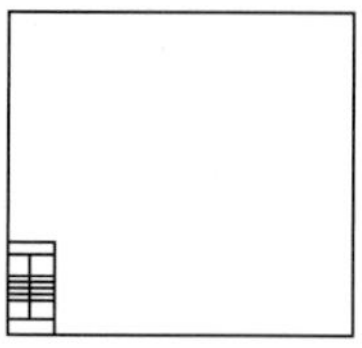	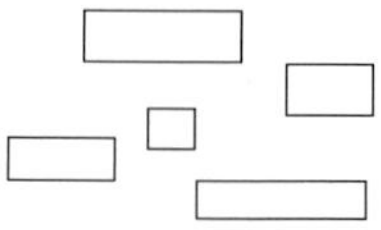

표 1-2 미술관의 동선 유형에 따른 구성 정리

5. 법규

-건축법은 최소한의 기준을 제시한 기준이다.

-특히 용도와 규모에 최소한의 시설의 설치에 주안점을 두고 검토한다.

-법규는 화재 및 시설물의 안전에 최대한 역점을 두고 검토해야 한다.

(1) 건축법의 이해

-설계조건으로 제시된 용도와 기준으로 법규를 검토한다. 특히 주거 관련시설과 다중이용 시설들의 법규검토는 세밀하게 학습한다.

-건축법, 건축법시행령, 건축법시행규칙 등을 상호 연관하여 학습한다.

-건축법은 총칙, 건축물의 건축, 건축물의 유지와 관리, 건축물의 대지와 도로, 건축물의 구조 및 재료, 용도지역 및 용도 지구안의 건축물, 건축설비, 특별건축구역 등을 구분하여 세밀하게 학습한다. (부록 참조)

(2) 주차장법의 이해

-설계조건으로 제시된 용도와 기준으로 법규를 검토한다.

-주차장법, 주차장법시행령, 주차장법 시행규칙 등을 상호 연관하여 학습한다.

-주차장법은 총칙, 노상주차장, 노외주차장, 부설 주차장, 기계식 주차장 등을 구분하여 이해한다.

(3) 건축법 관련법의 이해

-필요하다면 건축법의 상위법을 검토한다. 예를 들면 광역도시계획, 수도권정비계획, 시군 기본계획, 시군 관리계획, 개발 행위의 허가, 용도 지역 용도 지구 및 용도구역에서의 행위제한, 시군 계획시설 사업의 시행 등과 같은 국토의 계획 및 이용에 관한 법을 확대하여 학습한다.

-대규모 주택 단지 등을 계획 할 경우, 주택법 도시 및 주거 환경 정비법, 주택 건설 기준 등에 관한 규정 및 주택 공급에 관한 규칙 등 관련 법규를 검토하여 건축법과의 상호 연관성과 적용기준을 이해한다.

-다중이용 시설의 경우, 사회약자와 교통약자들의 건축물의 이용과 접근에 도움이 될 수 있도록 교통약자 이동편의 증진법, 노인, 장애인, 임산부를 위한 편의시설 증진법 등을 조사하고 이해하도록 한다.

수행 내용 / 설계 준비 시스템하기

재료 · 자료

- 건축계획 및 참고용 관련자료
- 계획대지와 그 주변의 현황과 건축물에 관련된 행정자료 및 사진자료
- 공간 조형을 계획하기 위한 유사 면적과 용도의 사례 자료
- 법규검토를 위한 건축 법규 및 관련법의 규정 자료

기기(장비 · 공구)

- 3차원 모델링용 컴퓨터 프로그램 및 기기일체
- 정보 수집 및 분석의 도식화 작업용 컴퓨터 프로그램 및 기기일체
- 프린터 및 플러터 등 출력장비

안전 · 유의사항

- 설계준비 시스템을 활용하기 위하여 설계 요구사항과 조건에 부합되는 핵심 내용을 파악한다.
- 현장 대지에 방문시 안전에 주의하면서 대지 및 주변의 현황을 면밀히 분석토록 한다.
- 건축물의 가급적 정확한 법규검토를 위하여 풍부한 건축계획 실무자에 조언을 적극적으로 구한다.

수행 순서

1 설계조건

1. 설계목표의 설정에 따른 이해도를 충분히 숙지한다.
2. 목표에 적합한 설계방향을 설정한다.
3. 다양한 설계조건들에 공간조형 계획에 영향요소들을 파악하고 분석한다.
4. 설계목표, 설계방향, 공간조형 영향요소를 도식화하여 명확히 시각화한다.

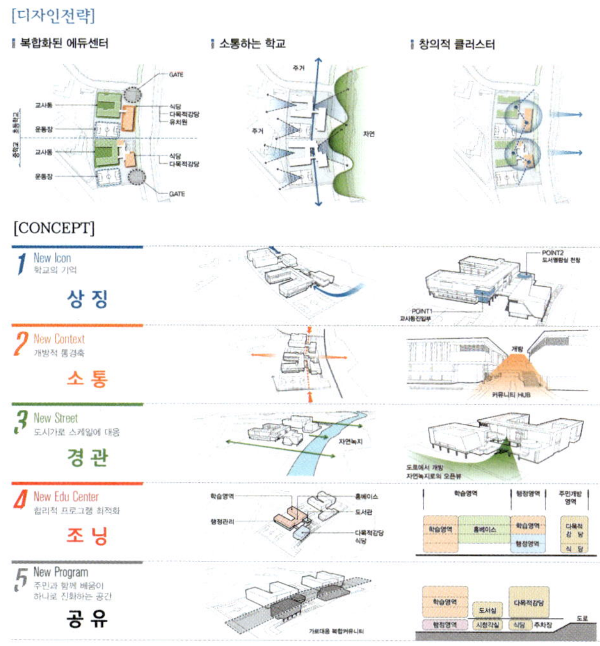

그림 1-9 기본구상 출처: 성현건축, 시흥 목감 2 중학교

② 대지조건

1. 계획대지 및 주변의 현황을 충분히 파악하고 이해하도록 한다.

2. 계획대지 및 주변의 제약조건 및 공간조형 반영 조건들을 파악한다.

3. 다양한 분석을 통해 공간조형 계획에 영향요소들을 파악하고 분석한다.

4. 대지 관련 분석 내용들을 도식화하여 명확히 시각화한다.

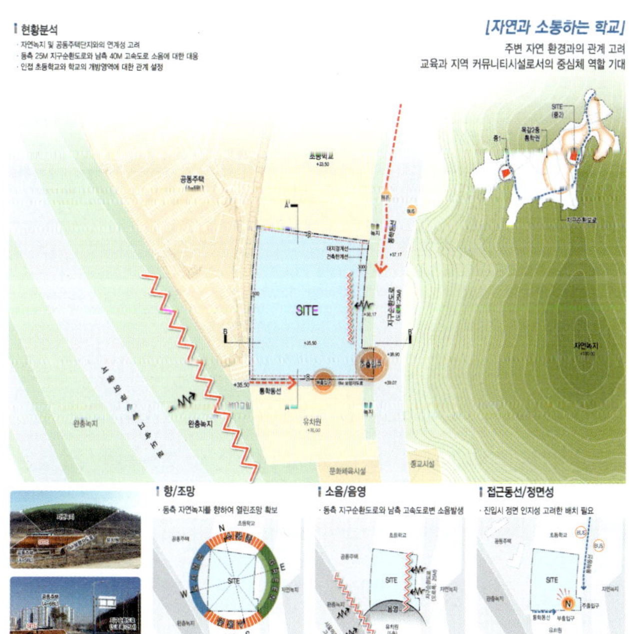

그림 1-10 현황분석 출처: 성현건축, 시흥 목감 2 중학교

③ 사례조사

1. 이미 설계된 또는 계획 프로젝트들을 사전에 조사하고 분석토록 한다.
2. 자료들은 유사 용도와 유사 규모로 국내외 자료를 조사한다.
3. 사례조사 관련 내용들을 도식화하여 명확히 시각화한다. (부록 참조)

④ 계획 각론

1. 계획 각론을 조사할 경우 키워드 식, 그림 위주로 함축하여 정리한다.
2. 각 용도의 유형별 특징과 정의가 중요하다.
3. 부지관련, 주요기능과 죠닝, 개념, 유형, 실별 구성, 동선 등에 파악에 주안점을 두고 정리하도록 한다. (부록 참조)

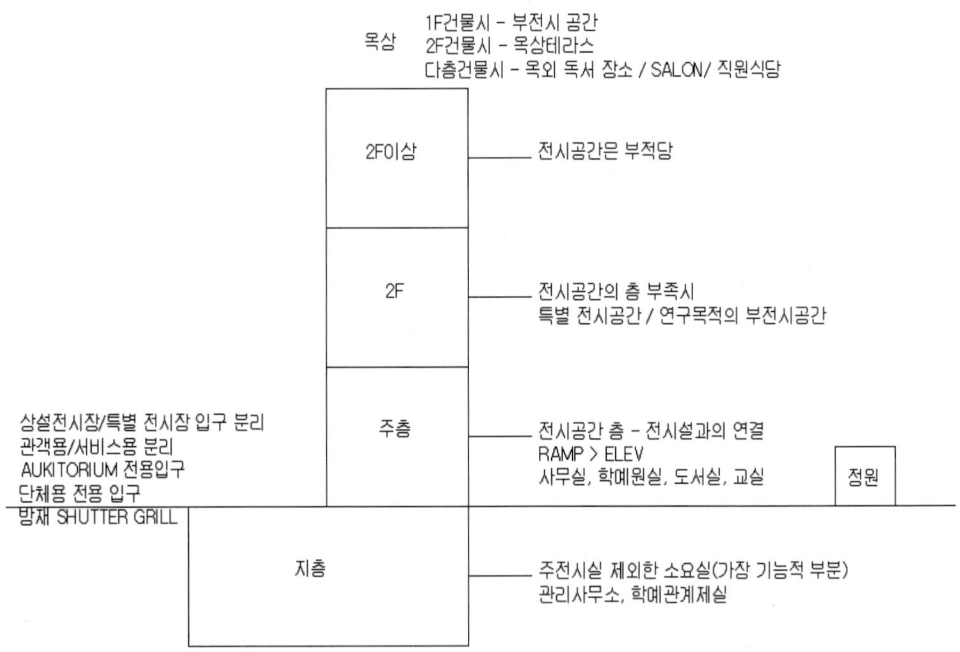

그림 1-11 미술관 층별 시설계획 정리

⑤ 건축법규

1. 설계조건으로 제시된 용도와 기준으로 법규를 검토한다.
2. 건축법, 건축법시행령, 건축법시행규칙 등을 상호 연관하여 조사한다.
3. 주차장법, 주차장법시행령, 주차장법 시행규칙 등을 상호 연관하여 조사한다.
4. 필요하다면 건축법의 상위법 및 관련법을 조사한다. 대규모 주택 단지 등을 계획할 경우, 주택법 도시 및 주거 환경 정비법, 주택 건설 기준 등에 관한 규정 및 주

택 공급에 관한 규칙 등 관련 법규를 검토하여 건축법과의 상호 연관성과 적용기준을 조사한다. 다중이용 시설의 경우, 사회약자와 교통약자들의 건축물의 이용과 접근에 도움이 될 수 있도록 교통약자 이동편의 증진법 , 노인, 장애인, 임산부를 위한 편의시설 증진법등을 조사한다.(건축 설계의 동선 계획 참조)

5. 관련 내용들을 도식화하여 명확히 시각화한다. (부록 참조)

수행 tip

- 설계목표는 도식화하여 명료하게 시각화한다.
- 대지분석은 대지를 직접 방문하고 그 내용을 간단히 정리하고 이를 시각화한다.
- 사례조사는 반드시 유사 규모 및 용도로 3개 이상 선택하여 용도의 죠닝별로 정리한다. 또한 소요실의 규모와 상관관계를 정리하여 향후에 계획에 활용토록 한다.
- 계획 각론과 법규체크는 키워드 및 그림위주로 정리하도록 한다.

1-2. 공간조형 시스템

학습목표	•3차원의 구체적인 형태를 구성하여 공간조형을 구체화 할 수 있다. •미적, 기술적 성능을 중심으로 한 공간형태의 검토를 통해 공간 간의 상호관계를 이해하고 대안을 도출할 수 있다. •다양한 조합과 구성에 의한 대안의 비교 검토를 통해 최적의 공간 조형을 계획할 수 있다. •설계목표와 계획원칙의 부합여부 검토를 통하여 최종적인 대안을 결정 할 수 있다. •최종 대안에 공간 시스템을 적용한다.

필요 지식 /

1 아이디어

1. 창조적 아이디어

건축은 건축가에 의하여 새롭게 창조되는 것이며, 독창적이어야 한다. 즉, 다른 건축을 모방한다든지 과거의 건축을 되풀이해서는 무의미한 것이다. 물론 창조적이라 해도 이제까지의 것과 완전히 다른 건축을 만들어 낸다는 것은 거의 불가능한 것이며, 기계적인 유사성은 당연히 있을 수 있는 것이다. 그럼에도 디자인을 지배하는 아이디어나 조형적인 면에 독창성이 요구된다.

(1)선결조건

-사고를 풍부하게 생각하고, 생각의 새로운 조합을 만들고, 상황의 이면을 보아야 한다.

-유추(analogy)의 대한 훈련을 바탕으로 다양한 은유를 경험하는 것으로 그 기초능력을 배양한다.

-기존의 것으로부터 벗어나기 위한 사고를 가져야 한다.

-빠른 해답 찾기 등의 강박관념을 버려야 한다.

(2) 도출 방법

-사물에서 유추된 형태를 스케치를 활용하여 도출할 수 있다.

-다양한 컴퓨터를 활용한 3차원 형태를 활용하여 도출할 수 있다.

-어려운 형상인 경우, 매스 모형을 활용하여 형태를 도출할 수 있다.

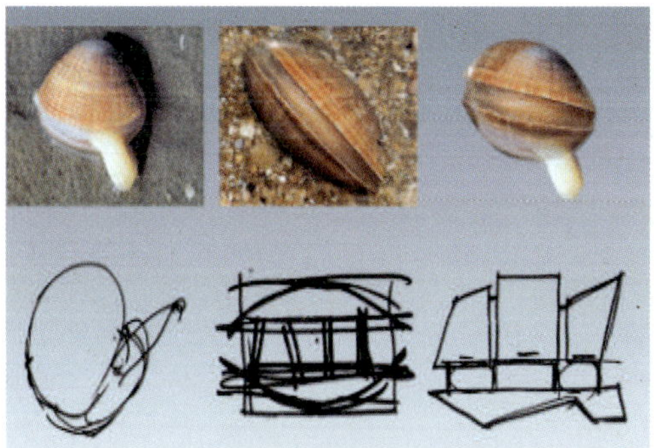

그림 1-12 사물에서 스케치하기

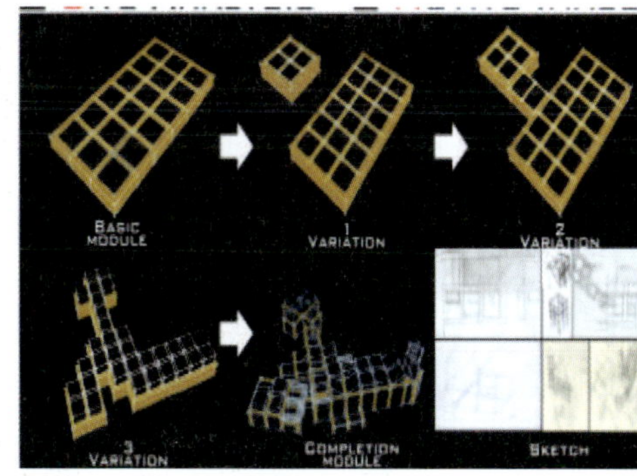

그림 1-13 스케치와 컴퓨터 3차원 형태

(3) 도출 사례

-사물의 이미지를 활용

-기술적 성능 개선

-도시 및 건축 철학의 구현

-배치개념에 따른 합리적 사고

-건축 계획 각론의 건축물 용도 관련 유형별 형태

-기타

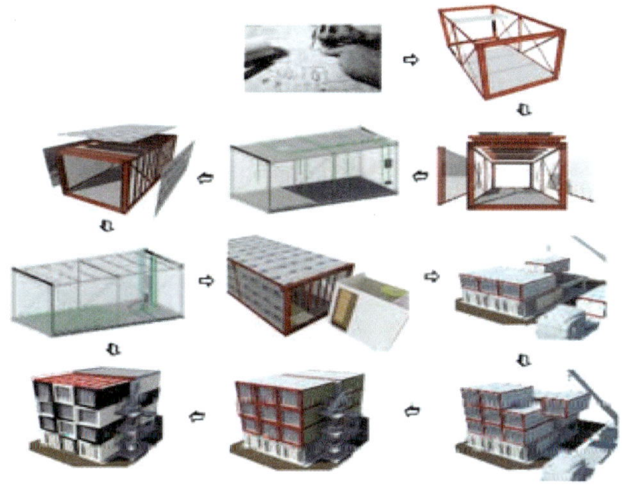

그림 1-14 기술적 성능개선 사례: 모듈러 건축

그림 1-15 기술적 성능개선 사례: 마스트 건축

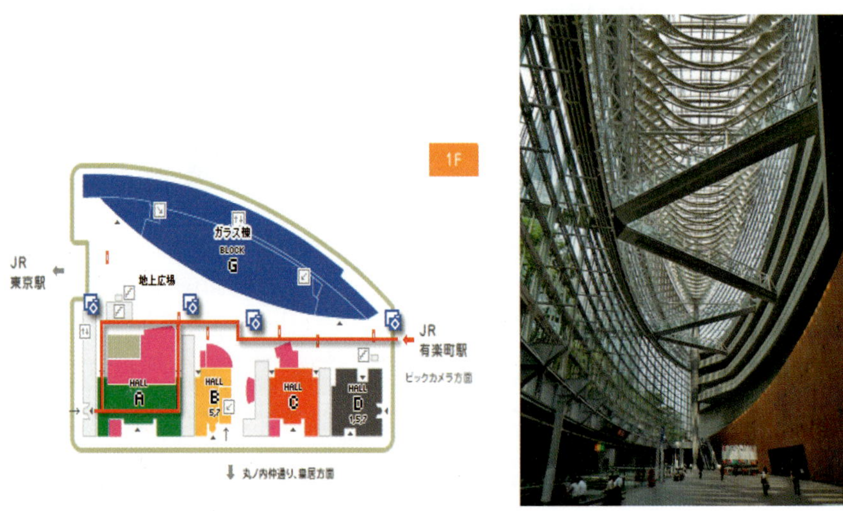

그림 1-16 배치의 합리적 사고: Tokyo Int. Forum

2. 3차원형태

형태는 어떤 사물의 생김새나 모양을 나타내며, 입체적인 3차원 요소를 갖고 있기 때문에 공간을 형성하게 된다. 반면에 평면적인 모양(Shape)은 2차원적인 평면윤곽인 사물의 모습이 가지는 이미지(Image)라는 의미로 사용된다.

(1)표현 방법

-스케치: 초기에 아이디어와 3차원 형태를 구현하기 위한 기본적 방법 중에 하나이다.

-컴퓨터 3차원 프로그램: 다양한 프로그램을 활용한 3차원 구현이 가능하다.

-매스모형: 가장 보편적 표현 방법이고 스케일감과 어려운 형상도 구현이 가능하다.

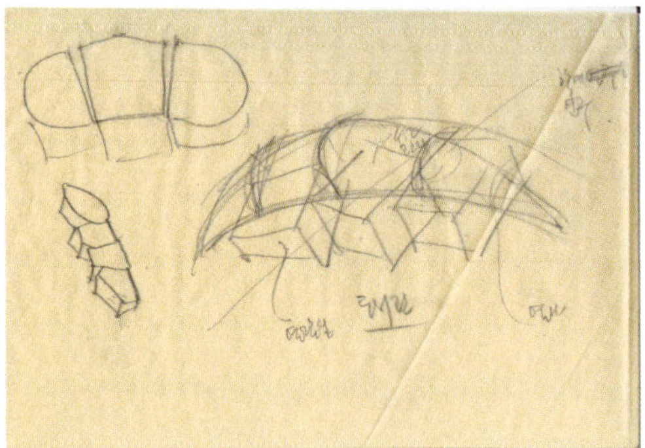

그림 1-17 스케치

그림 1-18 매스모형

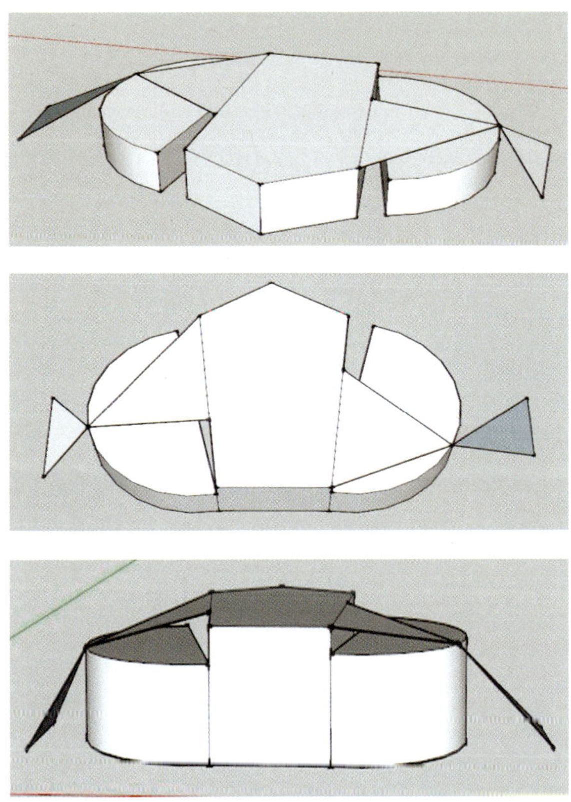

그림 1-19 스케치 업 프로그램 활용 3차원 형태

(2)형태의 종류

-자연의 현상을 가지는 자연적인 형태

-인위적으로 디자인된 기하학적인 형태

-인위적인 형태들이 조합되어 의미화 시킨 추상적인 형태

-자연의 현상이나 생물체처럼 전체를 구성하고 있어서 서로를 떼어낼 수 없는 유기적인 형태 등으로 구분한다.

(3) 형태 조합 방법

①큰 건축면적으로 바닥면적은 넓고 높이는 낮은 볼륨

②작은 건축면적으로 바닥면적은 좁고 높이는 높은 볼륨

③하나의 볼륨

④둘 이상의 볼륨으로 나눈 것

⑤기능이 다른 것들은 상하로 분리시키거나 공간(중정)으로 나누거나 볼륨으로 분리하는 형태

⑥어떤 기준에 의해 매스(Mass)를 규칙적으로 줄 세우거나 방사형으로 나열한 형태

⑦건물의 수직형태에 변화를 준 것 등 여러 가지를 생각할 수 있다.

(4)형태구성 원리

(가) 대칭

-가장 중요한 고전 건축의 원리

-기본적인 대칭의 종류는 반사대칭, 이동대칭, 회전대칭 등이 있다.

(나) 비례

-전체와 부분 및 부분과 부분 간의 비례를 의미하는데, 물리적 크기의 기하학적 개념을 나타낸다.

-건축에서의 선, 면, 공간 사이에서 상호 간의 양적관계

(다) 균형

-균형은 인간의 주의력에 의해 감지되는 시각적 무게의 평형을 뜻한다.

(라) 강조

-디자인의 몇 부분에 주어지는 강도를 의미하여 어떤 중량감 또는 지배적 시각으로 평가된다.

(마) 리듬

-규칙적인 요소들의 반복으로 나타나는 통제된 운동감으로, 공간이나 형태의 구성을 조직하고 반영하고 시각적으로 디자인에 질서를 부여한다.

-반복, 교체, 점진, 대조를 통해 얻을 수 있다.

(바) 조화

-조화는 둘 이상의 요소, 선, 면, 형태, 공간, 재질, 색채 등 서로 다른 성질이 잘 결합될 때 상호 관계에 대한 미적인 현상을 발생시키는 것이다.

(사) 통일

-디자인 객체에 미적 질서를 주는 기본원리로 모든 형식의 출발점이며 구심점이다.

(자) 질감

-물체를 만져보지 않고 눈으로만 보아도 그 표면의 상태를 알 수 있는 것

3. 미학적 기술적 성능

고대 로마의 비트루비우스가 건축10서에서 건축을 추구하는 기본 목표를 편리성, 견실성, 우미성이라고 한 이래 가장 보편화된 건축의 3요소는 Firmitas(구조), Utilitas(기능), Venustas(미)로 함축된다.

그 사례로 르 꼬르뷔제 (Le Corbusier, 1887~1965, 프랑스)의 도미노 하우스(Domino House, 1914)에 이 요소가 잘 구현되어 있다. 도미노 하우스는 과거의 전통적 방법에서 탈피하여 벽 대신에 기둥, 슬래브, 계단 등을 활용하여 구조적으로 안정되고 기능적으로 우수한 건축물이다. 이것은 구조와 기능성이 향상되고 그에 따르는 심미성이 배가되어 디자인이 훌륭하게 될 수 있는 좋은 사례이다.

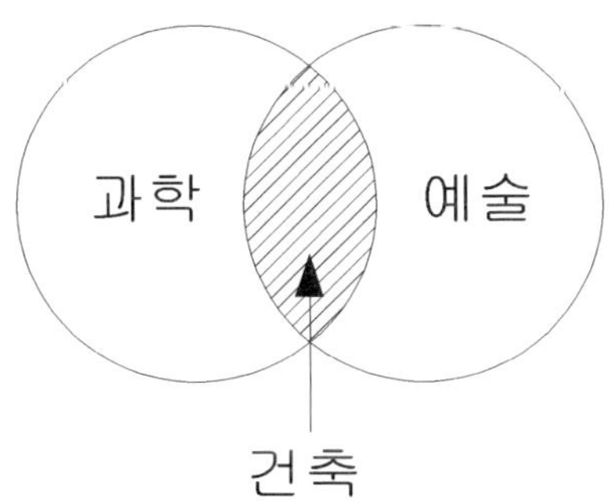

그림 1-20 건축의 정의: James Stevens Curl의 건축사전

그림 1-21 도미노 하우스

(1)기능

-도시 및 지역적 측면의 기능 : 지역에 미치는 영향, 건물의 주변 환경

평면상의 기능 : 위치에 따른 상호 관련성

-동선상의 기능 : 차량, 보행자, 서비스 동선 접근성과 위치

-단면상의 기능 : 층고, 천장높이, 설비 공간, 안정성의 검토

-설비상의 기능 : 냉 · 난방방식, 환기, 전기, 조명, 위생설비 등의 고려

-구조상의 기능 : 구조종별, 미학적 형태 등

-재해 대비상의 기능 : 피난 및 안전에 관한 고려

(2)구조

-안정성에 기초한 기능 · 미와의 균형과 조화

-구조 분류(조적, 가구, 일체, 입체, 막)

(3)미

-디자인 요소(Factor) : 점, 선, 면, 형, 색채, 질감, 크기 등

-디자인 원리(Principle) : 조화(Harmony),대비(Contrast),비례(Proportion),통일(Unity) 균제(Symmetry),균형(Balance),율동(Rhythm),점이(Gradation),반복(Repetition)

2 공간조형의 대안과 최종안

1. 대안들

-창조적 아이디어와 3차원 형태들을 건축개념 및 유형별로 3가지 대안으로 설정한다.

-3가지의 대안을 보다 합리적이고 다양한 요구조건들에 부합되는 공간 조형 계획안을 선정하기 위하여 상호 비교 분석한다.

-대안들은 설계조건, 대지조건, 성능에 따라 상호 장단점을 비교 검토한다.

(1)비교분석

대안유형	설계조건1	설계조건2	설계조건3
대안1	-장단점	-장단점	-장단점
대안2	-장단점	-장단점	-장단점
대안3	-장단점	-장단점	-장단점

표 1-3 설계조건 검토

대안유형	대지조건1	대지조건2	대지조건3
대안1	-장단점	-장단점	-장단점
대안2	-장단점	-장단점	-장단점
대안3	-장단점	-장단점	-장단점

표 1-4 대지조건 검토

대안유형	미학적 성능	기능적 성능	구조적 성능
대안1	-장단점	-장단점	-장단점
대안2	-장단점	-장단점	-장단점
대안3	-장단점	-장단점	-장단점

표 1-5 성능 검토

2. 최종안

구분		대안1	대안2	대안3
설계조건	▪각종 법규 제한조건	○	△	x
	▪주변현황 및 대지 내 현황 관련 설계 요구내용	△	x	○
	▪대지 내 계획 건축물 위치 및 조경 관련 요구조건	△	○	x
	▪공간계획 및 각실 배치 유의사항	○	x	△
	▪ 각 부위별 레벨(바닥레벨 등) 관련 특기조건	○	△	x
	▪출입, 이동, 피난 관련 조건	△	○	x
	▪기타			
대지조건	▪자연요소 분석 -수목에 의한 제한 -홍수 범람 등에 의한 제한 -경사도에 따른 제한 등	○	△	x
	▪법규 제한 요소 분석 -이격 거리에 의한 제한 -일조권에 의한 제한 -도로에 의한 사선 제한 등	△	○	x
	▪대지 현황 분석 -도로 조건에 의한 진 · 출입로 분석 -주변대시의 성격 및 건축물의 용도 분석 -도로 및 주변 소음의 정도 분석	○	△	x
	▪설계조건 분석 -기능의 연계에 의한 위치 분석 -주변과의 연계 분석	○	x	△
성능	▪미학적 성능	△	○	x
	▪구조적 성능	○	x	△
	▪기능적 성능	△	x	○
기타	▪시공성	○	△	x
	▪경제성	△	○	x
		○	x	△
종합평가		○	△	x

표 1-6 분석의 틀

-최종안은 3가지 대안들의 다양한 조건들을 최대한 만족할 수 있는 대안으로 선정한다.

-최종안은 다양한 조건들에 비교분석에서 미진한 부분은 그것을 보완할 수 있는 전략과 대책이 필요하다.

-특히 최종안은 선정과정에서 다른 2개의 대안들의 강점을 보완하여 일부 수정이 가능하기도 하다.

3 공간조형 시스템

1. 전이 공간

두 가지 또는 그 이상의 이질적 요소의 변화에 따라 이질감을 완화시키고 갑작스러운 상황의 전환을 조절하고 완충 또는 매개하는 기능의 공간이다.

2. 공간 시스템

(1)내부 공간

(가) Mezzanine(중이층)

-주요한 층과 층 사이, 또는 바닥과 천장 사이에 마련된 중간층으로 반드시 1층과 2층 사이로만 제한하지 않으며, 어느 층 사이에 있어도 좋다.

-이 단어의 기원은 이탈리아어로 중간을 의미하는 mezzano, 프랑스어로는 entresol 이라고 한다. entre는 '사이' 이고 sol은 '지면' 을 말하는 것으로, 따라서 1층(the ground floor)과 2층(the first floor) 사이, 문자 그대로 중2층을 가리킨다.

-중이층은 소규모 층간 공간에 대규모 공간을 함께 제공함으로써 다양한 실내공간을 제공한다.

그림 1-22 구파발주택: 출처 방철린-인토건축

그림 1-23 조병수의 카메라타

(나) Atrium(아트리움)

-고대 로마의 주택에서 현관 가까이에 있는 거실을 말하는 것으로 중앙에 직사각

형의 천창을 가지며, 그 아래에는 빗물받이나 남은 물을 모으는 저수조를 갖추고 있다. 처음에는 식사를 하거나 접객을 위해 사용되었지만, 그 후 그런 용도의 방이 각각 갖춰지게 되자, 아트리움은 단순한 현관홀이 되었다.

그림 1-24 Omotesando Regeneration Project.: Ando Tadao의 집합주거 및 상점음식점 건물

그림 1-25 Omotesando Regeneration Project.:아트리움 실내구성

-아트리움은 또한 초기 기독교의 교회당이나 중세의 대성당(*처치, *카세드랄)의 전면에 설치되며, 열주랑을 둘러싸고 중앙에 연못 등을 둔 안뜰을 의미하기도 한다. 성스러운 공간으로 들어가기 전의 전실(前室)격인 공간이라고 할 수 있다.

그림 26 POSCO BLDG.-아트리움 공사

그림 1-27 POSCO BLDG. 아트리움 실내

-아트리움은 현대에도 쓰이고 있다. 대규모 오피스 빌딩이나 호텔 등의 건물 내부에 마련된 벽이 없는 거대한 2층 이상의 보이드(void)를 동반한 안뜰이 그것이다. 아트리움은 실내공간이지만 실외의 빛, 조망이 투과됨으로써 실외의 환경이 투입하면서 중간자적 공간의 특성을 가진다.

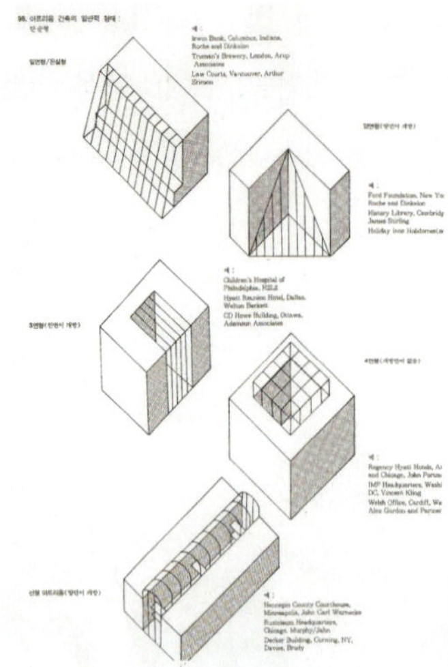

그림 1-28 아트리움 유형 1

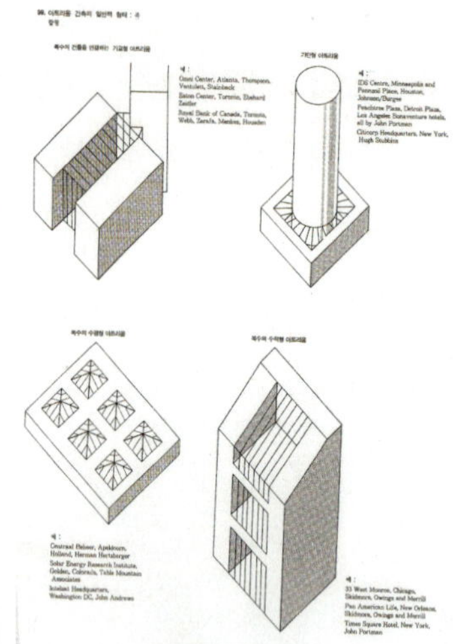

그림 1-29 아트리움 유형 2

(다) Penthouse(최상층 주택)

-'penthouse'의 사전적 의미는 '옥상가옥'이다. 주택이나 고층 빌딩의 옥상에 따로 설치되어 있는 살림집 또는, 빌딩 옥상에 있는 승강기 탑, 환기탑, 물탱크, 장식탑 등을 말한다.

-요즘은 숙박시설 내에 최고급 룸(room)을 말하거나 아파트와 호텔의 장점을 살린 최고급 주거건물 혹은 장기투숙자들이 원하는 기간만큼 머물 수 있는 고급 주거형태를 뜻하기도 한다. 옥상에 위치한 주택은 하늘과 땅의 중간의 의미를 가진다.

그림 1-30 Young House 펜트하우스

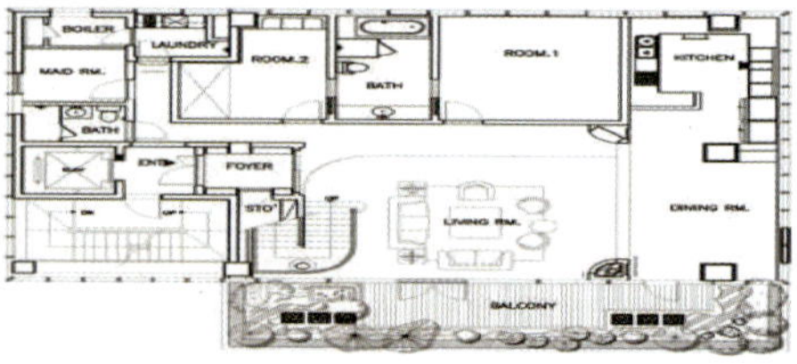

그림 1- 31 신사동 빌딩 펜트하우스

(라)Natural Light(자연채광)

-무한한 태양에너지 자원과 자연그대로의 빛을 활용하여 아름다운 실내공간을 창출한다. 실내에 자연광을 유입함으로써 인공조명과 어울려 인공과 자연의 중립적 성격을 부여한다.

-에너지 절약과 친환경 조명으로 급속한 경제사회의 발전으로 인한 환경오염과 건

물의 고층화, 집약화와 도시집중으로 인한 채광의 문제점 해결과 효율적인 기능 공간을 창출한다.

그림 1-32 798거리-factory709전면광장

그림1-33 798거리-factory709천창

그림 1-34 강남교보빌딩 천창

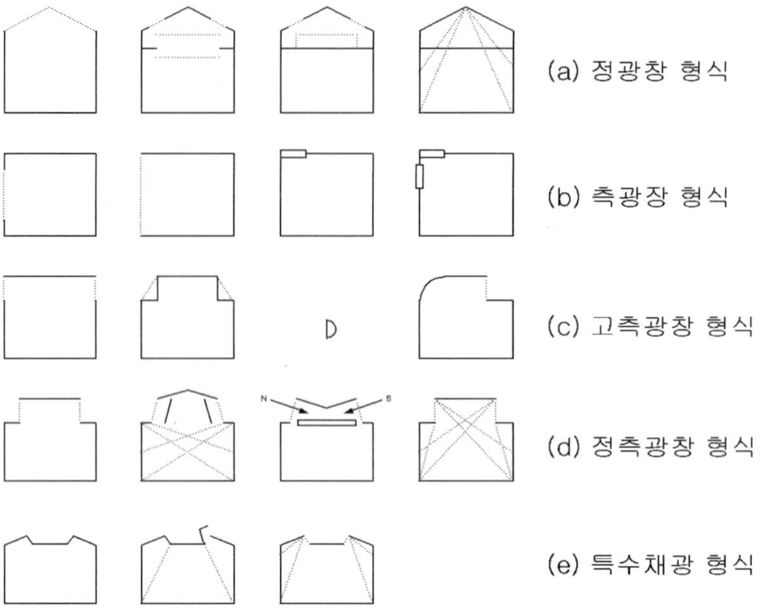

그림 1-35 자연채광 유형

(2) 외부 공간

(가) Set Back

-건물의 매스가 뒤로 후퇴하는 기법을 "Set Back" 이라고 합니다. 후퇴한 부분에 있어서는 테라스가 생기고, 그 부분에 정원을 설치하거나 주차시설, 놀이시설 같은 것을 설치를 할 수 있다.

-셋백에 의해 생겨난 테라스 공간은 실외이지만 그 아래층 지붕을 바닥면으로 활용하여 실내공간을 이중적으로 연출한다.

그림 1-36 동경 생산기술 연구소

(나)Arcade(아케이드)

-아치의 열, 아케이드, 회랑의 의미로써 한쪽의 측면, 또는 양측에 아치가 가설되어, 볼트 등으로 천장이 덮여있는 통로도 아케이드라고 부른다. 즉, 회랑이나 통로가 여기에 속하는 경우가 있다.

-오늘날에는 아치를 갖추었는지 아닌 지에는 관계없이, 대개 위로부터 빛을 받아들인 가로(街路)로, 그 한 쪽이나 양쪽에 점포가 늘어선 것을 말한다. 소위 쇼핑아케이드가 이것이다.

- 열주랑으로 구성된 아케이드는 실외공간이지만 필로티 또는 구조물에 의해 구획되어 실내공간의 연출이 가능하다.

그림 1-37 사루크 시티 403 아케이드

그림 1-38 동경대생산기술연구소 an 블럭

(다) belvedere(전망대)

-전망대 또는 망루의 의미로써 궁전이나 대저택 등의 옥상에 마련된, 삼면이 개방된 탑 모양의 소건물로 주위의 조망을 즐기거나 바람을 쐬는 데에 사용된다. 망루라고도 한다. 특히 이탈리아 르네상스의 건물에는 많은 실례가 남아있다.

-건축물에서 수평적 요소에 수직 공간을 창출함과 동시에 지상에서 하늘에로의 중간자적 공간을 연출한다.

그림 1-39 강남 포스코 빌딩

(라)파티오(patio)

-스페인이나 라틴 아메리카 주택의 안뜰(→코트) 명칭으로, 그 주위에는 일부 혹은 전 방향에 걸쳐 아케이드나 주랑(콜로네이드)이 둘러싸고 있고, 종종 포장(페이브먼트, pavement)되기도 하며, 그늘진 곳을 제공하고 있어 일상의 여러 가지 용도로

쓰인다.

그림 1-40 헤이리 더스텝 바람동 중정

그림 1-41 아트 빌리지 중정

-중정은 건축물로 둘러싸여 있다는 점에서 폐쇄된 공간이지만 필로티, 연결통로등에 의해 일부가 개방되어 있다고 할 수가 있다.

(마) Terrace(테라스)

-주택 등의 전면에 달아내어 설치하고 벽돌이나 돌 등을 깔아 약간 높이 단차를 둔 공간을 말한다. 실내와 정원을 이어주는 공간으로, 의자 등을 놓거나 하여 여가 시간을 즐기게 한다.

-현대에서는 건축물의 매스에 변화에 따라 생겨나는 그 상부공간을 지칭한다. 대개 발코니는 조망만 가능하지만 테라스는 조망과 활동이 함께 일어나는 공간이다.

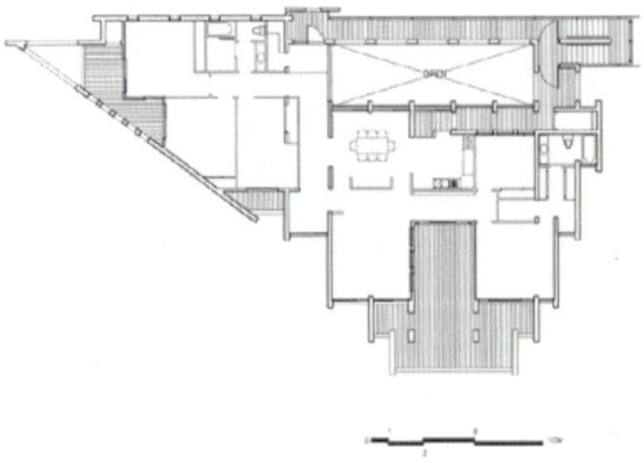

그림 1-42 엑스트루드1-테라스

그림 1-43 니시노미아 나지오1-토잔다이5번가 테라스

(바) Balcony(발코니)

-건물의 외벽에서 돌출한 부분으로, 난간이나 허리 정도 높이의 벽으로 둘러싸여 있으며, 지붕을 가설하는 경우도 있다. 또한 극장 등의 위층에 달아내어 만든 좌석을 말하기도 한다.

-실내에 연결하여 구성되어 있고 옥외공간이므로 이중적 공간 성격을 가진다.

그림 1-44 요시다 주택16-가로측 파사드 발코니

그림 1-45 요시다 주택 단지내부 발코니

(사)Pilotis(필로티)

그림 1-46 하카타 초등학교 필로티

그림 1-47 캐널시티 하이야트 호텔 -필로티

-지상층 부분을 개방하기 위해서 건물의 1층을 들어 올려 지탱하고 있는 기둥, 또는 그렇게 만들어진 벽이 없이 터진 1층 공간을 말하기도 한다.

-그렇게 하면 건물의 1층 부분을 통로나 주차장 등 여러 목적으로 사용할 수 있게 되며, 디자인적으로는 건물의 밑 부분에 개방적이고 신선한 감을 줄 수 있다.

-천정은 그 윗층의 바닥으로 구획되어 실내 분위기가 일부 나고 양면이 오픈되어 실외 공간 분위기도 조성된다.

(아) Sunken Garden(지하정원)

-선큰가든이란 지하의 일부분을 개방하여 그 곳에 테라스, 휴식 공간, 정원 등으로 활용하는 것을 일컫는다.

-이곳은 직접 진입과 출입이 가능하고 Dry Area의 구실도 하여 지하 공간의 환기와 통풍, 채광을 할 수 있다. 지하이지만 지상의 외부랑 개방되어 이중적 성격의 공간의 성격이 부여된다.

그림 1-48 National Museum of Western Art

그림 1-49 National Museum of Western Art 접근

(자) Roof Garden(옥상정원)

-옥상공간에 자연을 접촉할 수 있는 공간을 제공할 뿐 아니라 휴식, 만남공간으로 잘 활용할 수가 있다. 또한 에너지 절약 차원에 있어도 매우 효과적이다.

-조경공간은 일반적으로 지상에 위치하게 되지만 옥상에 설치함으로써 옥상을 자연과 연결해주는 공간의 성격을 가진다.

그림 1-50 신일본미술관 전경

그림 1-51 신일본미술관 옥상정원

수행 내용 / 공간조형 시스템하기

재료 · 자료

- 건축계획 및 참고용 관련자료
- 창조적 3차원 형태를 구현하기 위한 모형, 3차원 스케치, 컴퓨터 모델링 등의 재료준비
- 전이 공간 사례조사를 위한 작성자료 및 건축물 방문을 통한 사진자료

기기(장비 · 공구)

- 3차원 모델링용 컴퓨터 프로그램 및 기기일체
- 정보 수집 및 분석의 도식화 작업용 컴퓨터 프로그램 및 기기일체
- 프린터 및 플러터 등 출력장비
- 모형 제작기기 일체

안전 · 유의사항

- 공간조형을 계획하기 위하여 설계 요구사항과 조건에 부합되는 핵심 내용을 파악한다.
- 사례조사 방문시 안전에 주의하면서 건축물의 전이 공간 구성을 면밀히 조사한다.
- 모형 제작기기를 사용 시 사용법을 충분히 숙지하고 작업 중에 안전에 유의하도록 한다.

수행 순서

1 아이디어

1. 창조적 아이디어

(1) 이미지, 건축철학 및 미학을 기초로 창의적 아이디어들을 가능한 한 풍부하게 스케치 한다.

(2) 설계조건, 대지조건, 사례조사 등의 사전조사 내용을 염두에 두면서 아이디어들을 적용토록 한다.

(3) 다양한 창조적 아이디어들을 구성원들과 토론하고 분석한다.

(4) 다양한 창조적 아이디어들을 도식화하여 명확히 시각화한다.

2. 3차원 형태

(1) 다양한 창조적 아이디어를 유형화하고 분류한다.

(2) 3차원 형태들을 구성원들과 토론하고 분석한다.

(3) 아이디어의 입체적 형태를 구현하기 위해 매스모형, 3차원 스케치, 컴퓨터 모델링 등으로 형태를 부여한다.

② 공간조형의 대안과 최종안

1. 대안(Alternatives)

(1) 다양한 3차원 형태들을 유형화하고 3개의 대안으로 분류한다.

(2) 3차원 형태들을 구성원들과 토론하고 분석한다.

(3) 3개의 대안은 분석요소에 따라 각기 장단점을 객관적이고 합리적으로 파악한다.

배치대안분석

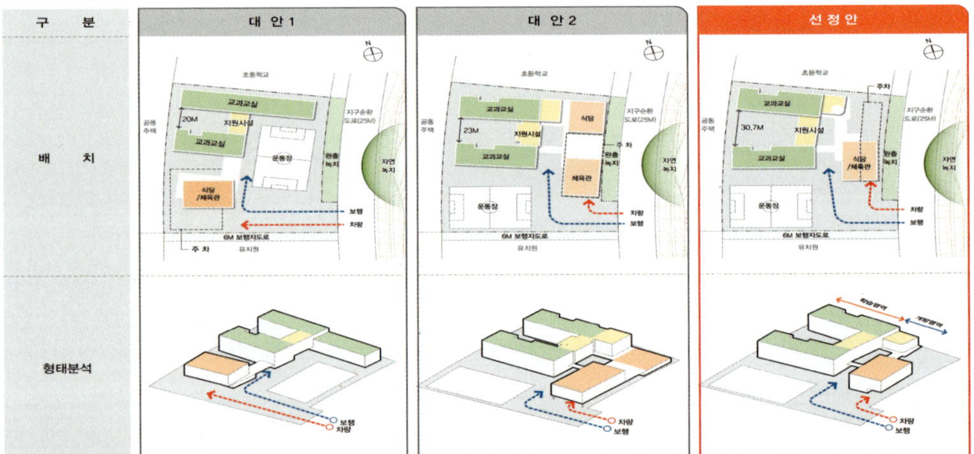

구분	대안 1		대안 2		선정안	
주변과의 연계성	자연녹지와 공동주택단지와 연계성 확보	○	자연녹지와 공동주택단지로 열린배치	○	주변지역현황과 소통하는 개방형 배치	○
영역별 분리배치	주출입구에서 개방시설 접근성 부족	×	개방시설 분리로 건축물 면적 증대	△	개방시설 효율적 구성으로 공사비 절약	○
일조/조망	3열 배치로 교과교실 일조/조망불리	×	지원시설과 만나는 부위 일부 음영발생	△	향을 고려한 배치로 일조 우수	○
소음대응	학습영역 동측 도로변 배치로 소음취약	×	동측 도로변 개방시설 배치로 소음완화	○	동측 도로변 개방시설 배치로 소음완화	○
정면성	행정동 전면배치로 정면성 확보	○	개방시설 전면배치로 위요감 발생	×	진입구변 열린배치로 정면성 우수	○

그림 1-52 대안 검토 및 최종안 선정 출처: 성현건축, 시흥목감 2 중학교

2. 최종안 선정

(1) 3개의 대안 중에 가장 합리적이고 객관적인 대안을 최종안으로 선정한다.

(2) 최종안을 구성원들과 토론하고 분석한다.

(3) 최종안의 장점은 극대화 하고 단점은 최대한 보완토록 한다.

3 공간시스템

1. 전이 공간 1 (실내 공간)

(1)실내 전이공간에 대한 의미와 공간의 성격을 이해한다.

(2)실내 전이공간의 종류와 각 특성을 이해하기 위하여 적용된 사례를 조사한다.

(3)공간을 적용하기 위하여 최종안에 각 시스템을 적용하고 도면의 표현방법을 학습 한다.

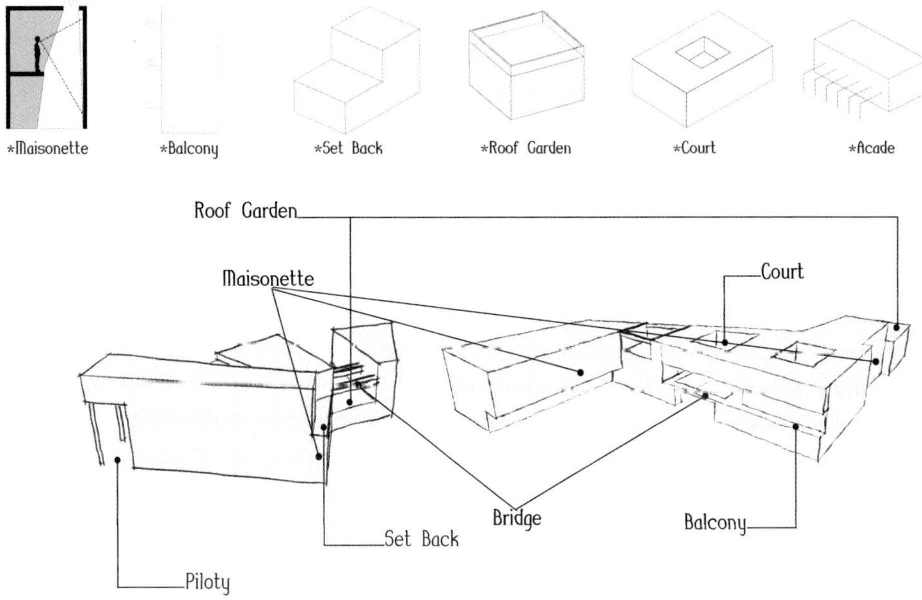

그림 1-53 최종 매스에 공간시스템 적용하기

2. 전이 공간 2 (옥외 공간)

(1)실외 전이공간에 대한 의미와 공간의 성격을 이해한다.

(2)실외 전이공간의 종류와 각 특성을 이해하기 위하여 적용된 사례를 조사한다.

(3)공간을 적용하기 위하여 최종안에 각 시스템을 적용하고 도면의 표현방법을 학습 한다.

수행 tip

• 창조적 아이디어는 설계개념, 참고자료, 분석 및 데이터 자료를 기초로 스케치 등을 활용하여 3차원 형태로 구현한다.

•건축물의 용도에 따라 계획 각론 데이터, 데이터 분석 자료 등을 활용하여 여러 개의 선택 안으로 선정하는 데 도움이 된다. 최종안은 객관적이고 합리적 안을 선정하도록 한다.

• 공간 시스템은 최종안이 선택된 이후에 평면을 계획할 때 유용하다.

학습1 교수·학습 방법

교수 방법

- 공간조형 계획을 전반적인 과정을 충분히 설명하고 각 단계별로 다양한 자료들과 사례를 제공한다. 수행순서는 일련의 순서적 관계이지만 피드백으로 진행하여 각 과정들이 상호 보완 하도록 한다.
- 공간조형계획의 단계별로 도식화하고 형태적으로 구현함으로써 복잡한 문제들을 명확하게 정리되고 구분토록 유도한다.
- 학습자의 개념과 아이디어를 시각화하기 위하여 스케치, 컴퓨터 2,3차원 프로그램 및 매스모형 기술을 적극적으로 실습에 활용토록 한다.
- 브레인스토밍(Brain Storming) 학습법을 활용하여 다양한 창조적 아이디어를 도출할 수 있다.
- 창조적 아이디어를 객관적이고 합리적으로 결정하기 위해 구성원 상호간에 충분한 토의와 논의를 수행토록 한다. 복잡한 문제 들을 해결하기 위하여 문제 중심 학습 모형(Problem Based Learning)을 통한 구성원들의 문제 해결 능력과 자기 주도적 학습 능력을 배양하도록 한다. 공간조형은 창의성에 기반을 둔 다양한 아이디어 도출이 필요함으로 선입견과 결과를 감안한 지도는 가급적 피하도록 한다.
- 최종안은 매스계획이므로 공간시스템을 학생들에게 조사하고 학습하며, 시스템적으로 배치·평면·입면·단면 계획에 적용할 수 있도록 유도한다.

학습 방법

- 공간조형 계획하기의 단계별 과정을 충분히 학습한다.
- 단계별로 다양한 사례들을 학습하고 그 내용들을 학습토록 한다.
- 각 단계별 수행내용을 다양한 프레젠테이션 기술의 습득과 활용하여 그 내용을 도식화 및 시각화 작업을 수행한다. 이것은 향후에 진행될 건축설계의 백 데이터로 활용에 많은 도움이 된다.
- 학습자는 공간 조형 계획에 수반되는 복잡한 문제들을 해결능력을 배양하기 위하여 구성원들과 많은 토론을 거쳐서 객관적이고 합리적인 최종안이 도출되도록 한다.

학습1 평 가

평가 준거

- 평가자는 학습자가 수행준거 및 평가항목에 제시되어 있는 내용을 성공적으로 수행하였는지를 평가하여야 한다.

- 평가자는 다음사항을 평가하여야 한다.

학습내용	평가항목	성취수준		
		상	중	하
설계준비 시스템	-설계조건, 대지조건, 유사사례, 계획 각론, 법규체크 등의 종합적 판단과 구체화를 통해 공간조형을 계획할 수 있다.			
공간조형 시스템	-창조적 아이디어를 기초한 3차원의 구체적인 형태를 구성하여 공간조형을 구체화 할 수 있다.			
	-미적, 기술적 성능을 중심으로 한 공간형태의 검토를 통해 공간 간의 상호관계를 이해하고 대안을 도출할 수 있다.			
	-다양한 조합과 구성에 의한 대안의 비교 검토를 통해 최적의 공간 조형을 계획할 수 있다.			
	-설계목표와 계획원칙의 부합여부 검토를 통하여 최종적인 대안을 결정 할 수 있다.			
	-공간 시스템과 그 사례를 학습하고 배치 · 평면 · 입면 · 단면에 표현방법을 학습하며 최종안에 적용할 수 있다.			

평가 방법

- 포트폴리오

학습내용	평가항목	성취수준		
		상	중	하
설계준비 시스템	-설계조건, 대지조건, 유사사례, 계획 각론, 법규체크 등의 조사 및 분석			
공간조형 시스템	-3차원의 창의적인 형태를 구성하여 공간조형을 구체화.			
	-설계목표와 계획원칙의 부합여부 검토를 통하여 최종적인 대안을 결정.			
	-공간 시스템을 학습하고 최종안에 적용.			

• 평가자 체크리스트

학습내용	평가항목	성취수준		
		상	중	하
설계준비 시스템	-설계조건, 대지조건, 유사사례, 계획 각론, 법규체크 등의 조사 및 분석			
공간조형 시스템	-3차원의 창의적인 형태를 구성하여 공간조형을 구체화.			
	-설계목표와 계획원칙의 부합여부 검토를 통하여 최종적인 대안을 결정.			
	-공간 시스템을 조사 및 학습하고 최종안에 적용.			

피 드 백

1. 포트폴리오
- 개인별, 단계별 작업 포트폴리오를 검토한 후 미진한 부문에 관하여 의견을 제시하여 수정보완 하도록 지도한다.

2. 평가자 체크리스트
- 최종안 선정과 관련된 비교평가 부문을 평가한 후 부족한 부분과 올바른 선택 여부를 체크하여 개선하도록 한다.
- 사례조사를 통하여 공간시스템을 학습하고 학습한 내용을 최종안에 적용이 적절한 지 체크하여 개선하도록 한다.

학습 1	공간조형계획(LM1403010104_14v2.2)
학습 2	**구조 계획하기 (LM1403010104_14v2.4)**
학습 3	평・입・단면 계획(LM1403010110_16v3.2)

2-1. 구조 시스템

학습목표	• 지질조사 내용을 분석하고 공간의 형태, 건물의 특성, 하중조건의 검토를 통하여 안전하고 경제적이며 시공 가능한 최적의 구조 시스템을 선정할 수 있다.

필요 지식 /

1 사전조사 시스템

1. 지반조사

지반조사란 구조물의 설계, 시공에 필요한 토층구성, 흙의 역학적 성질과 물리적 성질, 지하수의 상태 등 지반 전반의 정보를 조사하거나 시험하는 것을 의미한다. 지표로부터 지반 내를 천공, 착공하여 지반의 성층상태 및 토성을 파악할 수 있고, 실내실험에 사용할 시료를 채취할 수 있으며, 표준관입시험, 공내 재하시험 등의 현장시험을 수행할 수 있다. 지반조사는 계획 구조물의 기초설계 및 시공에 요구되는 지반 공학적 자료를 제공하기 위함이다.

(1)조사단계

(가)사전조사

지반이나 지형・지질 및 주변 건물의 기초에 관한 자료 수집을 한다. 현지조사를 통하여 지반종별 판정(충적층, 암반 등)과 지층의 형성을 파악한다.

(나)예비조사

광대한 부지 또는 지반구성을 추정할 수 없는 경우에 보오링을 한다.

(다)본조사

조사시험 항목・개수 등을 선정하여 지층이나(특히 중요한 지층에 대한) 흙의 성질을 분명히 한다.

(라)추가조사

시험항목에 부족이 있을 때, 또는 예상외의 지층변화가 인정되었을 때 실시한다.

(마)시공 시의 조사

-시공에 큰 영향을 미치는 지층에 관한자료가 불충분할 때 실시한다.

(2)조사위치

조사 위치는 설계자와 협의하여 도면상에 계획하여 현장답사를 실시하며 지형상황 및 주변 여건을 고려하여 선정한다. 일반적으로 대지에 균일하게 선정하지만 국부적으로 지하를 깊게 굴착하는 위치 또는 건축물의 하중이 배분이 편중되는 위치에 주의하면서 선정한다.

(3)조사방법

(가) 보오링

보오링이란 지중에서 실시하는 각종 시험•측정•시료채취 및 기기매설 등의 목적으로 기계 기구를 이용하여 지반에 구멍을 내는 것을 말한다.

1)대상지반

연약점성토, 사질토, 암반등과 같은 지반도 가능

2)방법

로드선단의 코어큐브로 지반을 절삭하고, 벤토나이트를 물에 녹인 이수를 코어튜브에 송출함으로써 절삭된 흙입자가 지표로 배출된다. 보오링 구멍은 그 구멍 속에 표준관입시험을 비롯한 여러 원위치 시험을 실시한다.

3)결과

보오링 심도, 표고, 보오링 회전저항 및 추진속도, 각 지층의 심도, 구멍 내 수위를 도출한다.

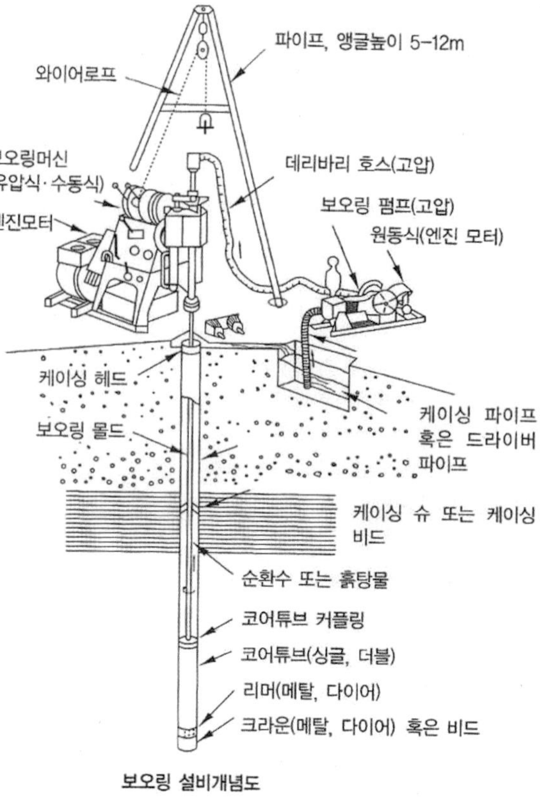

그림 2-1 보오링 개념도
출처: 알기 쉬운 건축구조설계 기초구조, 기문당

(나) 사운딩

사운딩이란 저항체•로드(철봉)등을 지중에 삽입하고, 관입•회전 등의 저항으로부터 흙의 상태를 조사하는 방법을 말한다. 가장 일반적인 방법으로 표준관입시험이 있다. 표준관입시험은 N값의 측정과 동시에 흩어진 시료를 채취한다.

1) 표준관입시험

표준관입시험은 사질토의 밀심도(다짐정도)나 점성토의 강도를 알 수 있음과 동시에 흙시료도 채취할 수 있는 시험법으로 시험방법의 간편함과 경제성 면에서 뛰어나 현재 지반조사의 주류를 차지하고 있다.

①대상 토질

연약한 점성토에서 다져진 사질토까지 폭넓게 이용되고 있다.

②조사방법

소정의 심도까지 로터리식 기계 보오링에 의한 삭공을 실시한다. 다음으로 샘플러를 보오링 구멍 바닥에 내려 정치시키고 시험을 실시한다. 시험은 본치기 시, 샘플러가 흙 속에서 30㎝정도 관입에 필요한 타격횟수를 갖는 N값으로 한다. 타격횟수를 조사한 후 샘플러를 지상으로 끌어올리고 그 속에 들어간 시료를 채취하여 토질관찰, 토질시험 등에 사용한다. 또 이 시험은 보통 심도 1m마다 실시한다.

③결과: N값으로 상정된 항목

• 사질토: 흙의 다짐상황, 상대밀도, 지내력, 내부마찰각 추정, 액상화 등

• 점성토: 경연(硬軟)의 정도, 점착력, 부마찰력(negative friction)

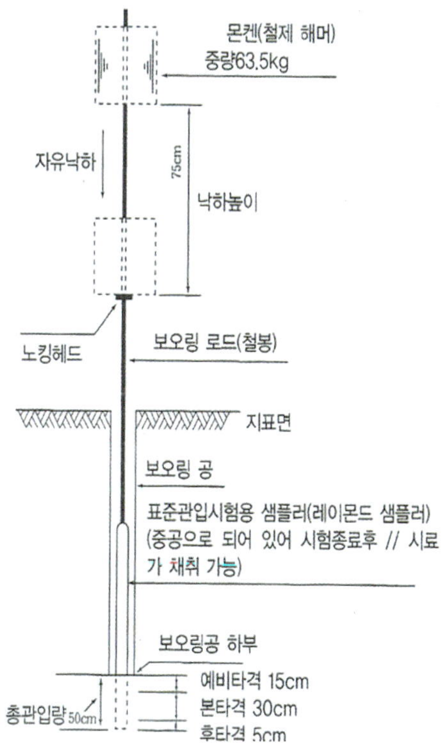

그림 2-2 표준관입시험 개념도
출처: 알기 쉬운 건축구조설계 기초구조, 기문당

(다) 샘플링

샘플링은 주로 보오링 구멍에서 지질도를 채취하는 것을 말한다. 샘플링 방법에는 흙의 딱딱함에 따라 몇 가지 방법이 있다. 샘플링으로 얻어진 시료를 이용하여 각종 실내 토질시험을 실시하여 흙의 물리적 성질 및 역학적 성질을 구한다.

그림 2-3 시료채취

(라)평판재하실험

평판재하시험이란 평평한 지반 위에 철제의 재하 판을 놓고, 그 위에 직접 하중을 재하 하여 지반변형이나 강도 등의 지지력에 관한 상태를 조사하는 원위치시험이다.

평판재하시험은 지반에 하중을 가하여 하중과 변위와의 관계를 구하고, 지반의 지지력이나 변형특성 등을 조사하기 위해 이용한다.

1)도구와 방법

지반에 강한 재하 판을 통해 연직하중을 가하고, 하중과 침하량의 관계를 구한다. 재하면에서 재합한 폭의 1.5~2.0배의 깊이까지 지반강도와 변형에 관한 데이터를 얻을 수 있다.

2)결과

시험결과를 기초로 극한지지력, 지반반력계수, 변형계수 등을 구한다. 이 시험으로 평가할 수 있는 깊이는 재하판 폭의 1.5~2.0배인 범위임에 주의해야만 한다. 따라서 실제 건축물에 의해 영향을 주는 범위의 지반상태가 불분명한 경우는 보오링 조사 등으로 확인할 필요가 있다. 앵커방식에 의한 재하시험방법도 있지만 일반적으로는 말뚝일 때에 적용된다.

그림 2-4 평판재하시험

(마)지하수 조사

지하공사 계획 시, 지반의 지하수위를 안다는 것은 상당히 중요하다. 지하수의 흐름이 쉬운지를 나타내는 척도로서 대개 투수계수(cm/sec)가 사용되고 있다. 지하수 조사는 이들 지하수에 관한 지반정보를 얻기 위해 실시하는 것이다. 일반적으로 현장투수시험 또는 양수시험이 실시되고 있다.

1)현장 투수시험

일반적으로 단일 보오링 구멍내의 수위를 변화시켜 수위회복 상황을 관측하는 시험을 말한다. 보오링 구멍 내의 수위를 한번 내려 시간과 함께 수위회복을 관측하고, 안정수위를 측정한다. 이 시험결과에서 대수층(지하수를 갖는 투수성 높은 모래층이나 자갈층)의 투수성과 수두를 확인한다.

2)양수시험

양수시험이란 아래 그림처럼 양수정과 복수의 관 측정을 이용하여 양수 시의 관 측정 수위 저하량 및 양수 정지 후의 수위 회복량을 측정하여 대수층의 투수량 계수(또는 투수계수) 및 저류계수를 구하는 시험이다. 이 시험은 대규모 배수공법을 설계할 목적으로 실시되고 있다.

2. 토질 주상도

지반조사결과는 오른쪽 그림과 같은 토질 주상도에 기록된다. 이들 정보는 모두 기초 토공사나 말뚝공사의 설계•시공 시 상당히 중요한 자료가 된다.

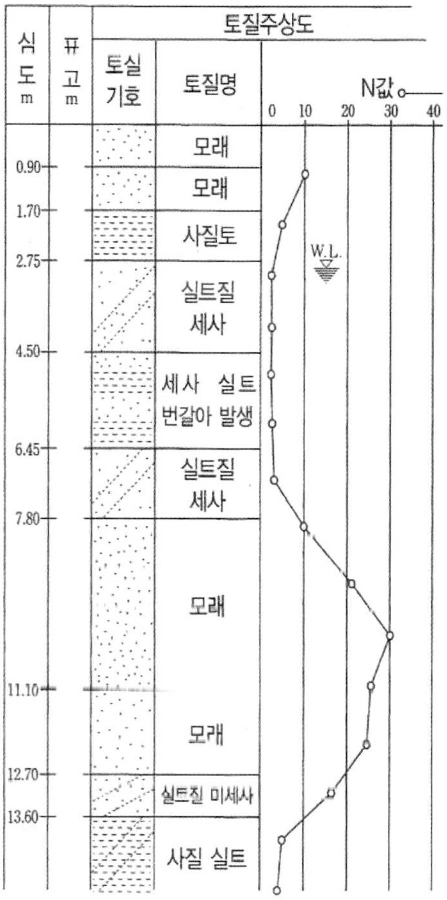

그림 2-5 토질 주상도
출처: 알기 쉬운 건축구조설계-기초구조, 기문당

(1)기재내용

-심도: 조사지점의 지표면으로부터의 깊이가 기재되어 있다.

-표고: 기준점 높이에서의 조사지점 높이

-토질기호: 시료 속 모래성분, 실트성분, 점토성분의 비율로부터 정해진 토질명에 따라 그린다.

-공내 수위(W. L): 보오링 구멍 내에서 관측된 수위를 나타낸다. 이 값은 지하수의 상수면과 다른 경우도 많이 있다.

-N값: 표준관입시험결과이고, 지반의 경연(硬軟)이나 밀도를 판단하는데 필요한 값도 되기 때문에 반드시 명기해둔다.

2 구조 시스템

1. 건축물 하부 구조

하부구조는 기초 또는 기초구조를 의미하며, 기초 판(슬래브)와 지정으로 구분이 가능하다.

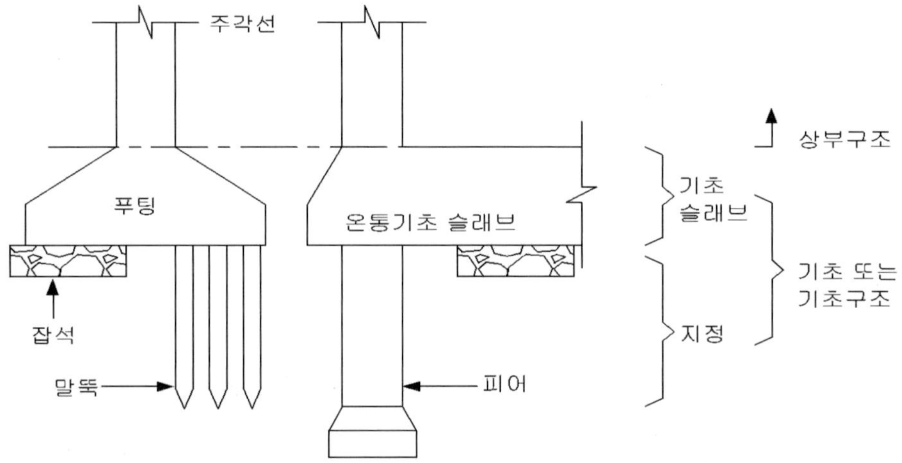

그림 2-6 건축물 하부구조

- 기초
  - 푸팅기초
    - 독립푸팅기초(single footing) : 단일 기둥을 푸팅으로 받치게 한 것
    - 복합푸팅기초(combined footing) : 2개 이상의 기둥을 1개의 푸팅으로 받치게 한 것
    - 연속푸팅기초(continuous footing) : 벽 또는 일련의 기둥을 대형의 푸팅으로 받치게 한 것(줄기초)
  - 온통기초(floating foundation) : 건물 하부 전체에 걸쳐 받치게 한 것
  - 특수기초
    - 우물기초(well foundation)
    - 잠함기초(caisson foundation)
    - 웰포인트 기초(well-point method foundation)
    - 베노토 공법(Benoto method)

(가) 기초 판(슬래브)

기초 외력을 받아 안전하게 지반에 전달하는 건축물의 하부구조

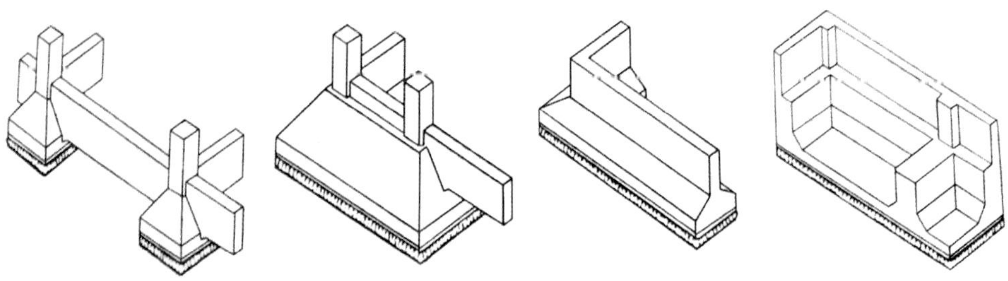

(a) 독립기초 (b) 복합기초 (c) 연속기초 (d) 온통기초

그림 2-7 기초판의 종류 출처: 건축 구조학, 도서출판 서우

(나)지정

기초슬래브 밑판의 아래 부분으로서 기초 슬래브를 받치기 위해서 설치하는 구조물

1)지정의 형식

① 직접 기초 : 기초판이 직접 지반에 전달되는 형식의 얕은 기초

② 말뚝 기초 : 지하의 굳은 층이 적당한 위치에 있을 때에는 일반적으로 말뚝 기초로 한다. 중량건물이나 고층 건물의 기초에 사용된다.

-마찰 말뚝 : 견고한 지층이 대단히 깊은 곳에 있어 그 곳까지 도달하는 데는 어려움이 있어 말뚝의 마찰력으로 지지하도록 하는 말뚝

-지지말뚝 : 말뚝이 암반층에 닿아 지지하도록 하는 말뚝으로 일반적으로 많이 사용한다.

③ 피어 기초 : 피어(pier : 지반을 굴착하여 기둥 모양으로 만든 지정의 통칭)로

지지하는 우물통 기초

2) 지정의 종류

- 보통지정 : 모래지정·밑창콘크리트지정·자갈지정·잡석지정·잡석콘크리트지정·긴 주춧돌지정
- 말뚝지정
  - 재료상 구분 : 기성콘크리트말뚝지정·나무말뚝지정·제자리콘크리트말뚝지정·철제말뚝지정·합성말뚝지정·널말뚝지정
  - 역학상 구분 : 마찰말뚝지정·지지말뚝지정
- 깊은기초 지정 : 우물통식 지정(well foundation)·잠함기초 지정(caisson foundation)

①보통지정

100-200mm 정도의 잡석을 사용한다. 잡석 지정이 가장 보편적이다.

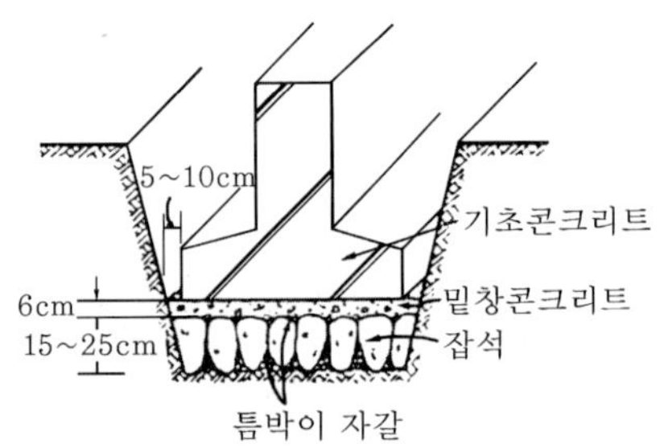

그림 2-8 잡석지정

② 기성 콘크리트 말뚝지정

-대규모 중량 건설에 많이 사용하고 상수면에 관계없이 공사가 가능하다.

-종류는 원형기둥 및 원뿔기둥이다. 콘크리트의 속빈 두께 6~7cm의 형태이다.

-지질이 고르지 않아 박히는 길이가 다를 것이므로 반입된 말뚝의 길이로 인해 번거롭게 되고 공사비의 추가 발생 원인이 된다.

-말뚝 박는 기계의 가동 높이는 6~24m 정도이므로 재하 높이를 고려해야 한다.

-현장 주위의 소음 및 진동으로 인해 민원 발생의 원인이 된다.

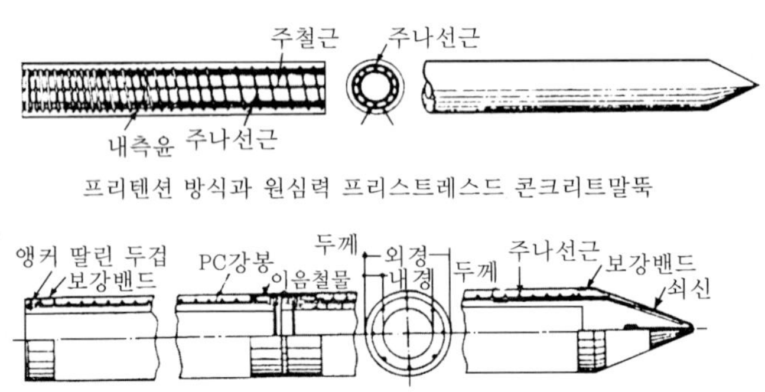

그림 2-9 기성콘크리트 말뚝

③제자리콘크리트말뚝

-현장에서 지반을 기둥모양으로 파서 그 안에 콘크리트를 부어 말뚝 모양을 만드는 방법

종 류	나무말뚝	기성콘크리트말뚝	제자리콘크리트말뚝	철제말뚝
기초밑판 위치	상수면 이하	임 의	임 의	가능한 한 상수면 이하, 또는 상부를 콘크리트로 피복
길이 제한	보통 6m 정도 최대 10m	보통 10m 정도 최대 12m	최대 30m	보통 30m 정도 최대 70m
말뚝 간격	최소 60cm 이상	최소 75cm 이상	최소 90cm 이상	최소 90cm 이상
말뚝 지름	15~20cm	20~50cm	50~60cm	임 의
1개당 지지력	보통 5t 내외 최대 10t 내외	지름 20cm 10t 내외 지름 50cm 50t 내외	40~50t	보통 50t 내외 최대 100t 내외
비 고	상수면이 얕고 비교적 경량건물에 적당하다.	중량건물에 적당하고, 부재가 긴 것은 운반 곤란하다	자중에 구근을 형성하여 지지력이 크나 잘 사용하지 않는다.	깊은 연약층에 지지말뚝으로 사용하고, 중량건물에 사용한다.

표 2-1 다양한 말뚝간의 용도 출처: 건축 구조학, 도서출판 서우

④피어기초(우물통식 기초)

굳은 지층이 상당히 깊고, 말뚝으로 지지할 수 없는 고층 중량 건물의 특수 지하 구조에 이용한다.

⑤잠함기초

-개방잠함

㉠ 지하실 침하법 : 지상에서 지하실을 구축하여 밑날을 달고 자중으로 침하시키는 법

㉡ 우물통식 침하법 : 끝에 밑날이 있는 콘크리트 통을 만들어 내리밀며 콘크리트를 이어 붓는 기초

-용기잠함 : 토압, 수압이 크고 굳은 지층이 깊이 있을 때 압축공기를 잠함 속에 넣어 그 압력으로 물의 유입을 방지하며 흙파기 작업을 하는 방법

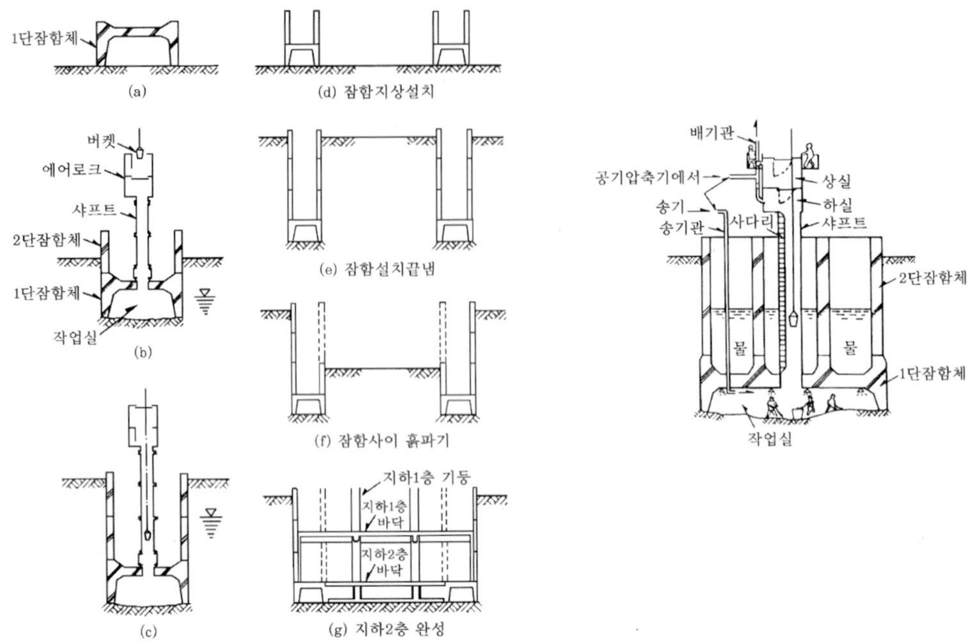

그림 2-10 용기잠함 출처: 건축 구조학, 도서출판 서우

2. 건축물 상부구조

(1)철근 콘크리트 구조

철근콘크리트의 주요구조부에서 인장력이 약한 곳에는 철근을 넣어 콘크리트와 일체식으로 구성한 구조체를 철근콘크리트구조라 한다.

(가) 특성

-콘크리트와 일체화된 철근은 부식하지 않는다.

-철근과 콘크리트는 선팽창계수가 같다.

-철근은 콘크리트와 결합에서 부착강도가 크다.

(나) 장·단점

1) 장점

-콘크리트로 철근을 피복하므로 내화·내식적이다.

-콘크리트와 철근이 일체적으로 되어 내구·내진적이다.

-재료의 구입이 용이하다.

-부재의 형상 및 치수·의장이 자유롭다.

-유지·관리비가 적다.

2) 단점

-단위 중량이 크다.

-전체 재료 중에서 시공기간이 길다.

-재료의 재사용 및 균일한 시공이 곤란하다.

-전음도가 크고, 균열발생 및 재료의 한계성으로 인한 부분적인 파손이 발생한다.

(다)형식

1)라멘구조

일반적인 기둥, 보로 이루어진 라멘구조가 채용되고 있다.

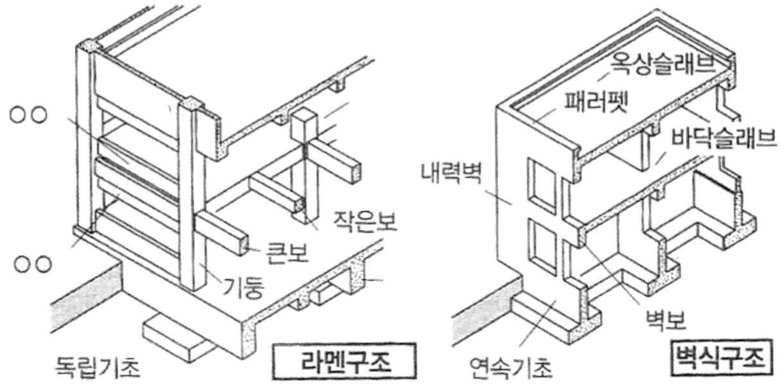

그림 2-11 라멘구조와 벽식 구조 출처: 알기 쉬운 건축구조설계, 기문당

2)벽식 구조

주택과 같은 경우는 칸막이벽을 RC구조로 하면 많은 내진 상 유효한 벽을 갖는다. 이런 경우 기둥을 없애고, 벽과 이것을 잇는 보로 수평력을 부담할 수 있다. 일반적으로 중저층의 주택 등에 이용되고 있지만 최근에는 고강도 콘크리트가 사용됨에 따라 45층 160cm정도의 라멘조 RC초고층도 출현하고 있다.

(2)철골 구조

형강·강판 등의 강재를 사용하여 조립한 것을 강구조 또는 철골구조라 한다. 철골구조의 시작은 15세기 고로법이 발명되고, 1709년에 영국에서 고로제철이 성공하여 결국엔 아이언 다리가 1779년에 만들어졌다. 이것은 철의 본격적 구조물로서 최초의 것이다.

(가) 특성

항목	철근콘크리트구조	철골구조
중량	-자중이 크다	-자중이 작다
건축물의 종류	-중저층의 적합 -일반적으로는 고층, 장스팬 건축물에 부적합 -가설물 부적합 -디자인적으로 비교적 자유성	-경미한 건축물에서 고층빌딩이나 장스팬 건축물까지 적용범위가 넓다.
역학적 성질	-콘크리트는 압축력이 강하고 철근의 좌굴방지 철근은 인장력, 전단력에 강함	-부재가 slender로 변형 • 좌굴 고려
시공 등의 편리성	-현장시공부분이 많아 공기가 길음	-공장가공 비율이 높아서 공기를 단축
접합	-강접합으로 일체성을 유지	-조립구조이기 때문에 접합에 주의
내화성	-콘크리트는 열에 강하고, 철근의 내화 피복의 역할	-내화에는 특별한 주의가 필요하다.
녹	-콘크리트는 알칼리성이 강해 철근을 녹으로부터 보호	녹에 약하다.

표 2-2 철골과 철근 콘크리트의 비교

(나)부재 종류

종류	재료형태	특징, 용도	종류	재료형태	특징, 용도
flat bar (평강) F.B-bXt	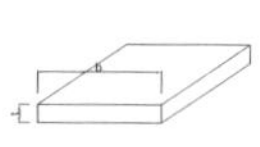	각종강판, 경량형강, 강관 등에 가공해서 사용된다.	H형강 H-HXBXt1Xt2	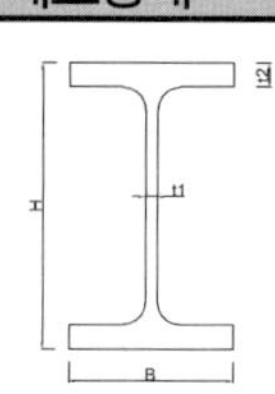	1방향의 단면성능에 뛰어나기 때문에 보로써 많이 사용된다.
'ㄱ' 형강 L-AXBXt	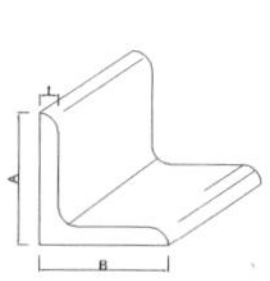	L형을 하고 있어 취급하기 쉽기 때문에 경미한 프레스, 트러스, 주택, 피스류에 사용된다.	C 형강 C-AXBXCXt	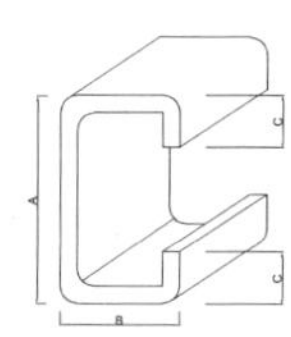	얇은 판을 냉간롤 한 것으로 주택 등의 소규모 건물의 기둥, 보에 사용된다.
'ㄷ' 형강 I-HXBXt1Xt2	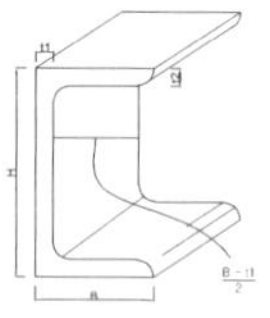	열간으로 롤 한 두꺼운 강재로, 소규모 건물에 사용된다.	강관 ϕ-DXt	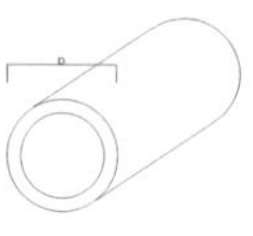	단면성능에 방향성이 없어 축방향의 힘에 강하기 때문에 주로 기둥에 사용한다. 트러스재로서도 많이 사용된다.
I 형강 I-HXBXt1Xt2	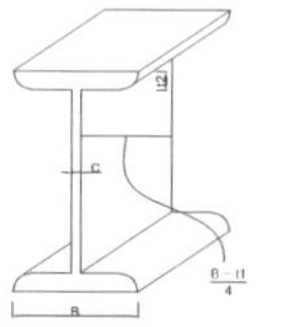	경미한 크레인의 레일 등에 사용된다.	각형강관 ㅁ-AXBXt	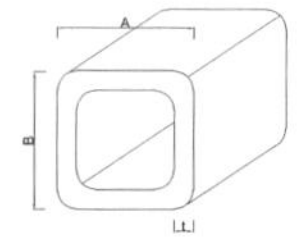	단면성능에 방향성이 없어 축방향의 힘에 강하기 때문에 주로 기둥에 사용한다.

표 2-3 철골부재 종류

(다)철골구조의 부재

철골구조는 대표적으로 공장 건축물과 일반 건축물에 사용된다. 부재의 명칭은 다음의 그림에 나타난 바와 같이 기둥, 큰보, 작은 보, 슬래브(데크 플레이트) 등으로 구성된다.

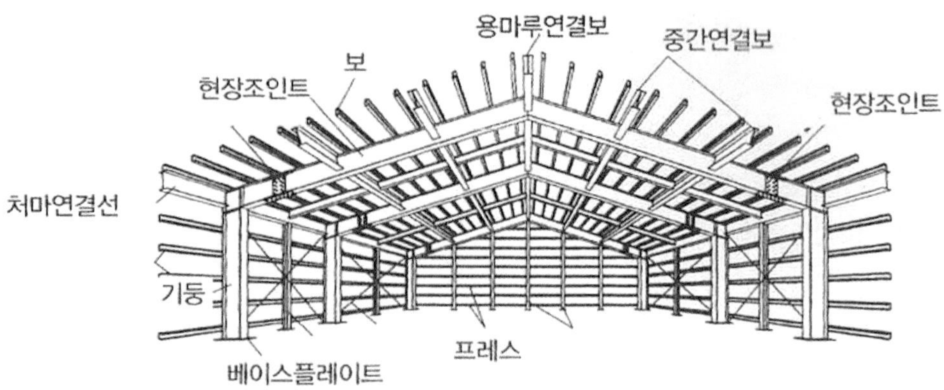

공장철골구조 예

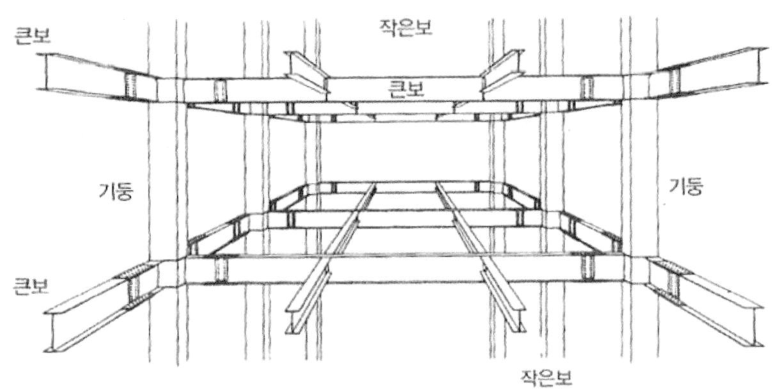

그림 2-20 철골구조의 구성 출처: 알기 쉬운 건축구조설계, 기문당

1)접합방법

기둥에 큰 보를 직접 현장에서 용접하는 방법과 공장에서 기둥에 브래킷을 달아서 현장에서 고력볼트로 상호 접합하는 방법이 있다. 그 외에 트러스의 타이로드의 단부, 2힌지 아치의 주각부 등에 사용되며 접합부에는 핀 접합을 하여 회전이 자유롭고 축방향력과 전단력은 전달이 가능하지만 휨모멘트는 전달되지 않도록 한다.

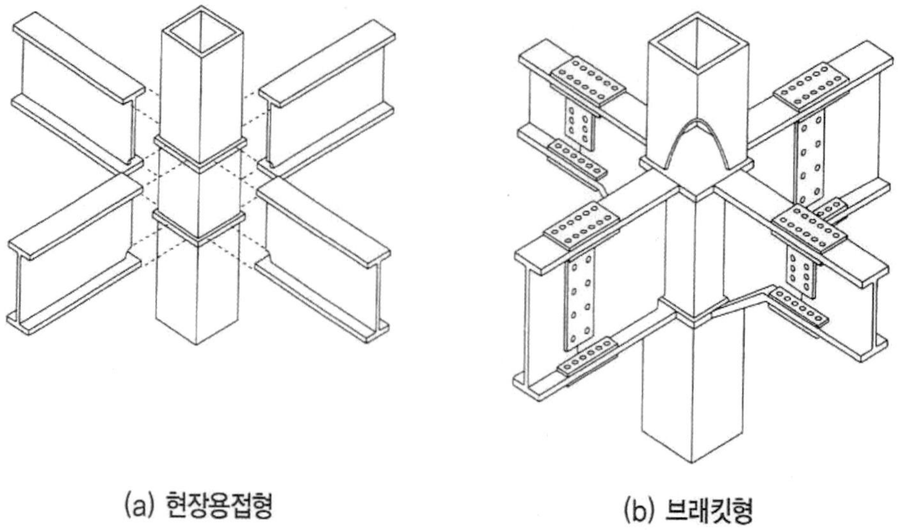

그림 2-21 철골 접합 방법 출처: 알기 쉬운 건축구조설계, 기문당

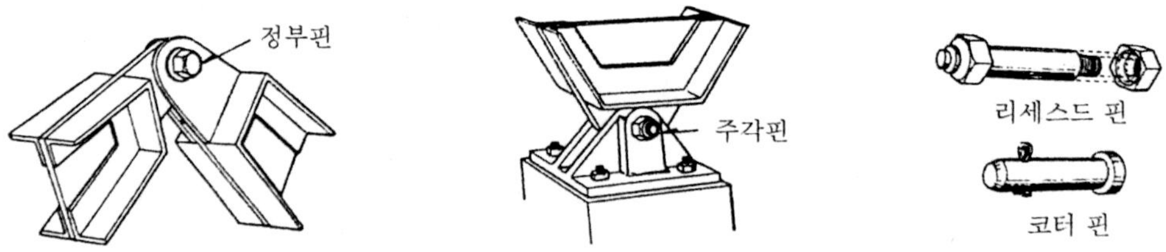

그림 2-22 핀 접합

(3)트러스 구조

가늘고 긴 직선부재를 연결하여 삼각형 형태로 구성한 구조물으로 부재의 절점은 핀 접합으로서 다루어진다. 각종의 평면 트러스, 입체 트러스로 나뉜다. 19세기 철의 공급으로 새로운 형태의 공간 구성을 가능케 트러스의 출현으로 장스팬 구조물을 가능케 하였다.

(가)구성

1)상현재

트러스 상단에 설치되는 수평부재이고 주로 압축력을 받는다.

2)하현재

트러스 하단에 설치되는 수평부재로 주로 인장력을 받는다.

3)수직재

수직부재로 주로 압축력을 받는다.

4)사재

경사부재로 주로 압축력과 인장력을 받는다.

(나)평면트러스

1)워렌 트러스

수직재가 없는 트러스

2)플랫 트러스

사재가 인장재가 되도록 구성한 트러스

3)하우 트러스

사재가 압축재가 되도록 구성한 트러스

4)핑크 트러스

왕대공 트러스에 사재가 없는 형태

5)K 트러스

사재와 수직재가 k 형으로 구성되어 있다.

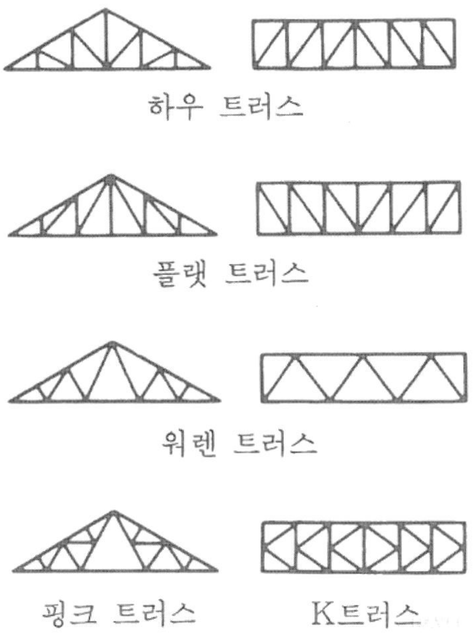

그림 2-23 트러스의 종류

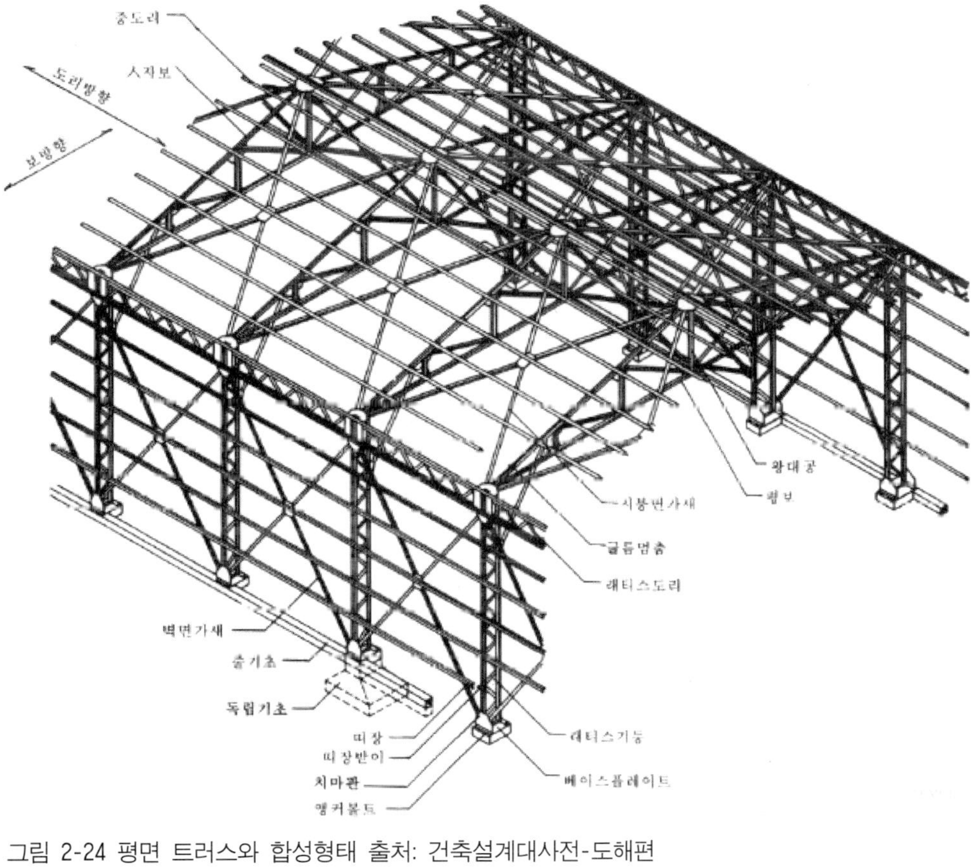

그림 2-24 평면 트러스와 합성형태 출처: 건축설계대사전-도해편

(다) 입체 트러스

선재(線材)를 입체적으로 결합하여 만드는 트러스. 각 절점은 모든 방향으로 이동이 구속 되고, 부재의 좌굴이 생기기가 어렵다. 기준 격자를 사용하는 래티스 그리드 형식과 기준 뿔체를 접합하는 스페이스 그리드 형식이 주요한 것이다. 대 스팬의 구조에 쓰인다.

종류	유닛	입체트러스
4각기둥 입체트러스	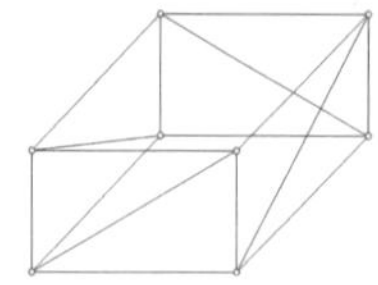	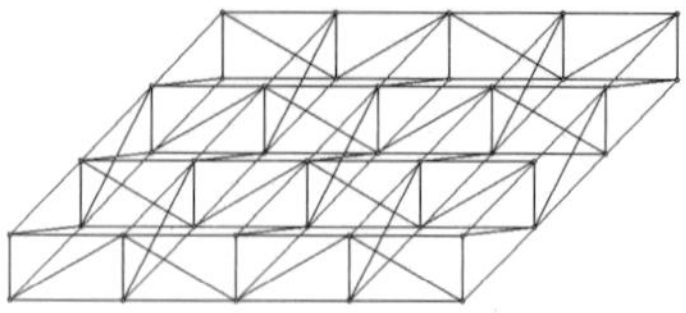
3각기둥 입체트러스	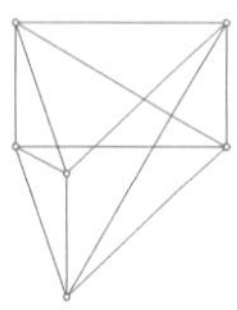	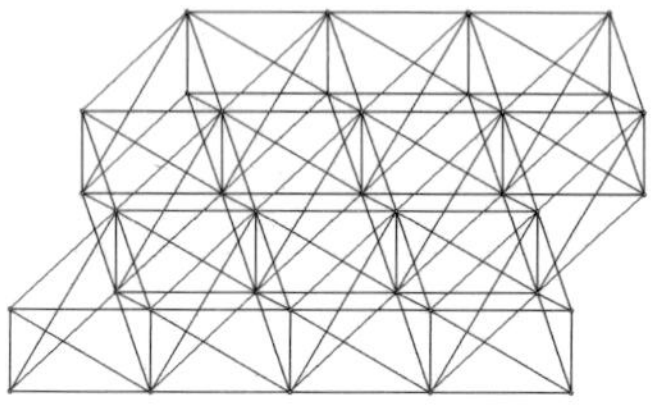
3각기둥 입체트러스	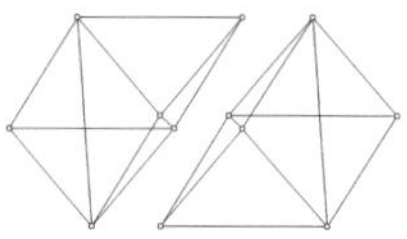	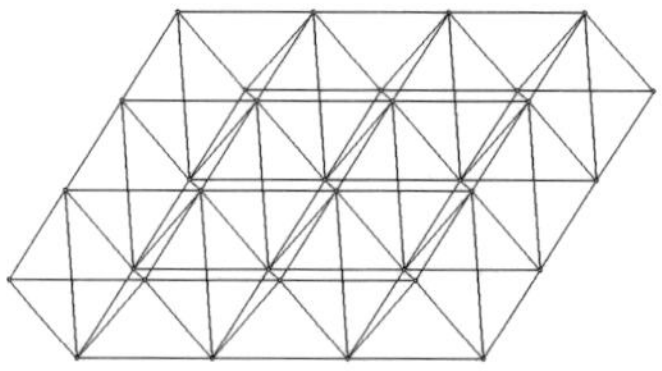
4면체와 8면체 입체 트러스	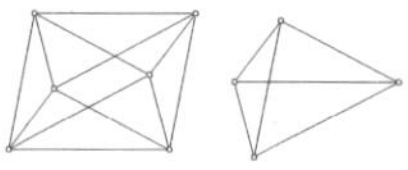	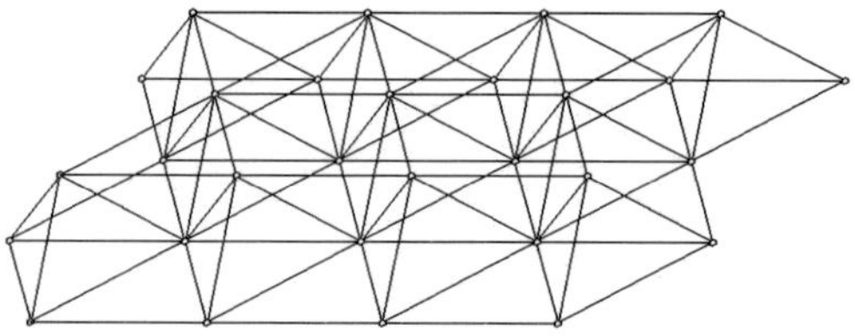
6각추입체트러스	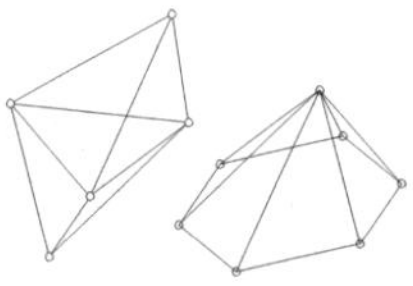	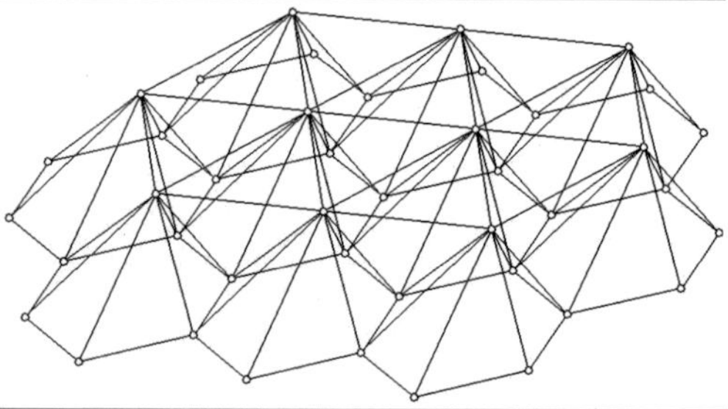

표 2-4 입체트러스 종류 출처: 건축구조형태와 공간디자인, 대우출판사

(4) Mast 구조

(가) 개념 및 구조

1) 개념

-세계 2차 대전이 끝날 무렵 Mast Structure라는 새로운 형태의 건축이 출현하였다.

-새로운 지붕형태인 장력(tensile) 구조 형태와 높다란 마스트(Mast)에 매달린 케

이블과 로드로 지붕을 지지하거나 또는 바닥 데크 시스템, 유연한 부재, 케이블 시스템 등을 지지하는 기둥 또는 2차보의 견고한 프레임으로 구성이 가능하다.

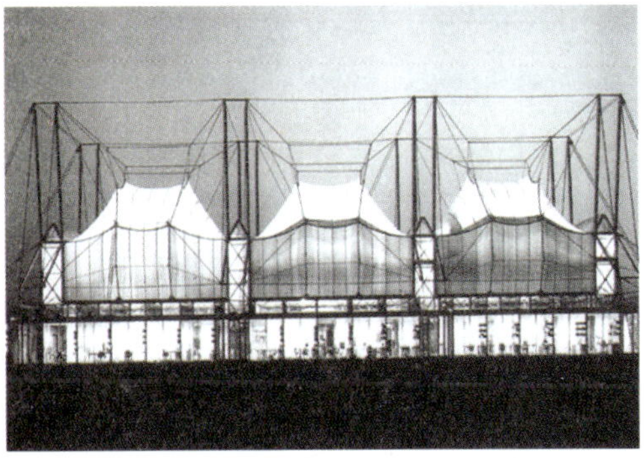

그림 2-35 마스트와 텐트

-MS는 크기, 형태, 재질, 칼라, 빌딩형태에 따라 소규모 오피스부터 대형 창고, 역사, 스포츠 시설 등 다양한 시설에 효율적이고 이에 형성된 외관은 독특하고 미학적인 특성이 있다.

2) 구조

-MS는 일반적 구조와 다르게 늘어뜨린 힘의 전달 형태이다.

-Mast는 압축력에 효과적이며 케이블과 로드는 인장력을 전달하고 지붕을 지지한다. 따라서 기둥과 기둥사이의 스팬과 휨력을 감소시킨다.

(나) 역사적 배경과 발전

1) 역사

-단순한 차양, 유목 민족의 폴(Pole)과 천막, 중세의 중정에 있는 장식용 캠프시설, 현대적 유랑 서커스 시설에서 유추되었다.

그림 2-36 브루클린 브리지

-19세기에 케이블로 지지되는 서스펜션 다리에서 일반 건축물로 발전하였다.

2) 발전

장력구조의 다이내믹한 힘의 이론적 이해가 컴퓨터로 계산 가능해지면서 그리고 새로운 재료의 출현과 시공수준이 진보함에 따라 20세기 후반에 그 발전을 이루어진다.

-1970년대의 이후 본격적이고 수준 높은 작품들이 속속 출현하게 되고, 1980년대에 다양한 사례가 하나의 새로운 건축양식으로 통합되었다.

그림 2-37 경기장 건축물

그림 2-38 공장 건축물

(다) 텐션구조의 종류

1) Suspended Cable Roofs (현수케이블 지붕)

-지붕 데크를 지탱하기 위한 수평 현수케이블을 기본으로 한 지붕 구조물이다.

-에로 사리넨의 댈러스 공항 터미널

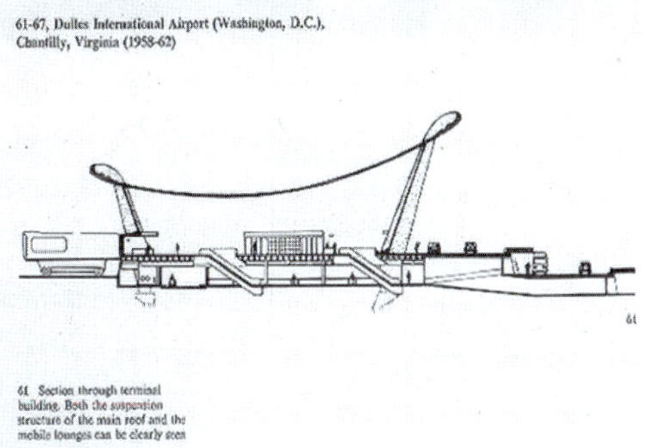

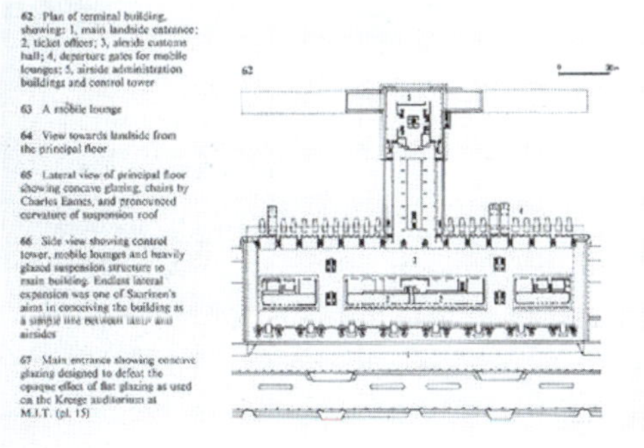

그림 2-39 에로 사리넨의 댈러스 공항 터미널 출처:Masted Structure in Architecture, Routledge

-이태리의 Mantua의 P. L Nervi Burgo 종이 공장

·실제적으로 현수 다리 구조를 이용하여 250m 길이의 철골 트러스로 된 지붕

그림 2-40 P. L Nervi Burgo 종이 공장

2) Arch Suspension Roofs(아치형태의 현수지붕)

-Nowicki 와 Fred Severud 의 Raleign Arena

·단순한 포물선의 아치형태

·건물의 양측 면에 지붕 케이블이 연결됨

·다른 형태와 다르게 지붕의 구부러진 2차원적인 형태
·교차 압축 링에 의한 현수지붕

그림 2-41 Raleign Arena 출처:Masted Structure in Architecture, Routledge

-Friedrich Schirch의 서스팬드 극장 지붕 디자인(1824)
·2개의 철탑 형태
·2개의 파이론(철탑) 사이를 연결하는 용마루형의 철제 현수케이블이 상부의 철제 현수케이블 네트워크와 연결된다.

3) Pre-Tensioned Cable Networks and Membranes (프리 인장 케이블 네트워크와 막구조)

-프라이 오토의 1972년 뮌헨 올림픽 스타디움
·철제 케이블에 의한 솟아오른 봉우리와 물결형태의 메쉬형태
·이러한 봉우리와 물결모양은 지붕 상부로부터 또는 지붕하부의 Mast에 의해 드리워진다. 네트워크는 프리 스트레스를 형성하기 위하여 그 반대방향으로 곡선이 형성된다.
·여기에 독립된 방수방풍의 천막을 구조 네트워크의 교차점에 설치한다.

그림 2-42 뮌헨 올림픽 스타디움

4) Externally Expressed Masted Structure(외부 표출형 마스트 구조)

-마스트와 텐션케이블 또는 로드시스템이 지붕 상부레벨에서의 접합된다.

-지붕지지 방법에 따라 다양한 형태와 재질로 표현가능하다.

-Poole Station(영국, Dorset)

·빌딩을 기본구조로 셀(cell)과 관계된 마스트(mast)의 수에 따라 형태적으로 분화된다.

그림 2-43 Poole Station(영국, Dorset)
출처:Masted Structure in Architecture, Routledge

5) Cable-Stayed, Cantilevered Beam Structure(케이블 지지 캔틸레버 빔 구조)

-마스트가 주요 형상으로 보이지 않고 모든 경우에 캔틸레버 빔 시스템이 존재한다.

-이 빔을 상부에 정착을 위해 케이블로 지지되지만 지상에서 최상부까지 연속적으로 형성된 마스트는 없다.

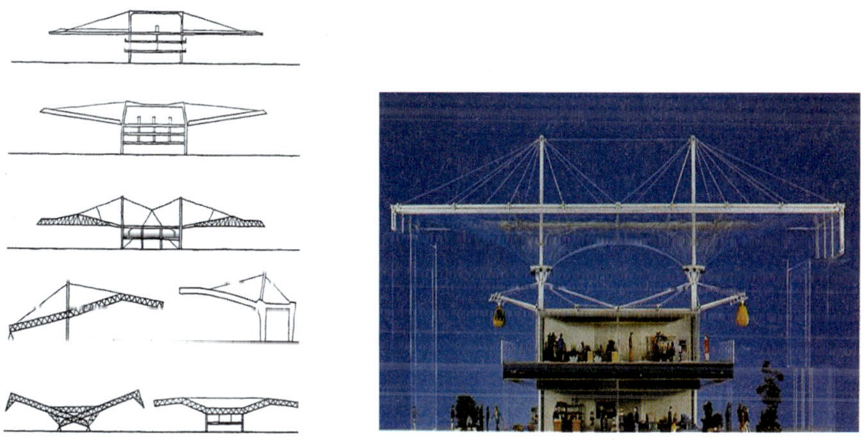

그림 2-44 케이블 지지 캔틸레버 빔 구조 유형

6) Bicycle Wheel Structure(자전거 바퀴형 구조)

-원형 인장 휠은 제임스 스타리(James Starley)가 발명하였다.

-원형의 지붕 프레임이 자전거 바퀴의 형태를 형성한다.

-외부의 압축 링과 내부의 인장 링 사이에 있는 2개의 프리 스트레스 된 케이블 등으로 형태를 구성하여 스팬이 60~550m 정도 가능하다.

-Lev Zentlin의 Municipal 오디토리엄(New York, Utica)

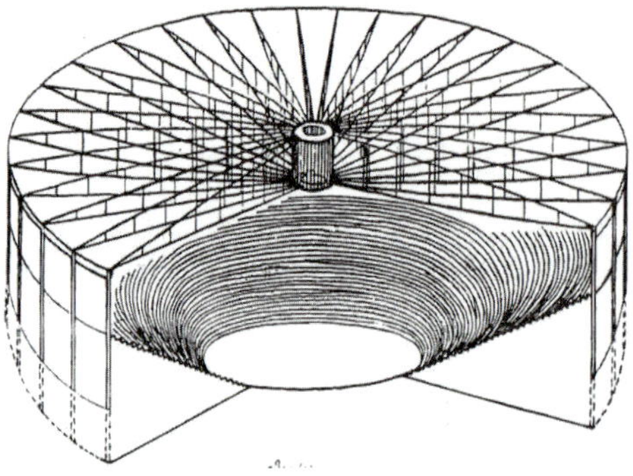

그림 2-45 Municipal 오디토리엄(New York, Utica) 출처:Masted Structure in Architecture, Routledge

7) Suspended Floor Bldg.(서스펜디드 바닥 빌딩)

-바닥이 중앙의 코아 구조에 의해 지지되는 타워 블록 구조의 형태이다.

-다시 건물 외주부에서 이 바닥들은 지붕 층의 앵커리지 프레임에 의해 철제 케이블로 매달려진 구조이고 가느다란 케이블은 무주공간을 가능하게 하며 조망에 유리하고 아주 가벼운 형태를 구성한다. 또한 지붕에서 개방공간을 제공할 수 있다.

-Standard Bank Headquarters(Johannesburg)

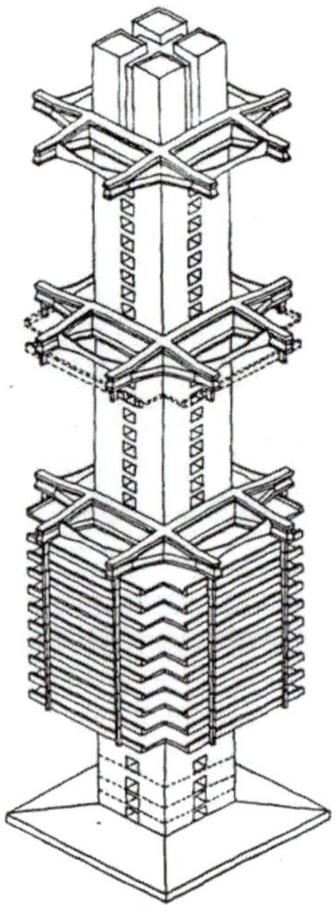

그림 2-46 Standard Bank Headquarters
출처:Masted Structure in Architecture, Routledge

8) Air Supported Structures(공기 지지형 구조)

-표면에 인장력의 문제가 아니라 내부의 인장력을 발휘하도록 공기를 불어넣어 압력을 주는 형태의 천막구조

-1917년 F. W Lanchester가 특허출현 했지만 1930년에야 비로서 나일론, 폴리에스테르와 같은 인조섬유가 개발되어서야 이 시스템이 가능하게 되었다.

-구획된 지붕의 더블스킨 사이공간과 천막골격에 형태를 유지할 수 있는 압력에 의해 견고한 외피와 단순하고 저압의 풍선의 형태가 가능하다.

-노만 포스터의 1963년의 임시 사무소 건물 및 다수의 가설 건축물

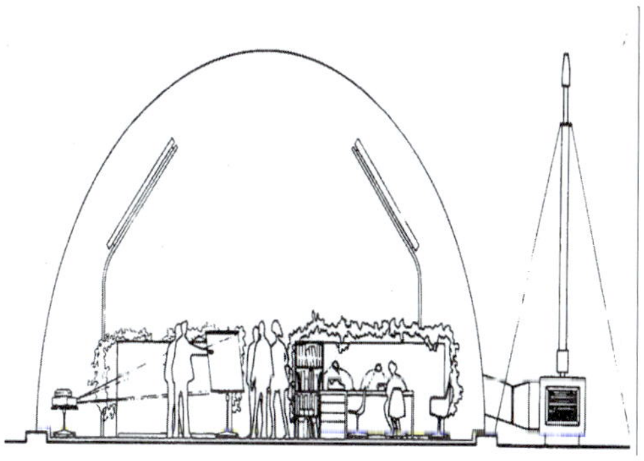

그림 2-47 공기 지지형 구조

수행 내용 / 구조 시스템 하기

재료 · 자료

- 건축계획 및 참고용 관련자료
- 계획대지와 그 주변의 현황과 건축물에 관련된 행정자료 및 사진자료
- 구조 시스템하기 위한 유사 면적과 용도의 사례 자료
- 건축물 하부구조를 계획하기 위한 지질조사 보고서와 관련 자료
- 건축물 상부구조를 계획하기 위한 건축물 조형계획 및 관련 자료
- 도면 제작 재료 일체(스케일, 출력용지, 토너, 트레싱지 등)

기기(장비 · 공구)

- 컴퓨터
- 정보 수집 및 분석의 도식화 작업용 컴퓨터 프로그램(cad, 3d modeling, CG등)
- Printer 및 Plotter

안전 · 유의사항

- 구조 시스템 계획하기 위하여 설계 요구사항과 조건에 부합되는 핵심 내용을 이해한다.
- 구조 시스템 계획을 합리적으로 수행하기 위하여 건축물의 하부 구조 및 상부구조의 개념을 조사하고 이해한다.
- 현장 대지에 방문시 안전에 주의하면서 대지 및 주변의 현황을 면밀히 분석토록 한다.

수행 순서

1 구조 시스템의 기본 방향

1. 건축물의 용도에 따라 계획 각론 데이터를 충분히 숙지한다.
2. 지반 관련하여 다양한 지반조사를 학습하고 이해한다.
3. 지질조사 보고서에 나타난 데이터로 기초로 지정 및 지하층의 기초, 지하층의 깊이, 지하수 등을 고려한 합리적인 방안을 학습한다.

4. 건축물의 지하 구조 종별은 건축물의 용도, 층수, 기둥의 크기와 간격, 보의 크기와 층고, 내화 및 방화, 주차 등을 고려하여 철근콘크리트, 철골 철근콘크리트 구조, 철골 구조 등을 학습하고, 합리적인 방안으로 결정한다.

5. 일반적인 건축물의 상부구조는 건축물의 용도, 층수, 기둥의 크기와 간격, 보의 크기와 층고, 내화 및 방화, 주차 등을 고려하여 벽식 구조 및 라멘구조, 철골 철근콘크리트 구조, 철골 구조 그리고 복합 구조 등을 학습하고, 합리적인 방안으로 결정한다.

6. 특별한 조형성과 장스팬이 요구되는 건축물의 상부구조는 철골구조, 트러스구조, 마스트 구조 및 복합 구조 등을 세밀히 학습하고 합리적인 방안으로 결정한다.

2 건축물의 하부구조

1. 지반과 관련하여 다양한 지반조사를 학습하고 이해한다.

2. 기초의 부동침하의 원인을 이해한다.
   - 하부지반이 연약할 경우
   - 지반의 구조가 서로 이질 지정일 경우
   - 건물이 너무 길 경우
   - 건물이 경사지거나 언덕에 접근되어 있을 경우
   - 건물이 서로 다른 지층에 걸쳐 있을 경우
   - 건물의 일부를 증축시
   - 지하수위가 변경되었을 때
   - 지반이 메운 땅일 때
   - 각 독립 기초판의 지내력의 여유차가 클 때

3. 지질조사 보고서의 토질 주상도를 사례로 제시하여 지정 및 기초 시스템을 관련된 파일(pile), 지하층 깊이, 기초형식 등을 합리적으로 결정한다.
   - 기초형식의 기준 등을 고려하여 다양한 하부구조를 학습하고 합리적인 기초형식으로 결정한다.
   - 지하실을 적정 깊이에 설치하고 기초는 지내력이 충분히 유지되는 깊이에 설치한다.
   - 독립기초는 지반이 양호한 소규모의 지하층 건축물에 , 연속기초 및 매트(Matt) 기초는 보통의 지반과 지하층 깊이의 건축물에, 더블 매트(Matt) 기초는 고층건축물에 다수의 지하층에 사용한다.

선정조건 \ 기초 형식			직접기초	처서 넣기 말뚝기초: RC말뚝	처서 넣기 말뚝기초: PC.PHC말뚝	처서 넣기 말뚝기초: 강관말뚝	중굴말뚝기초 PC.PHC기초: 최종타격	중굴말뚝기초 PC.PHC기초: 분출교반방식	중굴말뚝기초 PC.PHC기초: 콘크리트타설방식	중굴말뚝기초 강관말뚝: 최종타격	중굴말뚝기초 강관말뚝: 분출교반방식	중굴말뚝기초 강관말뚝: 콘크리트타설방식	현장타설 말뚝기초: 올케이싱	현장타설 말뚝기초: 리버스	현장타설 말뚝기초: 어스드릴	현장타설 말뚝기초: 심초	케이슨 기초: 뉴매틱	케이슨 기초: 오픈
지반조건	지지층의 심도	중간층에 극연약층이 있다.	△	O	O	O	O	O	O	O	O	O	O	O	O	X	O	O
지반조건	지지층의 심도	중간층에 극단단한 층이 있다.	O	X	△	△	O	O	O	O	O	O	△	O	△	O	O	△
지반조건	지지층의 심도	중간층에 자갈층이 있다. 자갈지름 5cm이하	O	△	△	O	O	O	O	O	O	O	O	O	O	O	O	O
지반조건	지지층의 심도	중간층에 자갈층이 있다. 자갈지름 5cm~10cm	O	X	△	△	△	△	△	△	△	△	O	O	△	O	O	O
지반조건	지지층의 심도	중간층에 자갈층이 있다. 자갈지름10cm~50cm	O	X	X	X	X	X	X	X	X	X	△	X	X	O	O	△
지반조건	지지층의 심도	액상화된 지반이 있다.	△	△	O	O	O	O	O	O	O	O	O	O	O	O	O	O
지반조건	지지층의 상태	지지층의 심도 5m 미만	O	X	X	X	X	X	X	X	X	X	X	X	X	O	X	X
지반조건	지지층의 상태	지지층의 심도 5~15m	△	O	O	O	O	O	O	O	O	O	O	△	O	O	O	O
지반조건	지지층의 상태	지지층의 심도 15~25m	X	△	O	O	O	O	O	O	O	O	O	O	O	O	O	O
지반조건	지지층의 상태	지지층의 심도 25~40m	X	X	O	O	O	O	O	O	O	O	O	O	△	△	O	O
지반조건	지지층의 상태	지지층의 심도 40~60m	X	X	△	O	△	△	△	O	O	O	△	O	X	X	△	O
지반조건	지지층의 상태	지지층의 심도 60m 이상	X	X	X	△	X	X	X	X	X	X	X	△	X	X	X	△
지반조건	지지층의 상태	지지층의 토질 점성토(20≦N)	O	O	O	O	O	X	△	O	X	△	O	O	O	O	O	O
지반조건	지지층의 상태	지지층의 토질 모래, 모래자갈(30≦N)	O	O	O	O	O	O	X	O	O	X	O	O	O	O	O	O
지반조건	지지층의 상태	경사가 크다(30정도 이상)	O	X	△	O	△	△	△	O	O	O	O	△	△	O	O	△
지반조건	지지층의 상태	지지층면의 凹凸이 심하다	O	△	△	O	△	△	△	O	△	△	O	O	O	O	O	△
지반조건	지하수의 상태	지하수위가 지표면에 가깝다	△	O	O	O	O	O	O	O	O	O	O	O	△	△	O	O
지반조건	지하수의 상태	용수량이 극히 많다	△	O	O	O	O	O	O	O	O	O	O	O	△	X	O	O
지반조건	지하수의 상태	지표에서 2m이상의 피압지하수	X	O	O	O	X	X	X	X	X	X	X	X	X	X	△	△
지반조건	지하수의 상태	지하수유속 2m/min이상	X	O	O	O	O	X	X	O	X	X	X	X	X	X	O	△
구조물의 특성	하중규모	수직하중이 작다(지간20m 이하)	O	O	O	O	O	O	O	O	O	O	O	O	O	O	X	△
구조물의 특성	하중규모	수직하중이 보통(지간 20m~50m)	O	△	O	O	O	O	O	O	O	O	O	O	O	O	O	O
구조물의 특성	하중규모	수직하중이 크다(지간 50m 이상)	O	X	△	O	△	△	△	O	O	O	O	O	△	O	O	O
구조물의 특성	하중규모	수직하중에 비하여 수평하중이 작다	O	O	O	O	O	O	O	O	O	O	O	O	O	O	△	△
구조물의 특성	하중규모	수직하중에 비하여 수평하중이 크다	O	X	△	O	△	△	△	O	O	O	O	O	O	O	O	O
시공조건	수시상공	수심 5m 미만	O	O	O	O	△	△	△	△	△	△	X	O	△	X	△	△
시공조건	수시상공	수심 5m 이상	X	△	△	O	△	△	△	△	△	△	X	△	X	X	△	△
시공조건	주변환경	진동, 소음대책	O	X	X	X	△	O	O	△	O	O	△	O	O	O	O	O
시공조건	주변환경	인접구조물에 대한 영향	O	X	X	△	△	O	O	△	O	O	O	O	O	△	△	△
시공조건		작업공간이 좁다	O	△	△	△	△	△	△	△	△	△	△	△	△	O	△	△
시공조건		사면말뚝의 시공		△	O	O	X	X	X	△	△	△	△	X	X	X		
시공조건		유해가스의 영향	△	O	O	O	O	O	O	O	O	O	O	O	O	X	X	O

주) 적합성이 높다 O, 적합성이 있다 △, 적합성이 낮다x

표 2-6 기초형식

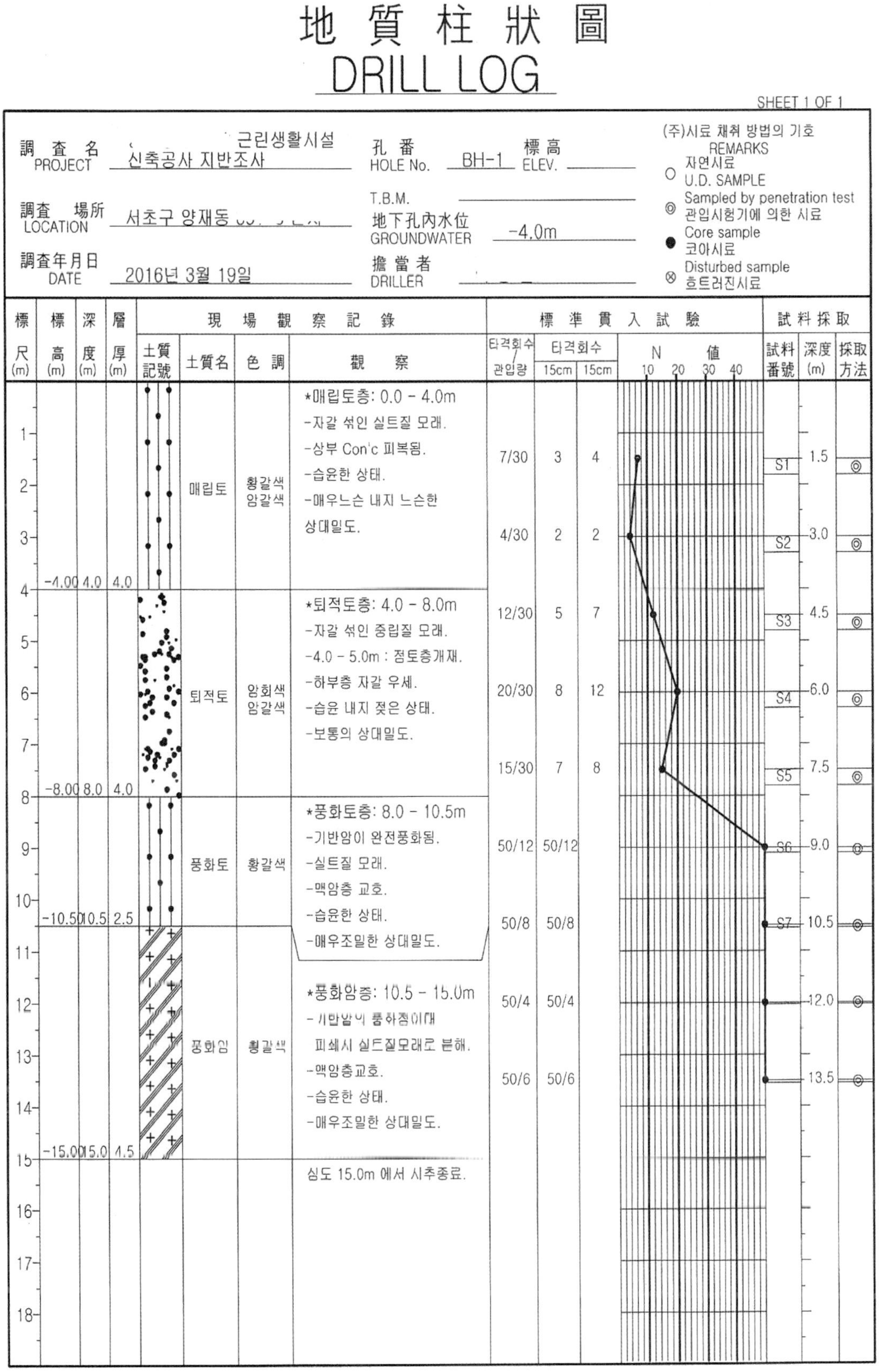

地 質 柱 狀 圖
DRILL LOG

SHEET 1 OF 1

調 査 名 PROJECT	근린생활시설 신축공사 지반조사	孔 番 HOLE No.	BH-1	標 高 ELEV.	
調査 場所 LOCATION	서초구 양재동	T.B.M.			
		地下孔內水位 GROUNDWATER	-4.0m		
調査年月日 DATE	2016년 3월 19일	擔 當 者 DRILLER			

(주)시료 채취 방법의 기호 REMARKS
- ○ 자연시료 U.D. SAMPLE
- ◎ Sampled by penetration test 관입시험기에 의한 시료
- ● Core sample 코아시료
- ⊗ Disturbed sample 흐트러진시료

現 場 觀 察 記 錄

標高 (m)	深度 (m)	層厚 (m)	土質名	色 調	觀 察
-4.00	4.0	4.0	매립토	황갈색 암갈색	*매립토층: 0.0 - 4.0m -자갈 섞인 실트질 모래. -상부 Con'c 피복됨. -습윤한 상태. -매우느슨 내지 느슨한 상대밀도.
-8.00	8.0	4.0	퇴적토	암회색 암갈색	*퇴적토층: 4.0 - 8.0m -자갈 섞인 중립질 모래. -4.0 - 5.0m : 점토층개재. -하부층 자갈 우세. -습윤 내지 젖은 상태. -보통의 상대밀도.
-10.50	10.5	2.5	풍화토	황갈색	*풍화토층: 8.0 - 10.5m -기반암이 완전풍화됨. -실트질 모래. -맥암층 교호. -습윤한 상태. -매우조밀한 상대밀도.
-15.00	15.0	4.5	풍화암	황갈색	*풍화암층: 10.5 - 15.0m - 기반암이 풍화점이대 피쇄시 실트질모래로 분해. -맥암층교호. -습윤한 상태. -매우조밀한 상대밀도.
					심도 15.0m 에서 시추종료.

標 準 貫 入 試 驗 / 試 料 採 取

타격회수/관입량	타격회수 15cm	타격회수 15cm	試料番號	深度 (m)	採取方法
7/30	3	4	S1	1.5	◎
4/30	2	2	S2	3.0	◎
12/30	5	7	S3	4.5	◎
20/30	8	12	S4	6.0	◎
15/30	7	8	S5	7.5	◎
50/12	50/12		S6	9.0	◎
50/8	50/8		S7	10.5	◎
50/4	50/4			12.0	◎
50/6	50/6			13.5	◎

그림 2-48 토질주상도

3 건축물의 상부구조 1

1. 공간계획의 최종안으로 규모, 면적, 공기, 용도, 세부 소요실 등을 고려하여 적정 스팬을 확인한다.
2. 철근콘크리트(라멘 및 벽식 구조), 철골철근콘크리트구조, 철골구조의 특성과 장단점을 학습한다.
3. 건축물 계획안의 조형계획과 세부 소요실 계획 등을 검토하여 최적의 구조형식을 결정한다.

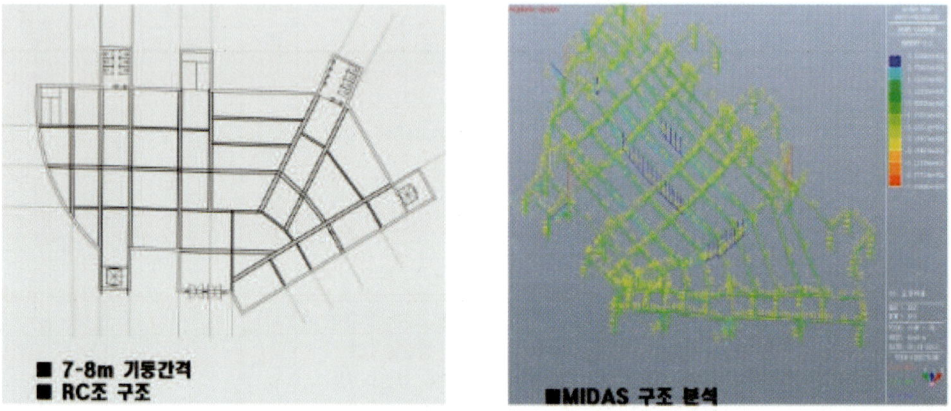

그림 2-49 구조형식 정하기

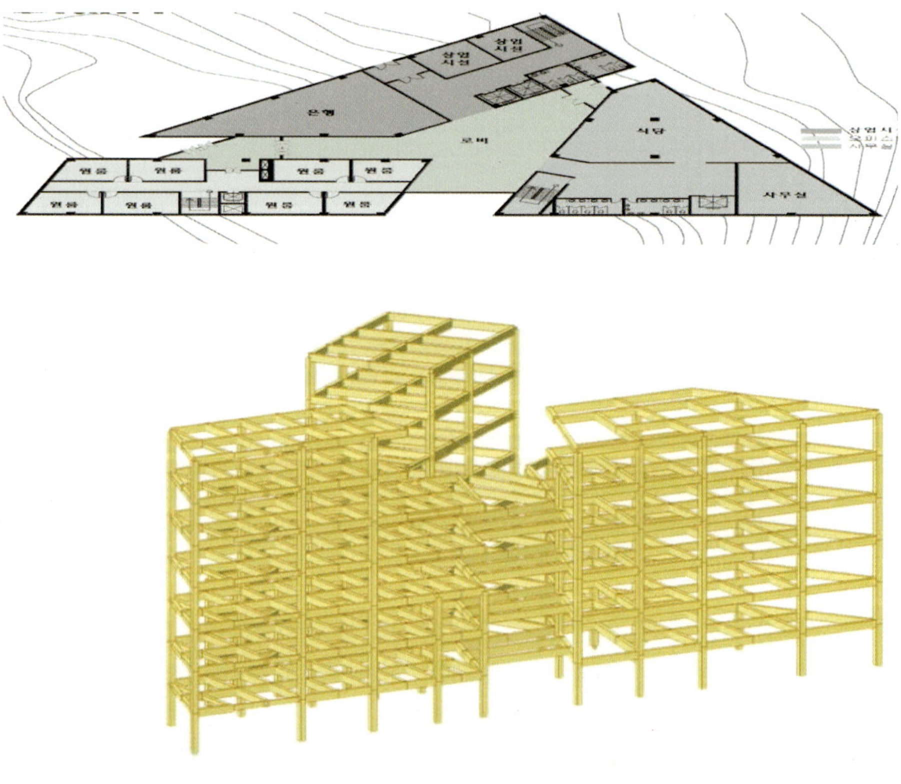

그림 2-50 기둥 및 보를 감안한 건축 구조 프레임

4 건축물의 상부구조 2

1. 공간조형의 최종안으로 규모, 면적, 공기, 용도, 세부소요실의 적정 스팬 등을 확인한다.
2. 트러스 및 마스트 구조 등의 특수 구조 시스템을 학습하고 창의적 구조를 디자인한다.

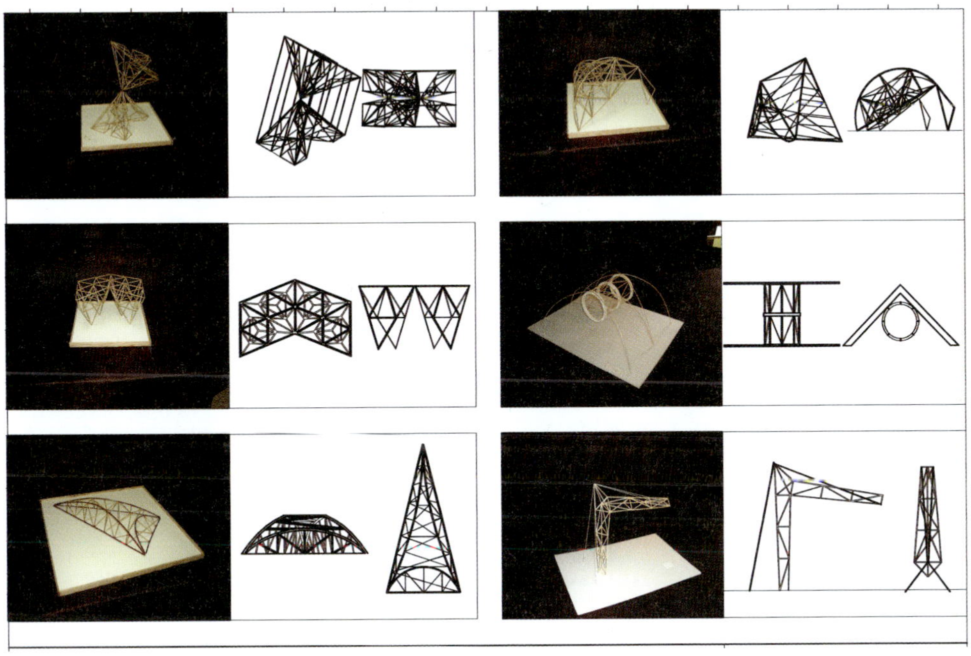

그림 2-51 트러스 및 마스트 구조 디자인

3. 건축물의 콘셉 및 조형성을 고려하여 최적의 특수구조 및 복합구조를 결정한다.
4. 복잡한 형상의 이해를 위하여 모형 또는 3차원 형상을 구체화한다.

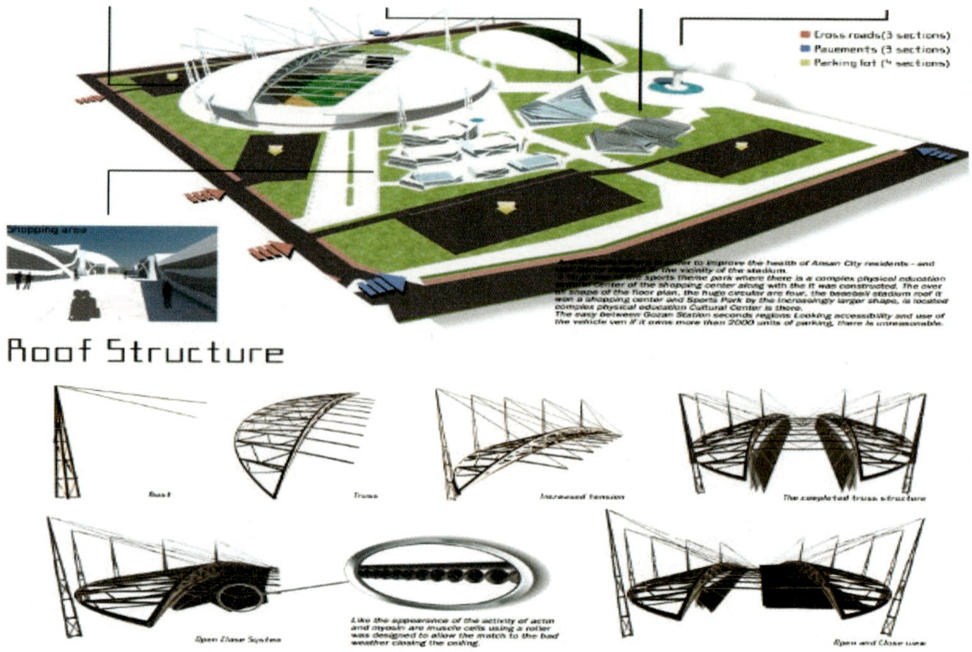

그림 2-52 경기장의 지붕 구조 (트러스+마스트 구조 형태)

수행 tip

- 토질 주상도를 확인할 경우, 구조전문가의 조언을 구한다.
- 상부구조의 경우, 기둥 간격과 보의 크기, 층고 등 경제성을 기초로 구조 유형을 정한다.
- 영화관, 다용도실, 시청각실 등과 같이 부분적 무주 공간이 필요한 경우, 복합구조(라멘구조+철골구조)등을 고려한다.
- 대규모의 무주공간이 필요한 경우 트러스 및 마스트 구조 등 특수구조를 고려한다.

2-2. 구조 관련 시스템

학습목표	• 구조 계산 기준과 공간 형태, 창호시스템, 설비 시스템을 통해 건축구조의 기본 모듈을 계획할 수 있다. • 구조계산서의 기본 내용을 이해하고 주요내용의 검토를 통해 구조 계획서를 작성할 수 있다. • 건축계획에 따라 구조계획을 협의하고 조정할 수 있다.

필요 지식 /

1 외장 시스템

1. 커튼월

(1) 의미

-독어로 "Vorhangwand" 프랑스어 "Murrideau" 으로 막벽(幕壁) 달아매는 벽, 장벽(障壁), 공간을 칸막이 하거나 뜯어내는 것이 자유스러운 벽을 의미한다.

-알루미늄, 스틸, 스테인리스, 브론즈, 유리, 석면 등의 재료로 창, 부속 및 마감 일체는 포함한 벽의 구성부재를 공장에서 제조하여 건축현장에 운반해 건물의 골조에 볼트로 취부 또는 접합한다.

-공장에서 가공하여 현장으로 운반하고 현장에서 조립한다.

(2) 특징

-공장제작으로 공기가 단축되고 콘크리트, 벽돌 비해서 커튼월은 경량이다.

-건물 내부에서 시공이 가능하여 가설공사가 생략할 수 있다.

-공장제작으로 성능실험을 통하여 고품실이 가능하다. 또한 차양 및 환기 조절 장치의 설치로 실내 환경의 조절이 가능하다.

(3) 형식

(가)커튼월식

슬래브 외측에 달아매는 형식

(나)Window Wall

상하 슬래브 사이에 구획하여 창호를 취부 하는 형식

(다)Cover

스탠드럴의 커버, 창호, 기둥, 커버 등을 별도로 구조체에 취부 하는 형식

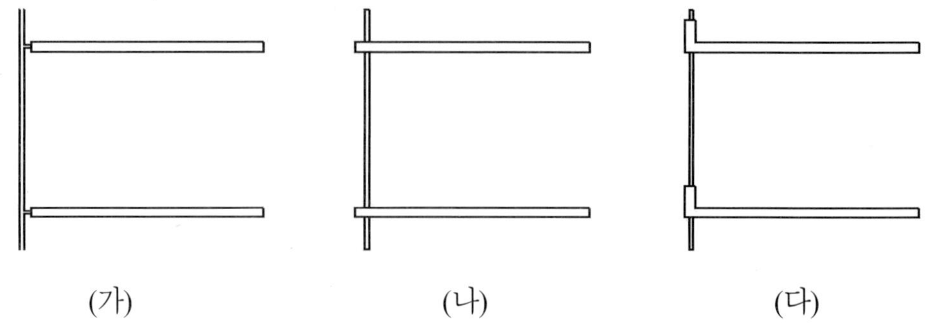

그림 2-53 커튼월 형식

(4) 구조방식에 따른 종류

(가) 멀리온식(Mullian Type)

-수직재인 멀리온을 슬래브에 취부 한다.

-멀리온에 각 구성부재를 (트랜좀, 창틀, 스탠드럴 판넬 등) 부착한다.

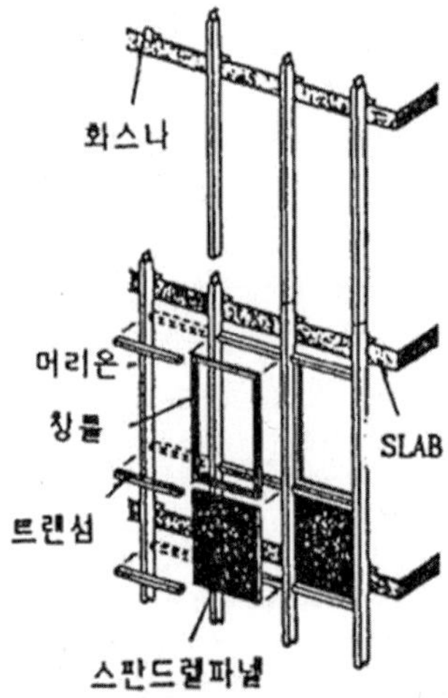

그림 2-54 멀리온(Mullian)방식

(나) 패널식(Panel type) (층간 panel/ 기둥, 보 panel/ Spandrel Panel)

-적정히 분할된 벽의 유닛을 압축성형, 주문, 또는 판재 등에 성형하여 공간 슬래브에 취부 하는 방식

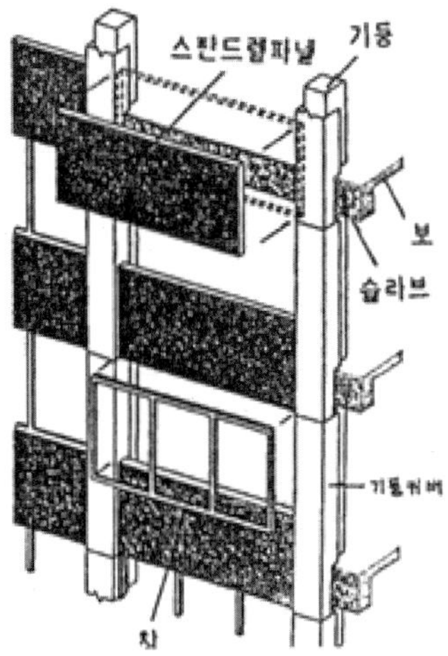

그림 2-55 스판드럴(Spandrel) 방식

(다)유닛 월(Unit Wall)식

-커튼 월 구성부재를 공장에서 완전조립 및 유닛으로 만들어 취부 하는 방식

-유닛들을 현장에서 반입하여 취부 하는 공법

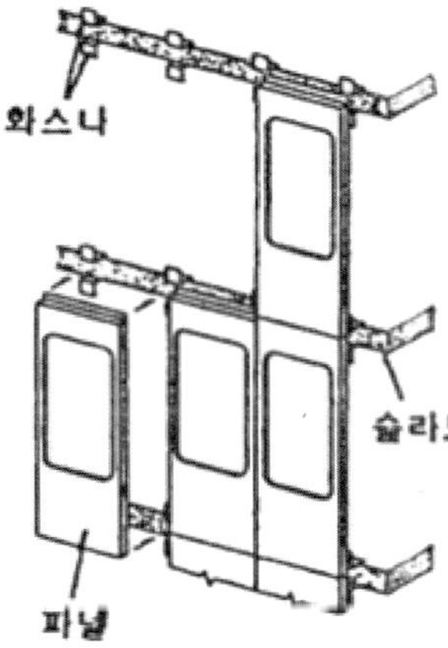

그림 2-56유닛 월(Unit Wall)방식

(5) 조립부 종류

-슬래브에 커튼월에 정착하는 방법은 다음의 그림처럼 다양하다.

-화스너는 각 층의 슬래브에 정착하여 커튼월의 자중이 각층에 분산되도록 구성된다.

-고정방식이 고정식과 이동식으로 구분되고 고정 화스너에 정착 슬럿(slot)은 여유치를 두고 구성되어 외부의 풍하중에 탄력적으로 작동한다.

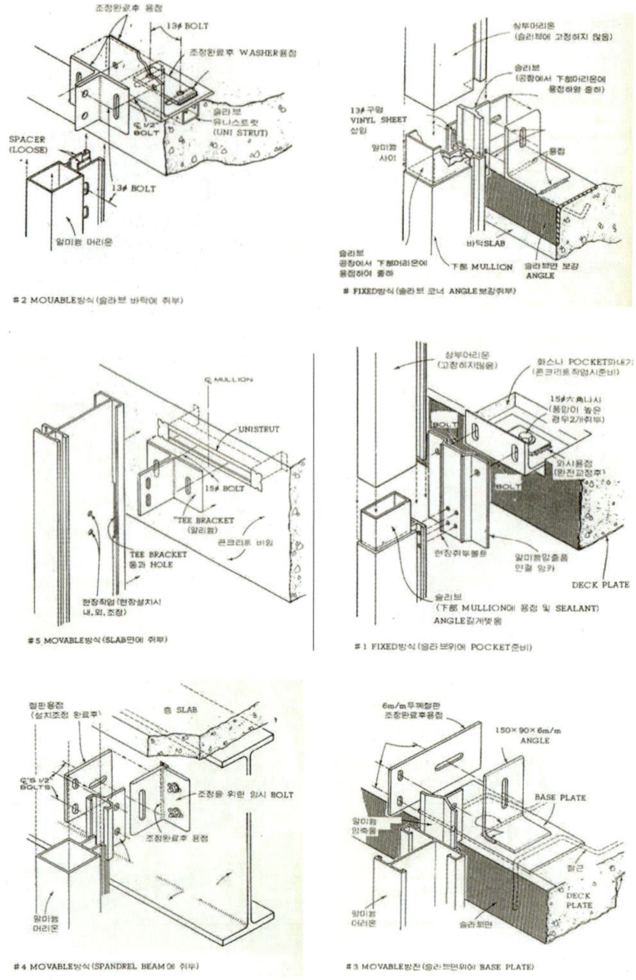

그림 2-57 커튼월 화스너의 종류

2. SPG (Special Point Glazing)

SPG 시스템은 유리에 특수 홀 가공을 한 후 볼트로 판유리와 판유리를 고정해주는 "no frame" 시스템으로서, 프레임이나 구조용 실리콘을 사용하지 않으면서도 탁월한 안정성을 유지하며, 뛰어난 디자인으로 개방감과 채광을 최대한 보장해주는 특수 유리 커튼 월 공법이다.

(1) 개념

-프레임이나 구조용 실리콘을 사용하지 않으면서도 탁월한 안전성을 유지한다.

-디자인적으로 개방감과 채광을 최대한 보장한다.

-특수 가공된 볼트를 이용하여 평탄한 외피를 가질 수 있다.

-내부의 구조물은 유리, 로드 트러스, 와이어, 파이프 등으로 구성된다.

-기본적으로 12mm강화유리를 사용한다.

그림 2-58 Ontario Convention Center

그림 2-59 Baltimore Convention Center

그림 2-60 American Bible Society

(2) SPG 시스템의 특징

-유리판에 구멍을 뚫고 볼트로 유리를 고정시키는 방식으로 프레임이 없어 개방감과 채광량을 극대화시킬 수 있다.

-조립식으로 구성되어 형태나 크기에 따라 다양하게 변형이 가능하다.

-풍압 , 태양광선 등 구조적 하중 등에 대한 내구성이 우수하다.

그림 2-61 유리 접합부

그림 2-62 유리 관통 테스트

(3) 주요용도

-개방감이 높은 사무실 등 고층건물의 특수부(아트리움, 로비, 상가 등)

Discovery Channel Retail Store - Santa Ana, CA
Architect: Leclere Associates Architect, P. C.
New York Los Angeles

그림 2-63 디스커버리 상점

-시야의 확보가 중요한 건축물

-자연채광의 효과를 중시한 온실, 로비, 천장, 아트리움 등

Embarcadero Center - Sacramento Alley
San Francisco, CA
Architect: SOM - San Francisco, CA

Frais Marina Chapel @ KoOlina Ocean Club
KoOlina, Hawaii
Architect: Excel Designs, Inc. - Honolulu, HI

그림 2-64 천창(skylight)

-옥외전시물(문화재 등)의 보호막 등

그림 2-65 원각사지 탑

그림 2-66 누드 엘리베이터

-실내 인테리어, 계단의 난간, 누드 엘리베이터

-옥외 클레딩(cladding), 캐노피 등

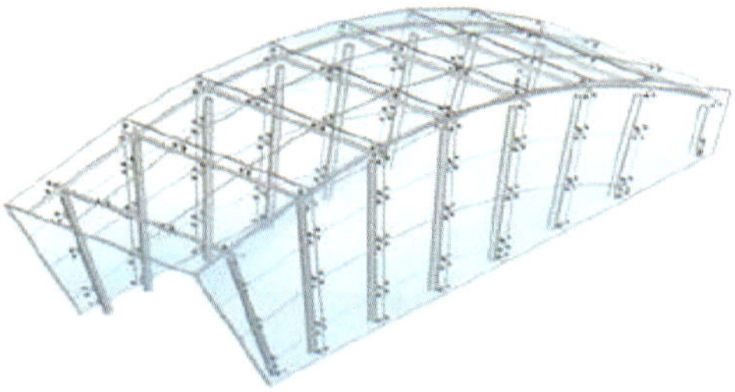

그림 2-67 지하철 캐노피

-기타: 옥외조형물, 브리지 등

그림 2-68 연세대 브리지

Mayo Clinic Gonda Building Wind Wall
Rochester, MN
Architect: Ellerbe Beckett – Minneapolis, MN

그림 2-69 옥외 조형물

(4) 후면 구조 형태(Back Structure)

(가) 파이프 형(Pipe Type)

그림 2-70 파이프(pipe) 형

파이프 후면 구조체에 수직, 수평의 각 조인트마다 SPG지지용 브래킷(Bracket)를 용접한 후 스파이더(Spider) 브래킷을 접합하여 시공하는 방법으로 시공 방법이 비교적 용이하며, 비용이 적은 편이다.

(나) 리브 글라스(Rib Glass) 형

강화유리 구조체에 수직, 수평의 각 조인트마다 SPG지지용 브래킷(Bracket)를 용접한 후 스파이더(Spider) 브래킷을 접합하여 시공하는 방법으로 시공 방법이 비교적 용이하며, 비용이 적은 편이다.

그림 2-71 리브(rib) 형

(다) 철제봉 및 파이프 결합(Rod & Pipe)형

파이프와 철제봉의 트러스 구조체에 수직, 수평의 각 조인트마다 SPG지지용 브래킷(Bracket)를 용접한 후 스파이더(Spider) 브래킷을 접합하여 시공하는 방법으로 수직 파이프의 단면을 줄이고 파이프와 철제봉 트러스를 복합적으로 사용하여 시공하는 형태로서 건물 형상에 따라 다양한 Design이 가능하다.

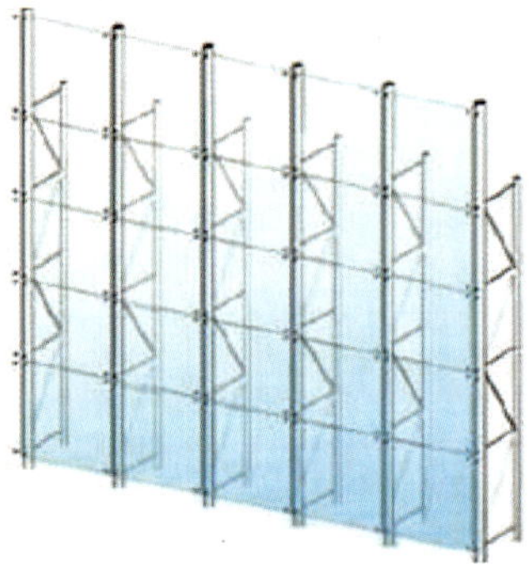

그림 2-72 철제봉 및 파이프 결합(Rod & Pipe) 형

(라) 케이블 트러스(Cable Truss) 형

케이블 트러스 구조체에 수직, 수평의 각 조인트마다 SPG지지용 브래킷(Bracket)를 용접한 후 스파이더(Spider) 브래킷을 접합하여 시공하는 방법으로 케이블 또는 철제봉의 장력을 이용하여 하중에 저항하는 구조로서 구조체의 단면이 작고 개방감은 뛰어나지만, 비용이 많이 소요되며 시공도 비교적 어렵다.

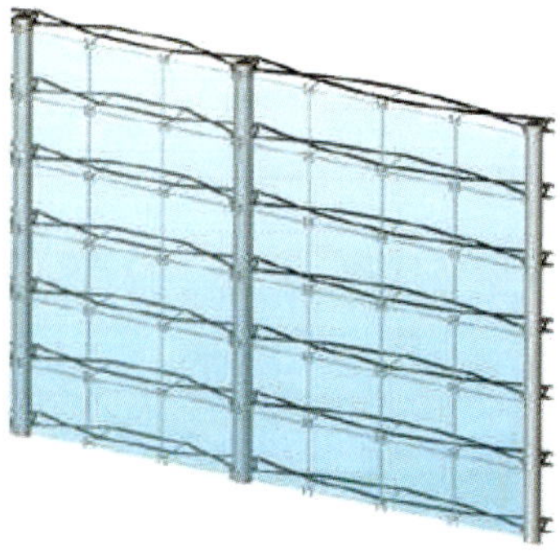

그림 2-73 케이블 트러스(cable truss) 형

2 설비 시스템(ACM)

1. 설비 일반

건축물의 기능을 수행하는 것이 건축설비이므로 공조, 위생 및 전기 등이 건물 내에서 중요한 역할을 담당하게 된다. 설계 초기단계부터 그 건물에 가장 적합한 설비시스템을 구축하는데, 어느 정도 넓이의 소요제실을 확보해야 하는지 등을 감안하여 설계할 필요가 있다. 모든 설비기계실의 필요 바닥면적은 건물의 용도, 규모 및 건축설비 시스템에 따라서 크게 차이가 나는데, 보통 연면적의 6~12%를 점유한다.

(1)각종 설비 기계실

(가) 공조, 위생설비 기계실

1)종류

-공조 설비

보일러실, 냉동기실, 공조기실, 공조 펌프실, 오일 탱크실

바닥연면적(㎡)	층고(보일러실 포함)(m)	비고
1,000	4.0	(1) 기기와 벽 사이의 간격을 0.7~1.0m로 간주함. (2) 전기실, 탱크실, 펌프실 등도 왼쪽의 층고와 같다.
3,000	4.5	
5,000	4.5	
10,000	5.0	
15,000	5.5	
20,000	6.0	
25,000	6.0	
30,000	6.5	

표 2-11 공조 위생 설비 주기계실 층고 출처: 건축설비시스템, 기문당

-환기설비

송풍기실, 배풍기실, 배연기실

-위생 설비

급배수 펌프실, 수수 탱크실, 고가 탱크실, 저탕 탱크실, 중수 설비실

-기타

소화설비 기계실, 소각실

2) 층고 및 면적

주 기계실의 층고는 표에 나타낸 바와 같이 4.0~6.5m로 높게 잡을 필요가 있다. 보통 바닥 연면적의 4~8%를 차지하는데, DHC(지역 냉난방) 열원을 이용하는 단독 냉열원을 갖지 않는 건물 등에서는 냉열원을 포함한 공간만 있으면 충분하며, 냉동기나 보일러 등의 공간은 필요하지 않다. 또한 초고층 빌딩에서는 중간층이나 옥상층 등을 그대로 설비기계실 층으로 사용하는 경우도 많다.

바닥 연면적 (㎡)	(1)공조 설비 기계실 (개략치) (㎡)	(2) 공조방식의 공조 설비 기계실			(3) 보일러실만 있는 기계실		
		각층, 단일 덕트방식 (정풍량, 변풍량 모두)(㎡)	각층, 단일 덕트방식 팬코일 유닛방식(㎡)	1계통의 단일 덕트방식 (㎡)	일반 건축의 보일러실 (㎡)	중급 병원의 보일러실 (㎡)	고급호텔, 고급병원의 보일러실 (㎡)
1,000	70(7.0)	75(7.5)	-	50(5.0)	20(2.0)	55(5.5)	-
3,000	200(6.6)	190(6.3)	120(4.0)	130(4.3)	50(1.6)	100(3.3)	160(5.3)
5,000	290(5.8)	310(6.2)	200(4.0)	220(4.4)	75(1.5)	140(2.8)	200(4.0)
10,000	450(4.5)	550(5.5)	350(3.5)	-	120(1.2)	190(1.9)	280(2.8)
15,000	600(4.0)	750(5.0)	550(3.7)	-	170(1.1)	230(1.5)	330(2.2)
20,000	770(3.8)	960(4.8)	730(3.7)	-	200(1.0)	280(1.4)	380(1.9)
25,000	920(3.7)	1,200(4.8)	850(3.4)	-	220(0.9)	320(1.3)	430(1.7)
30,000	1,090(3.6)	1,400(4.7)	1,000(3.0)	-	25(0.8)	340(1.1)	480(1.3)

표 2-12 사무실건축 공조기계실 면적 출처: 건축설비시스템, 기문당

3) 위치

-원칙적으로는 건물 전체 부하의 중심부와 가까운 것이 바람직하다.

-일반적으로 바람직한 기계실의 위치는 다음과 같다.

①덕트 샤프트, 파이프 샤프트에 인접하거나 가까운 장소

②옥외로부터의 기기 반입 및 옥외로의 기기 반출에 지장을 주지 않는 장소

③운전 및 보수, 점검이 용이하고 안전하게 할 수 있는 장소

④바로 아래에 전기실이나 컴퓨터실 등이 없는 장소

⑤직원실, 회의실 등과 같이 소음이나 진동이 없어야 하는 실에서 떨어진 장소

(나) 전기설비 기계실

1)종류

-수변전실

-중앙 관제실

중앙감시제어실, 방재센터

-기타

분전반실, 자가 발전기실, 축전지실, 엘리베이터 기계실

2) 층고 및 면적

-전기설비 기계실은 보통 바닥 연면적의 2~4% 정도를 차지하는데, 그 중 큰 면적을 차지하는 것이 수변전실이다.

-일반적으로 수변전실은 높은 층고 (4.0~6.5m 정도)가 요구된다. 지하층 일부에 설치되는 경우가 많다.

-대규모의 고층 건축물 경우에는 지하층의 제 1변전실 외에도 옥상층이나 중간층에 제 2변전실, 제 3변전실을 설치한다.

3) 수변전실의 위치

①건물전체의 부하에 가까운 장소

②기기의 반입, 반출이 편리한 장소

③전력의 인입 및 간선의 인출이 용이한 장소

④습기, 먼지가 적은 장소

⑤물의 침입, 침투가 없는 장소

⑥장래의 증설공사에 적응할 수 있는 장소

(2) 각종 설비의 샤프트 공간

건물 내의 공조, 위생 주기계실과 수변전실로부터 건물의 각 부에 열전기 등의 에너지를 분배하거나 급수, 급탕 또는 배수를 하기 위해서는 건물의 수직방향에 덕트, 배관, 전기 간선을 설치할 공간이 필요하다. 이들 공간은 일반적으로 '샤프트' 라고 총칭하며, 안에 들어가는 설비에 따라 덕트 샤프트(DS), 파이프 샤프트(PS), 전기샤프트(EPS) 등으로 표시한다.

항목	기준층 바닥면적에 대한 비율(%)	비고
덕트스페이스 (배연덕트 포함)	1.6~2.5	외기도입, 배기를 위한 공용샤프트는 포함하지 않음.
공조배관 스페이스	0.4~1.0	
위생배관 스페이스	0.3~0.8	
전기배관, 배선 스페이스	0.3~1.0	분전반 스페이스, 트랜스실을 포함함.

표 2-13 사무실건축 샤프트 개략면적　출처: 건축설비시스템, 기문당

각 층에 공조기를 설치하고, 외기 도입과 배기를 같은 층에서 처리하는 각층 유닛공조 방식을 채용할 경우에는 주 덕트 공간이 필요하지 않게 되며, 화장실과 탕비실 등의 배기나 배연 덕트 공간만 필요하다. 이 경우 덕트 공간의 수치 1.6~2.5%는 0.5~1.5% 정

도가 된다.

(가) 공조용 샤프트

1) 종류

- 급기 덕트, 환기(還氣) 덕트, 환기(煥氣) 덕트, 배연 덕트 등의 덕트 샤프트
- 배관 샤프트

2)위치

-일반적으로 파이프 샤프트 내에는 다수의 세로관이 집합적으로 수납되는데, 2~3개인 경우에는 방의 모서리 구석이나 벽 쪽에 배관되며, 뗄 수 있도록 점검구가 부착된 패널 등으로 덮는 경우도 있다.

-공조기로의 배관은 각층 공통 공조기실의 일부에 세우는 경우도 많다.

(나) 위생용 샤프트

1) 종류

-대부분 배관수납을 위한 파이프 샤프트이다.

-샤프트 내에는 급수관, 급탕관, 배수관, 소화관, 가스관 등이 수납된다.

-파이프 샤프트 이외의 위생설비 샤프트로는 쓰레기 반출용 더스트 슈트 등이 있다.

2) 설치 위치

-일반적으로 집합주택, 호텔의 객실, 병원 등에서는 2인 공용의 파이프 샤프트를 설치한다.

-병원의 진료, 검사부문, 연구소의 실험실 등에서는 복도 측이나 창측에 1 스팬 당 1개소, 2 스팬 당 1개소의 비율로 파이프 샤프트를 설치한다.

-일반 건물인 경우 화장실, 탕비실, 주방 등에 인접하고, 또한 복도등과 같은 공용부로부터 직접 접근할 수 있는 장소가 바람직하다.

-대규모 건물 등에서 설비 주기계실의 관련 기기류와 고치탱크 등과 가까운 위치에 설치한다.

-스프링클러 등의 소화 배관용 샤프트를 단독으로 설치할 경우에는 복도 등에 면한 알기 쉬운 장소를 선정한다.

-샤프트의 크기는 기준 바닥면적의 0.3~0.8%가 된다.

3)유의사항

샤프트를 설치할 경우 유의해야 할 점은 다음과 같다.

-화장실 등의 샤프트는 긴 변이 화장실 등에 인접하도록 하고, 접하는 부분에 큰 보(beam)가 지나지 않도록 한다.

-유지관리상 샤프트에는 각 층 모두 거실 이외의 장소(예: 복도 등)에 출입구

또는 점검구를 설치한다.

-출입구를 설치하는 샤프트에는 내부에 플로어 데크를 설치한다. 또한 샤프트는 방재상, 안전작업상의 목적에서 각 층 또는 적당한 간격으로 콘크리트 슬래브 등으로 구획하는 것이 바람직하다.

-유효 샤프트 스페이스를 확보하기 위해서는 샤프트 내에 가능한 한 보가 지나지 않도록 한다.

(다) 전기용 샤프트

단지 건물 각 부분에 전기를 분배하기 위한 샤프트로 면적 면에서 위생용 배관 샤프트와 거의 같고, 기준층 바닥면적에 대해 0.3~1.0%를 차지한다. 공조용 샤프트와 위생용 샤프트는 공용 샤프트로 하는 경우도 있지만, 전기용 샤프트는 누수사고 등에 의한 피해를 막기 위해 가능한 한 공조, 위생배관 샤프트와 떨어진 위치에 설치하여 독립된 EPS로 하는 것이 바람직하다.

엘리베이터 샤프트, 엘리베이터 기계실, 전기실, 통신기계실 등에 설비용 배관이 통하면 안 되는 것과 마찬가지로, 전기용 샤프트에도 설비배관을 통하는 일이 절대 없도록 해야 한다.

(3) 천장 및 바닥밑 공간, 배관용 드랜치

건축 설계 시에는 보통 낮은 층고에 가능한 한 높은 천장고를 확보하고자 하는 요구가 있다. 천장설비기기를 노출시킨 경우도 자주 볼 수 있다.사무소 건축 등에서는 컴퓨터실이나 OA에 대응하기 위해 높이를 10~30cm 올린 바닥(raised deck)을 채용하는 예도 많고, 바닥밑을 공조 덕트 대신 사용하는 언더플로어 공조(바닥 취출 공조) 시스템을 채용하는 사례도 늘고 있다.

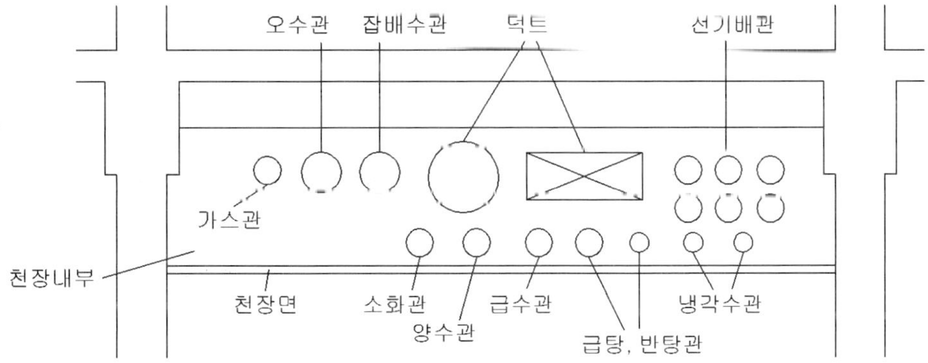

그림 2-74 천정내 각종 설비 출처: 건축설비시스템, 기문당

공조 설비의 바닥 설치 FCU용 가로배관이나 위생설비 등에서는 그 층의 바닥 밑(하층의 천장)에 부설하는 경우가 많다. 병원, 연구소 등에서는 일반적으로 최하층의 바닥밑

이나 천장부분에 또는 각 층에 배관용 플로어를 설치하는 경우도 있다. 배관용 플로어의 높이는 증설이나 장래의 배관교체를 고려하여 배관용 트렌치와 마찬가지로 적어도 1.5m 정도 두는 것이 필요하다.

2. 설비 응용 및 공업화 건축

(1) ACM : Assemble Components Module

그림 2-75 영국의 로이드 보험 회사

그림 2-76 일본 시부야의 타워 레코드

(가) ACM 이란

1) 개념

-원래는 Renewable Assembled Components Module의 의미인데 즉 건축물의 노후된 일부분의 재생을 위하여 일부분을 교체하는 방법을 일컫는다.

-일반적으로 일정시간이 지난 후에 건축물의 배관이나 화장실 등은 수리나 교환이 필요하게 된다.

·구조의 사용연한 50년 ~ 200년

·설비의 사용연한 10년 ~ 20년

·실내 구성재는 다양한 사용연한

그림 2-77 화장실 모듈, 홍콩상하이뱅크, 홍콩

-특히, 설비부분의 재생은 건축물의 사용에 제약이 발생하여 이에 따라 생기는 비용, 업무상 장애 등 경제적, 공간적, 시간적 측면에서의 많은 문제를 야기한다. 설비시설의 보수로 건축물 전체의 사용중지 되거나 건축물의 보수공사를 위

해서 이전 또는 신축하는 경향이 발생한다.

-따라서 이들 시설을 하나의 단위로 구성할 수 있는 유닛(요소)화하고 이를 공장생산하고 모듈화 함으로써 조립, 해체, 치환(Plug Into), 혹은 교환이 가능하도록 한다.

·화장실, 설비 공간 등의 치환 가능토록 설계시공

·이러한 설비 공간의 집중화

·치환, 교환이 가능하도록 건물 외측에 설치

-공기 조화, 전기 등의 설비뿐만 아니라 계단, 엘리베이터, 주거의 유닛 등도 재생이 용이하도록 하는 것이 가능하다.

-이 유닛을 플러그 인(plug in) 하기 위하여 구조적으로 메가스트럭춰(Mega Structure) 등의 구조 시스템이 필수적으로 필요하다.

2) 원칙

-건축물을 구성요소의 조립, 결합에 의한 시스템으로 인식한다.

-표준화된 부품을 모듈화 하여 반복적 사용이 가능하도록 구성하며

-Prefabrication 부품의 공장제작의 이해하고

-기계적 시스템과 기술적 이미지를 표현하고자 한다.

-유닛을 플러그 인 할 수 있는 거대구조(Super Structure)시스템을 강구한다.

3) 요소구분

-모듈이 되는 요소로는 배관 및 기계설비 등 장치적 요소

-건축물의 구조재, 외장재, 지붕재 등 형태적 요소

-화장실, 계단, 주거 유닛, 등 단위 공간적 요소 등으로 나타난다.

그림 2-78 아헨(Aachen)공과대학 의학부, 독일

그림 2-79 포스트와 외벽재, 인모스 마이크로프로세서 공장, 사우스 웨일즈

(나)ACM의 특징

-시스템화

구성요소의 조립, 결합, 정교함,

표준화된 부품의 생산, 부품의 해체 및 치환이 가능

-반복성

기계적 반복과 형태적 반복, 모듈의 반복

-가변성

공간의 가변성, 외피의 선택적 사용

-지속성/경제성

건물의 수명을 연장과 유지관리상 장점

그림 2-80 리차드 의료 연구 실험실

(다) 건축물 사례

1) 캡슐타워(Capsule Tower)

-주거시설의 공장제작 모듈

-캡슐은 2.5m x 4m x 2.5m의 치수로 구성.

-캡슐들은 유틸리티, 인테리어 및 기타 등등 공장에서 제작되어 콘크리트 타워에 부착되었다.

-각 캡슐은 4개의 고장력 볼트에 의해 샤프트에 부착되어있다. 이것들은 샤프트로부터 캔틸레버로 되어 독립적으로 구성되어 캡슐이 다른 캡슐에 영향을 주지 않는 채 쉽게 제거될 수 있다. 캡슐은 형태로 단순하고 주 구조체로 경량의 철제 트러스박스로 되어있다.

-외장은 아연 도금된 리브(rob)로 보강된 스틸 판넬이 덮어져있다.

-이런 과정 후 이 판넬들은 내구성 페인트와 Kenitex라는 윤나는 스프레이로 코팅되어 있다.

-이 빌딩은 세계에서 최초의 실제 지어진 캡슐 건축물이다.

-시공단계

시공과정은 2개의 단계를 포함한다. 현장시공 : 2개의 타워와 에너지공급시스템 그리고 잡비. 비현장 제작 : 캡슐부분의 공장생산과 부품조립.

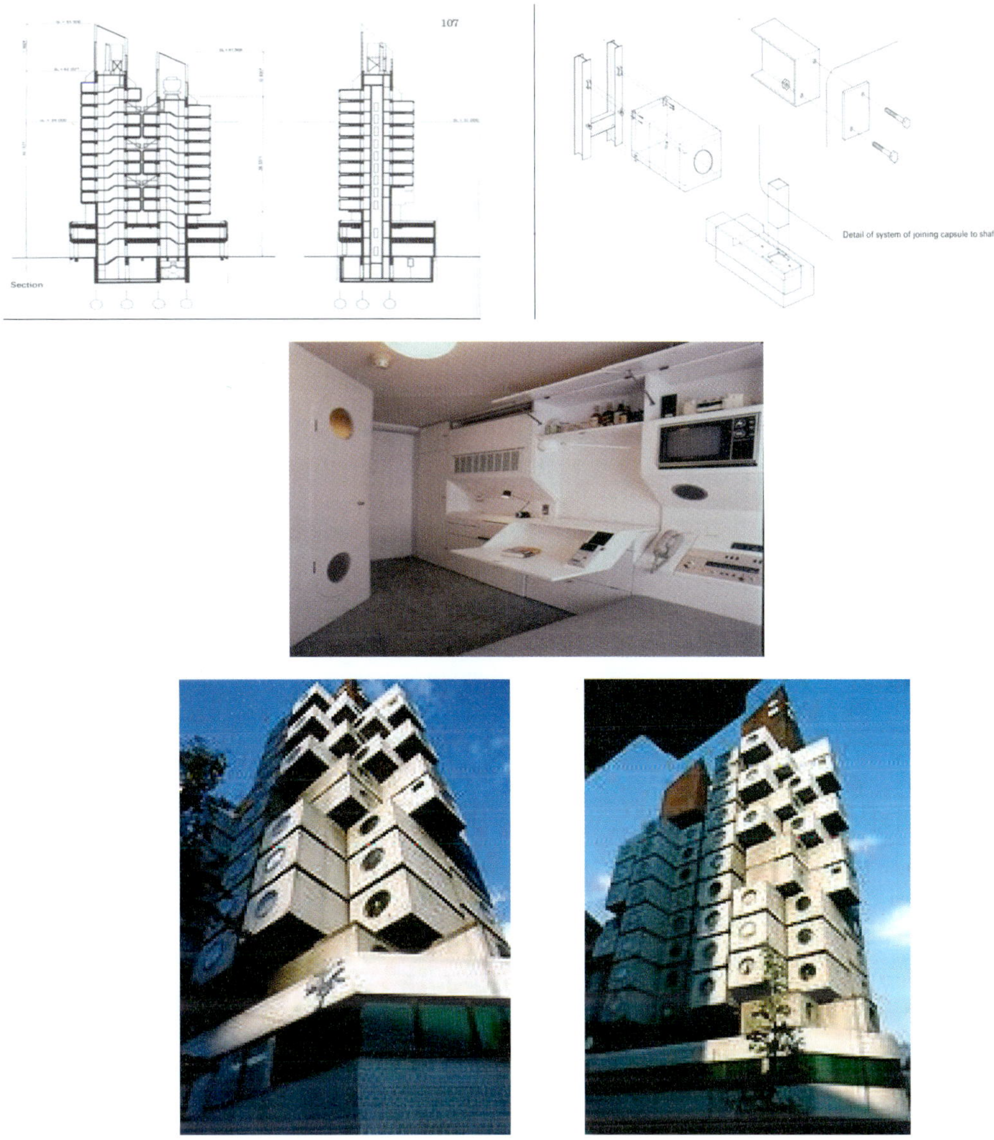

그림 2-81 캡슐타워 (Capsule Tower)

2)홍콩 상하이 뱅크(Hongkong Shanghai Bank)

-공기단축과 최고수준의 품질을 유지도록 계획되었다.

-건축물 소요부품을 유럽, 미국, 일본 등에서 공장생산하고 현장에서 조립하도록 하여 현장작업을 최소화 하였다.

-설비는 미리 공장 제작된 모듈 속에 포함되어 있다.

그림 2-82 상하이 뱅크(Shanghai Bank) 외관, 아트리움(Atrium) 및 거대구조(Super Structure)

③구조 계획서

1. 구조 계획

(1) 개념

건물의 세부적인 구조설계에 앞서서 건물의 용도에 따라 결정되는 하중조건(荷重條件), 바람 · 지진 · 적설(積雪) 등의 외력조건(外力條件), 대지(垈地)의 지반조건(地盤條件) 등을 검토하고, 경제적인 측면까지도 고려하여 가장 적합한 구조가 되도록 건물의 평면, 골조형식(骨組形式), 기둥 · 보 · 벽 등의 배치, 기초의 구조 등을 선택하여 결정하는 계획을 말한다.

(2) 목표

(가)안전성

건축물의 안정성과 관련하여 구조의 다음 사항을 검토한다.

-장기하중과 변형

-지진하중, 풍하중, 적설하중과 관련된 변형

-토압, 수압, 부력, 진동, 충격 고려

지역	동결심도	지역	동결심도	지역	동결심도	지역	동결심도
강릉	703	홍천	1394	영광	355	밀양	603
서울	1232	대관령	1914	구례	382	산청	487
인천	1038	삼척	431	함평	306	함안	667
울릉도	266	원성	1173	송추	515	강해	306
추풍령	933	제천	1288	나주	529	하동	417
포항	517	음성	984	순천	221	삼천포	265
대구	766	충주	983	영암	319	남해	333
전주	750	진천	1019	장흥	375	안성	883
울산	578	괴산	1077	해남	208	인제	1365
광주	588	보은	1154	고흥	347	남원	647
부산	250	영동	891	칠곡	736	장성	500
목포	292	당진	750	울진	347	울주	500
여수	235	아산	850	영주	983	함양	563
수원	1135	홍성	817	문령	750	이천	1077
순천	1407	유성	883	안동	833	화성	967
청주	1077	보령	625	상주	641	정읍	574
속초	404	부여	721	청송	1038	고창	544
서산	750	논산	721	영덕	375	거창	783
군산	444	금산	868	우성	969	함천	588
충무	250	이리	544	선산	750	양평	1168
대전	800	무주	767	김천	681	임실	883
진주	647	진안	983	영천	647	경주	474
강화	1000	부안	544	성주	676		

표 2-14 지역별 동결 심도

-동결심도와 관련된 그리고 지질의 불균질 등을 고려한 부동침하 방지

(나)기능성

-건축물의 용도와 기능에 따라 스팬과 층고의 확보

-주거건축물의 경우, 바닥진동 및 소음방지를 위한 구조재료 및 슬래브 두께 확보

-향후 증축 등을 고려한다.

(다)내구성

-건축물의 내용연수나 자연조건을 고려

-철골은 방청 및 내화에 주의

-RC는 적정 철근 피복두께를 통한 내구성 고려

(라)기타

-경제성을 기초로 적정 구조종별의 선택

-설정된 건축개념의 조형성 고려한 특수구조, 창호, 설비 등의 다양한 시스템을 고려

(3)구조종별 선정

-건축물의 조형성, 기능성 및 역학적 특성을 고려하여 선정한다.

-건축물의 내구성•내화성 및 생산성•시공성 등을 고려하여 선정한다.

-건축물의 층수를 고려하여 구조 종별을 선정한다.

-구조종별은 공사기간과 스팬 등을 고려한다.

일반적으로 철골구조, 철근콘크리트 구조, 철골 철근 콘크리트 구조 순으로 공기가 길어진다.

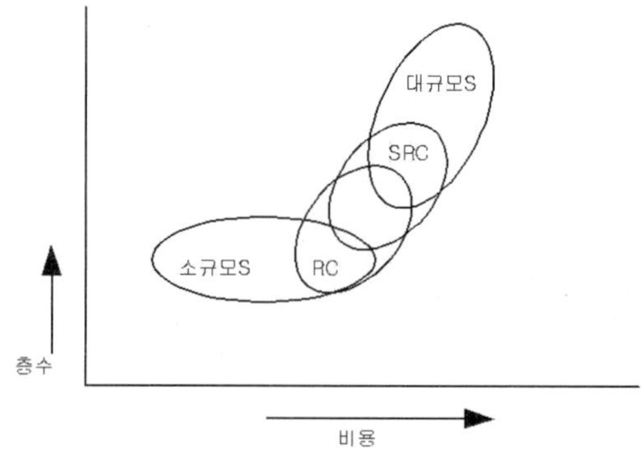

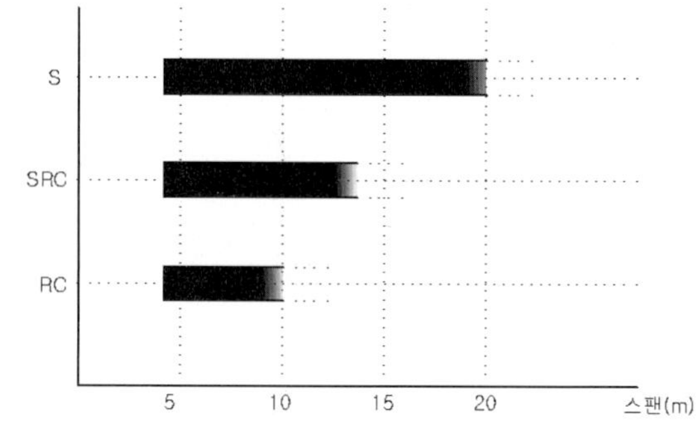

그림 2-83 층수에 따른 비용과 스팬에 따른 구조종별 출처: 알기 쉬운 건축구조설계, 기문당

- 철근 콘크리트는 경제성 측면에서 8m, 철골 철근 콘크리트 구조는 13m, 철골 구조는 18m 내외의 스팬에서 적당하다.

-이외 특수구조는 스팬의 제약이 없지만 경제성은 제약요소가 많다.

(3)부위별 계획

일반적으로 부위별 치수 및 세부내용은 구조 기술사의 영역이지만 여기에 제시된 내용은 약산식으로 산출된 내용으로 건축물의 공사 종별 선정과 건축 설계도면의 작성에 참고하는 기준들이다.

(가)기둥 설계

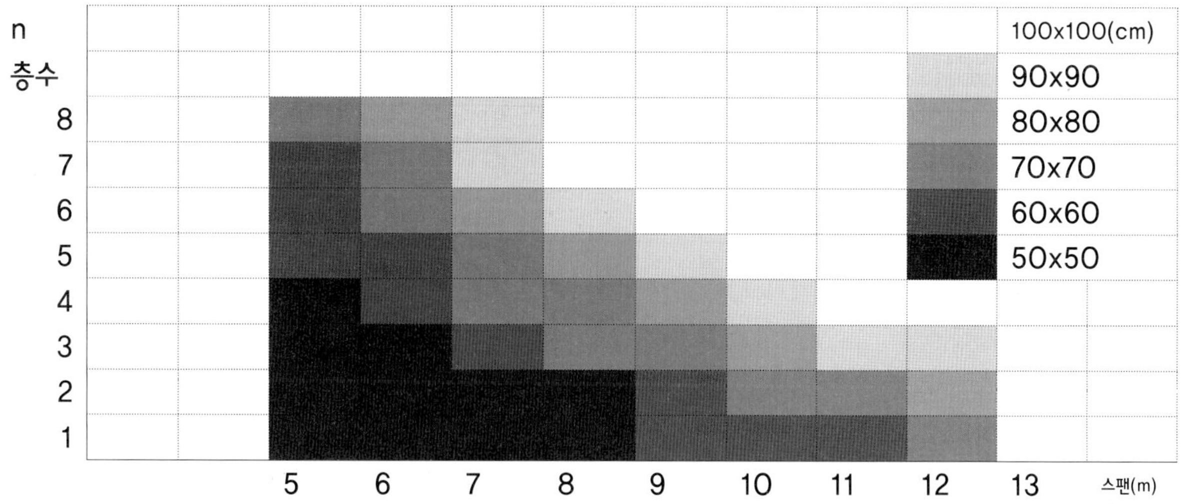

표 2-15 스팬과 부담층수에 따른 기둥의 크기 출처: 알기 쉬운 건축구조설계, 기문당

-일반적으로 자중을 감안하여 상부 층 보다 하부 층의 기둥 크기가 크다.

-각층마다 기둥을 줄이는 것 보다 3개 층마다 감소시키는 것이 좋다.

-표에서 보듯이 스팬이 8m 이고 6개 층을 부담하는 1층의 기둥 크기는 80cm 정도이다.

-원형기둥을 사용할 경우는 각형 기둥의 대각선을 지름으로 하여 반지름 크기의 기둥으로 한다.

(나)보 설계

-일반적으로 보의 설계는 건축물의 스팬과 밀접한 관련성을 맺고 있다.

-보의 크기는 건축물의 각층 적정 층고 및 천정고에 영향을 주기 때문에 종합적으로 고려하여 구획한다.

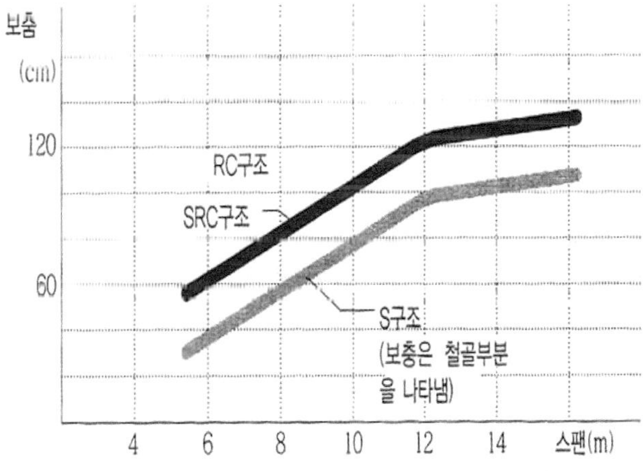

그림 2-84 보와 스팬에 따른 구조종별
출처: 알기 쉬운 건축구조설계, 기문당

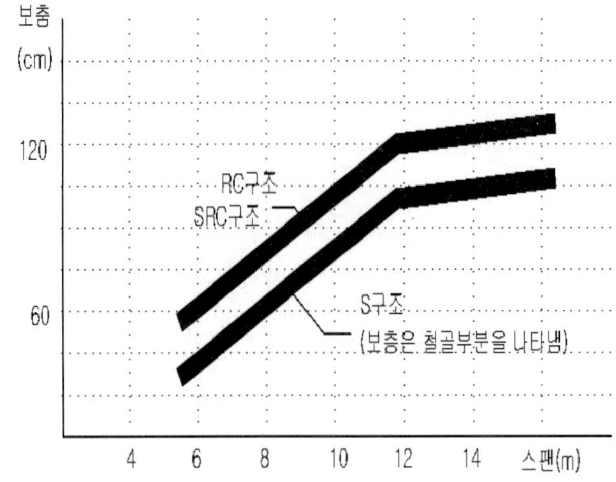

그림 2-85 구조종별과 스팬에 따른 보춤의 크기
출처: 알기 쉬운 건축구조설계, 기문당

-원래 적정 보의 크기는 스팬의 1/10-1/12 내외가 적정하다.

-표에서 보듯이 스팬이 8m 인 경우 보춤은 80cm 정도이다.

-보너비는 보춤의 1/2이 효율적이다.

-작은 보는 단변 방향보다 장변 방향으로 설치하고, 큰보의 보춤에 2/3정도로 하는 것이 효율적이다.

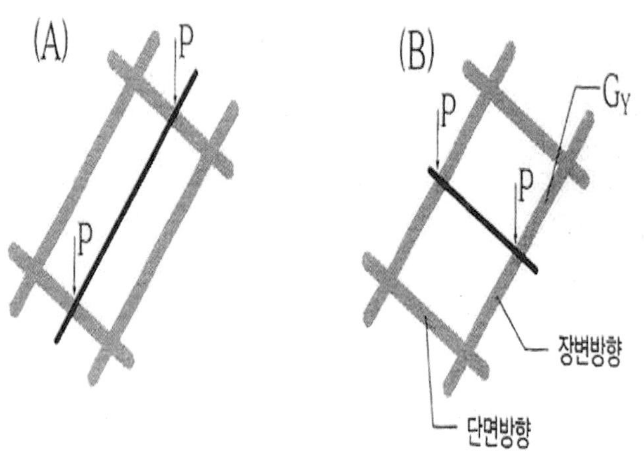

그림 2-86 작은 보의 설치방향
출처: 알기 쉬운 건축구조설계, 기문당

(다)슬래브 설계

-기능성이나 거주성을 확보한다.

-휨이나 진동에 대해 적절한 강성을 갖고 있어야 한다.

-슬래브의 기본은 T:15cm 이고 방수 및 지면은 T:20cm 으로 한다. 물론 아파트의

경우, 소음 및 방진을 위하여 두께를 21 ㎝ 로 한다.

-온도가 높을 때 건축물에는 온도응력이 일어나, 균열이 발생할 가능성이 있기 때문에 보강이 필요하다.

(라)벽 설계

-우선 외벽은 균열을 막기 위해 두께는 15㎝ 이상으로 하고, 개구부에는 보강을 실시한다.

-기능면에서는 철근 콘크리트 벽이 방수성, 차음성 모두 뛰어나다.

2. 구조계획서

(1)목표

구조계획의 최적 설계를 위하여 안전성, 시공성, 경제성, 사용성, 조형성, 환경성 등을 설정한다.

(가)안전성

-모든 하중에 대한 검토

-지반 분석을 통한 기초형식

-내진 및 내풍 성능 확보

(나)시공성

-신기술 , 신공법에 의한 공기단축

-시공의 단순화 및 표준화

(다)경제성

-건축모듈에 적합 구조 시스템

-적절한 재료 선정

-계획과의 상호 연관

(라)사용성

-진동 소음 방지

-구조부재의 변형 고려

-처짐 및 변위제어

(마)심미성

-건축 조형의 표현 및 구현

-적합한 구조종별의 선정

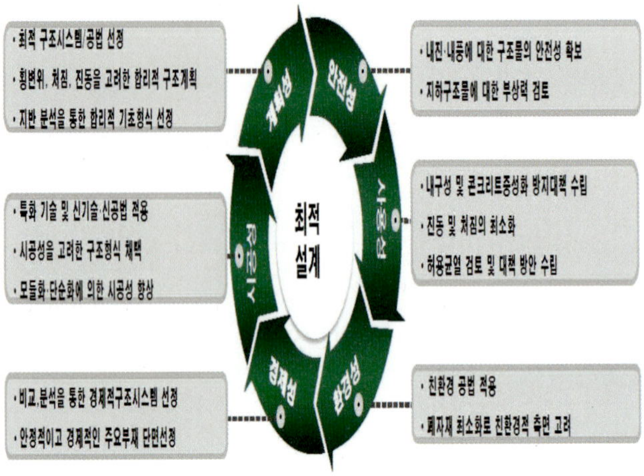

그림 2-87 구조계획 목표

(2)구조 개요

건축물의 위치, 용도, 규모, 구조방식, 재료강도, 관련 법규, 적용기준 등을 내용을 기술한다.

구조 방식은 구조 형식이 변경되고 사용되어 지는 모든 형식을 구분하여 기술한다. 사용 재료의 규격 및 설계기준 강도는 콘크리트, 철근, 강재 등으로 세분하여 나타내고 관련법규는 건축법, 건축물의 구조 기준 등에 관한 규칙에 관한 규정을 기술토록 하는 것이 일반적이다. 적용기준은 적용된 구조형식의 따라 건축구조 기준 , 콘크리트 구조 설계기준, 구조 해석 프로그램 등을 기술한다.

구 분	내 용
위 치	경기도 안산시 단원구
용 도	관광 숙박시설(호텔)
규 모	지하 1층, 지상 15층
횡력저항시스템	전단벽-골조 상호작용 시스템
기초형식	지내력기초 (일부 온통기초+독립기초+내수압판) : fe = 500kN/m² 이상 확보 할 것 (지질조사서 참조)
지하수위	GL-1.5m, DE-WATERING 시스템 적용 (지질조사서 참조)

그림 2-88 구조개요 사례

사용재료의 종류 및 설계기준 강도

구 분	내 용			비 고
콘크리트	슬래브, 보	전 층	24 MPa	KS F 2405 재령 28일 압축강도
	기둥, 벽체	6F ~ ROOF	24 MPa	
		지하층 ~ 5F	30 MPa	
	기 초	-	24 MPa	
철 근	· fy = 400 MPa (D16 이하) · fy = 500 MPa (D19 이상)			KS D 3504 SD400 KS D 3504 SD500

구조설계 적용 기준

구 분	적 용 기 준	비 고
적 용 기 준	건축구조기준(KBC2009)	대한건축학회, 2009

그림 2-89 설계기준 강도 및 적용기준

(3)설계하중

(가) 고정 하중 및 적재 하중

고정하중은 재료의 밀도 , 체적 , 중량 등을 사용하여 각 부분에 실상에 따라 반영한다. 적재하중은 전기. 기계 등의 실제하중을 고려하고 각 실의 용도를 구분하여 적용한다.

(나)풍하중

풍하중은 다음의 내용을 적용수치와 계산식으로 구분하여 기술한다.

-설계기본 풍속

-노풍도

-중요도 계수

-지형계수

(다)지진하중

지진하중은 다음의 내용을 적용수치와 등가정적 지진하중, 산출근거 등으로 구분하여 기술한다.

-지역계수

-지반종류

-설계스펙트럼 가속도

-중요도 계수

-내진설계범주

-반응수정계수

(4)구조계획

구조계획의 목표에 입각한 구조 종별에 대한 구조 시스템의 설명과 적용을 표기한다. 이와 함께 건축물의 구조 평면도를 기본으로 기둥, 보, 내력벽, 기초, 슬래브 등으로 구분하여 기술하고 이와 더불어 구조 모델링 및 해석 등을 첨가한다. 각 부재별로 단면의 크기와 형상을 개략적으로 기술하고 필요하다면 전문가의 의견을 상호 교환하고 검토한다.

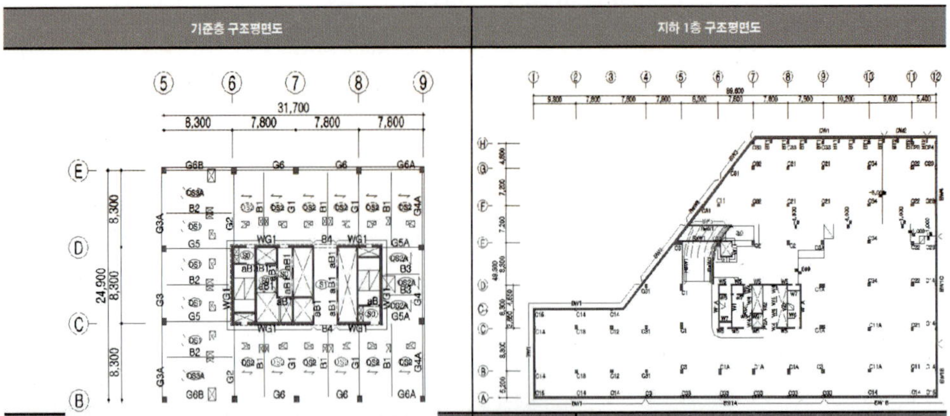

부재	단면 크기	
슬래브	150mm	
BEAM & GIRDER	aB1	200X(min)400
	B3, B5, B5A	300X600
	B1,B2,B3,CB5,G1,G1,G3,G3A, G4,G5,G5A,G6,G6A,G6B, G7,G7A,WG1	400X600
	G2	500X600
	CG1	600X600

부재	단면크기	
CORE WALL	W1,W2,W2A,W3,W4,W4A,W6,W7,W8	200mm
	W1A,W5,W5A	300mm
지하외벽	BW1, BW1A, BW1B	350mm
	BW2, BW4, DW2	400mm
	BW3, DW1, RaW2	500mm
기 둥	C1,C1A	600X1200
	C2	600X1000
	C3,C3A	600X800

그림 2-90 건축구조 평면도 및 주요부재 크기

(5)내풍 및 내진 계획

바람과 진동을 따른 건축물의 능을 체크하기 위하여 구조 해석 프로그램을 활용하고 부재의 보강을 통하여 성능 향상 등을 구현한다. 또한 풍하중 및 지진하중의 변위를 체크함으로써 바람의 지진에 대한 사용성 평가를 수행한다. 건축물의 횡하중에 의한 수평 제한 범위 내에 있는지도 함께 체크한다.

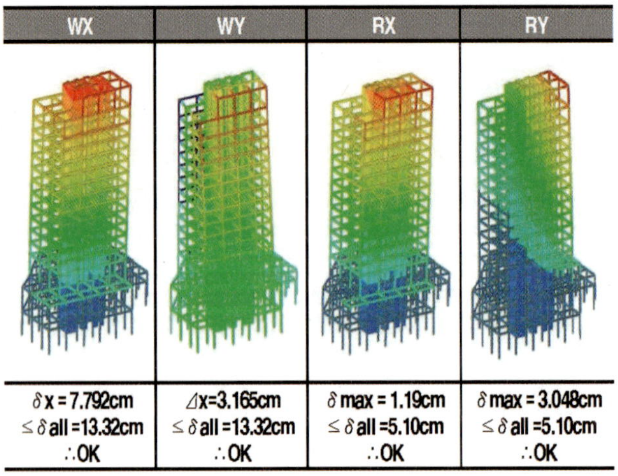

그림 2-91 내풍 및 내진 해석

수행 내용 / 구조 관련 시스템하기

재료 · 자료

- 계획대지와 그 주변의 현황과 건축물에 관련된 행정자료 및 사진자료
- 구조 관련 시스템을 계획하기 위한 건축계획안
- 아트리움, 포디움 등의 대공간에 외장 시스템을 계획하기 위한 유사 면적과 용도의 사례 자료
- 설비시스템을 적용하기 위한 설비 일반 및 설비응용 관련 사례 자료
- 구조 계획서를 위한 관련 사례자료
- 도면 제작 재료일체(스케일, 출력용지, 토너, 트레싱지 등)

기기(장비 · 공구)

- 컴퓨터
- 정보 수집 및 분석의 도식화 작업용 컴퓨터 프로그램(cad, 3d modeling, CG)
- Printer 및 Plotter

안전 · 유의사항

- 구조 관련 시스템을 계획하기 위하여 설계 요구사항과 조건에 부합되는 핵심 내용을 이해한다.
- 구조 관련 시스템 계획을 합리적으로 수행하기 위하여 건축물 용도별로 적용할 관계 법규를 조사하고 이해한다.
- 구조 관련 시스템 계획을 효율적으로 이해하기 위하여 유사 면적과 용도의 사례조사를 철저히 한다
- 현장 대지에 방문시 안전에 유의하면서 대지 및 주변의 현황을 면밀히 분석토록 한다.

수행 순서

1 외장시스템

1. 커튼월

(1)건축물의 창호에 관한 자료를 수집하고 이해한다.

(2)커튼월의 개념과 건축물의 하중 전달 방법을 이해한다.

(3)커튼월의 시공방법의 종류와 건축물 구조체 접합 디테일을 학습한다.

(4)커튼월과 건축물 구조체의 단면 상세를 이해하고 커튼월 설치를 위하여 외주부 기둥을 실내로 1m~3m를 내부로 설치하여 외주부를 캔틸레버로 구성한다.

(5)커튼월의 수직 프레임(mullion)은 조망의 확보, 유리의 규격, 풍하중에 대응하는 경제성을 감안하여 2m에서 3m정도 분할한다.

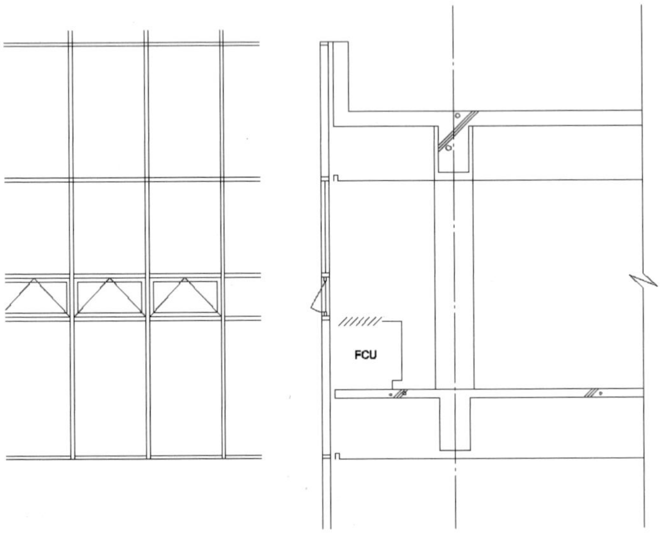

그림 2-92 커튼월 입단면도

2. SPG

(1)SPG 시스템의 개념, 특징, 사용목적 등에 관해 철저히 학습하고 이해한다.

(2)SPG 시스템 중에 후면 구조 형태를 정확히 이해하기 위해서 실제 준공 된 건축물의 사례를 학습하고 조사한다. (부록 참조)

(3)건축물 계획안에서 SPG 시스템을 구성하려는 외장부위를 선정한다.

(4)선정 부위에 후면부 구조형태를 계획하고 포인트 부위마다 지지방법을 계획한다.

(5)필요하다면 관련 부위의 상세 모형을 만들어서 문제점을 파악하고, 그 해결책을 모색하고 조형성을 높인다.

<table>
<tr><th>명칭</th><th colspan="3">종류</th><th colspan="2">사진첨부(확인)</th><th>비고</th></tr>
<tr><td rowspan="4">Back structure</td><td colspan="2">Pipe 형</td><td></td><td rowspan="4"></td><td rowspan="4"></td><td rowspan="4"></td></tr>
<tr><td colspan="2">Rib Glass 형</td><td></td></tr>
<tr><td colspan="2">Rod & Pipe 형</td><td></td></tr>
<tr><td colspan="2">Cable Truss 형</td><td></td></tr>
<tr><td rowspan="5">Spider Bucket</td><td colspan="2">Anale 형</td><td></td><td rowspan="5"></td><td rowspan="5"></td><td rowspan="5">출입문 오른쪽은 X형, 왼쪽은 elbow형</td></tr>
<tr><td colspan="2">X 형</td><td></td></tr>
<tr><td colspan="2">H 형</td><td></td></tr>
<tr><td colspan="2">Elbow 형</td><td></td></tr>
<tr><td colspan="2">Spring Box 형</td><td></td></tr>
<tr><td rowspan="6">Glass & Bolt</td><td rowspan="3">Glass</td><td>Single형</td><td></td><td rowspan="3"></td><td rowspan="3"></td><td rowspan="3"></td></tr>
<tr><td>Laminate형</td><td></td></tr>
<tr><td>DGU형</td><td></td></tr>
<tr><td rowspan="3">Bolt</td><td>Single형</td><td></td><td rowspan="3"></td><td rowspan="3"></td><td rowspan="3"></td></tr>
<tr><td>Laminate형</td><td></td></tr>
<tr><td>DGU형</td><td></td></tr>
</table>

표 2-17 SPG 조사내용

2 설비 시스템

1. 설비 일반

-건축물의 작동, 유지 및 관리를 위하여 건축계획에 미리 설비 시스템, 그와 관련 소요 제실, 면적 등이 사전에 반영이 필요하다.

-먼저 건축물의 설비 수준을 학습하고 계획에 적용 수준을 정한다.

-다양한 설비 시스템 중에 공조, 위생, 전기등에 주안점을 두고 학습한다.

(1) 기계실 및 진기실

-설비와 관련하여 공조, 위생, 전기 시스템을 건축설비에서 학습한 내용을 재확인한다. 계획안에 적용 가능한 최적의 경제적인 시스템을 선정한다. 이를 건축 계획안에 소요제실의 위치, 면적, 층고 등을 고려하여 적용한다.

-일반적으로 기계실 면적은 건축바닥면적 합계의 5% 범위 내외로 효율적인 위치에 기계실을 확보한다. 전기실은 기계실의 1/2 정도의 면적을 확보한다. 층고는 4.5m에서 6m 정도 확보한다. 이를 바탕으로 계획안에 적정 면적의 기계실, 전기실을 구성한다.

(2)샤프트 공간 덕트 샤프트(DS), 파이프 샤프트(PS), 전기샤프트(EPS)

-건축도면에 사용되는 다양한 샤프트 공간을 학습하고 이해한다.

-덕트 샤프트(DS), 파이프 샤프트(PS), 전기샤프트(EPS)등의 샤프트 공간에 집적 가능한 설비를 학습하고 이해한다.

-그 외로 확보해야할 별도의 샤프트 공간을 학습하고 이해한다.

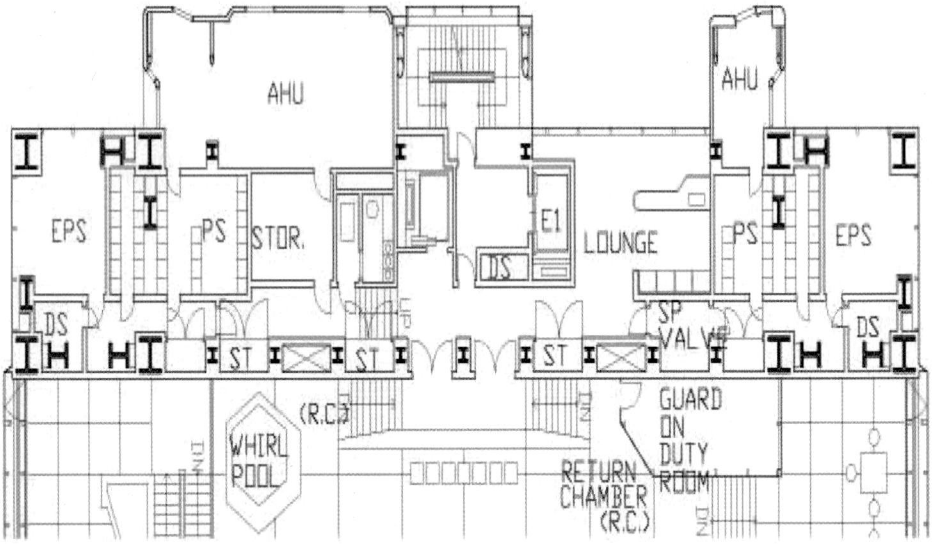

그림 2-93 다양한 샤프트 공간

-이를 기초로 계획안에 기준층의 샤프트 공간을 계획한다.

(3)천정, 바닥, 드랜치 공간의 설비시스템

-천정 속에 매입되는 설비 요소를 학습하고 이해한다.

-바닥 속에 매입되는 설비 요소를 학습하고 이해한다.

-드랜치 공간 속에 매입되는 설비 요소를 학습하고 이해한다.

-이를 기초로 건축계획안의 기준층 단면 상세도를 계획하고 구조와의 간섭을 확인한다. 필요하다면 설비 수준에 따른 적정 층고를 결정한다.

2. 설비응용 및 공업화 건축

(1)ACM의 개념, 원칙, 특징에 대해 이해를 충분히 한다.

(2)ACM 의 사례를 조사하고 학습한다.

(3)시스템의 작동을 위하여 슈퍼 스트럭쳐(Super Structure) 시스템에 관하여 이해를 충분히 한다.

(4)평면 구성과 서비스 공간의 재사용을 위하여 건축물의 양편 측에 2개의 코아를

확보하여 서비스 공간 보수할 경우, 건축물의 사용에 중단이 없도록 한다.

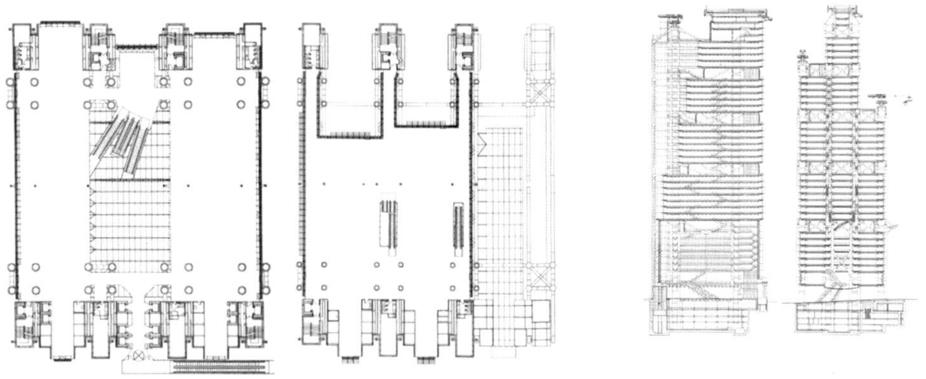

그림 2-94 상하이 뱅크(Shanghai Bank) 평면 및 단면

③ 구조계획서

1. 구조계획

(1)구조계획의 개념, 목표를 학습하고 내용을 정리한다.

(2)건축 계획안에 적합한 구조 종별을 선정한다.

(3)구조종별은 하부구조와 상부구조로 나누어서 선정한다.

(4)계획안의 용도, 소요제실, 스팬 등을 고려하여 기능적이고 경제성을 기반으로 구조를 채택한다. 철근 콘크리트는 경제성 측면에서 8m, 철골 철근 콘크리트 구조는 13m, 철골 구조는 18m 내외의 스팬에서 적당하다.

(5)조형성이 요구되고 장스팬이 요구되는 계획안은 트러스 및 마스트 구조 등의 특수구조 등을 활용한다.

2. 부위별 계획

(1)계획인에 평면도를 기본으로 기둥, 보, 슬래브, 벽 등의 크기를 정하는 것이 중요하다.

(2)기둥은 본문에 나와 있는 약산식을 기초로 각층의 기둥 크기를 정한다. 단 대략 3개 층마다 크기를 달리 하는 것이 보편적이다.

(3)보는 평면도에 기둥을 기본으로 큰보와 작은 보의 구성을 작성한다. 그리고 각 보의 크기는 본문에 내용에 나와 있는 스팬에 따라 보춤을 정한다.

(4)슬래브는 일반층의 슬래브와 지면 , 지붕 등에 따라 크기를 정한다.

(5)기준층의 건축 구조 평면도를 작성해 본다.

3. 구조계획서

(1)구조계획에서 제시된 목표, 구조 개요를 기술한다.

(2)설계하중의 종류와 각 하중의 적용기준 등에 대해 학습하고 이해한다.

(3)건축 계획안의 구조 평면도를 작성하고 부재들의 크기와 형상을 결정한다.

(4)내진 및 내풍의 계획을 위하여 변위를 구조 프로그램을 이용하여 확인한다.

(5)특수한 조형 건축물을 구현하기 위하여 특수구조, 건축 응용 시스템에 관한 내용도 필요하다면 첨가한다.

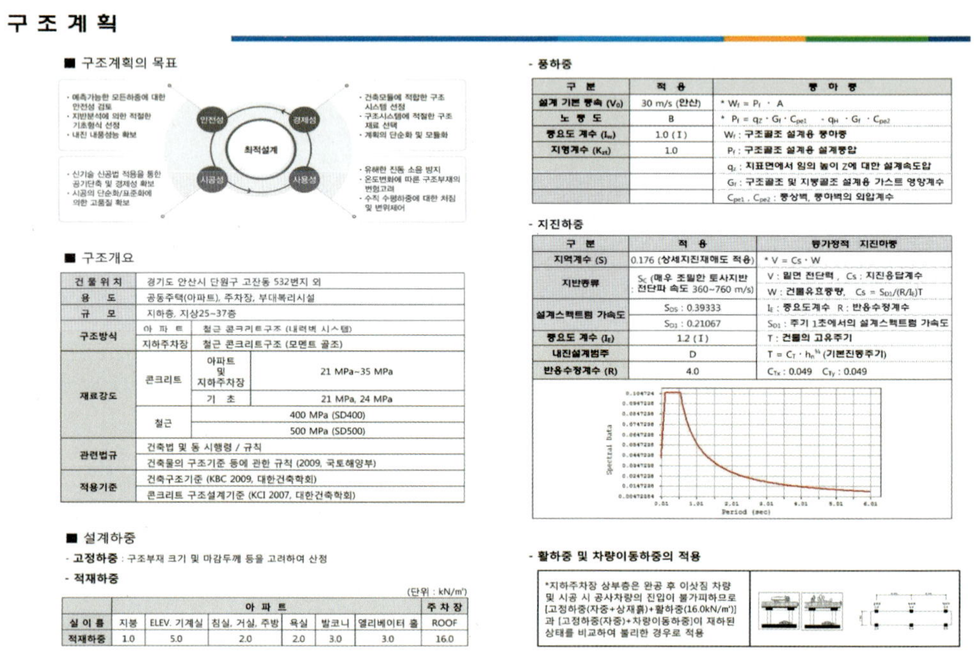

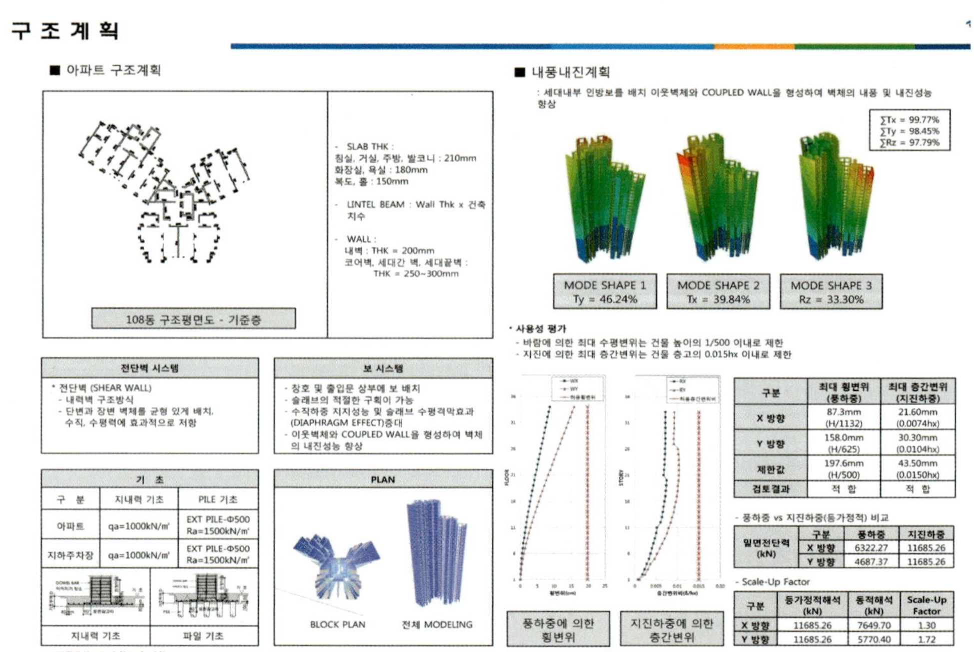

그림 2-95 아파트 주동의 구조계획서

(6)위의 내용을 종합적으로 기술하고 프레젠테이션을 한다.

수행 tip

- 구조 관련 시스템은 평면, 입면, 단면, 설비, 구조 등이 구조계획에 반영하기 위함이다.
- 구조계획서는 구조시스템과 구조 관련 시스템을 기본으로 구조 전문가의 조언과 협의를 통하여 이루어진다.

학습2 교수·학습 방법

교수 방법

•구조시스템과 관련 시스템의 전반적인 과정을 충분히 설명하고 다양한 자료들과 사례를 제공한다.

•구조시스템과 구조 관련 시스템의 결과물은 건축 계획안을 기본으로 작성토록 한다.

•건축물의 하부구조의 계획 결정을 위하여 토질 주상도를 준비하고 이에 따른 구조 해결책을 협의하고 토론한 후에 경제적이고 안정된 하부구조 형식과 시스템을 결정하도록 유도한다.

•건축물의 상부구조는 다양한 건축 구조 종별을 학생들에게 학습토록 하고, 최적의 구조 종별 및 세부내용을 도출하도록 한다.

•건축 구조 관련 시스템은 커튼 월, 설비 등의 내용을 상세히 설명하고 학습하게 하고 구조에 반영 하도록 한다.

•구조계획서는 유사 사례를 제공하여 학습하게 하고, 학습2의 내용을 충실히 기술하게 한다.

•구조계획을 단계별로 도식화하고 형태적으로 구현함으로써 복잡한 문제들을 명확하게 정리되고 구분토록 유도한다. 이를 위하여 스케치 및 2,3차원 컴퓨터프로그램을 활용한다.

•복잡한 문제들을 해결하기 위하여 문제 중심 학습모형(Problem Based Learning)을 통한 구성원들의 문제 해결 능력과 자기 주도적 학습능력을 배양하도록 지도한다.

•수행순서는 일련의 순서적 관계이지만 피드백으로 진행하여 각 과정들이 상호보완 하도록 지도한다.

학습 방법

•구조시스템의 하부구조, 상부구조, 특수구조의 기본개념, 종류, 원칙 및 적용 등의 내용들을 숙지하도록 한다.

•구조 관련 시스템은 구조에 영향을 주는 창호 시스템과 설비시스템에 대해 기본개념, 종류, 원칙 및 적용 등의 내용들을 숙지하도록 한다.

•구조 계획서는 위의 내용들을 계획안에 적용하여 도출한다. 구조 및 설비 분야는 전문가의 조언과

협의를 하는 것이 중요하다.

•객관적이고 합리적인 구조시스템 계획을 도출하기 위하여 설정된 시스템들에 따른 다양한 문제의식과 그 해결능력을 제시한다.

•다양한 프레젠테이션 기술을 활용하여 구조 시스템 계획을 도식적으로 시각화한다.

학습2 평 가

평가 준거

- 평가자는 학습자가 수행준거 및 평가항목에 제시되어 있는 내용을 성공적으로 수행하였는지를 평가하여야 한다.

- 평가자는 다음사항을 평가하여야 한다.

학습내용	평가항목	성취수준		
		상	중	하
구조 시스템	-지질조사 내용을 분석하고 공간의 형태, 건물의 특성, 하중조건의 검토를 통하여 안전하고 경제적이며 시공 가능한 최적의 구조 시스템을 선정.			
	-상부구조를 학습하고 공간조형의 최종안에 구조계획을 적용.			
구조 관련 시스템	-구조 계산 기준과 공간 형태, 창호시스템, 설비 시스템을 통해 건축구조의 기본 모듈을 계획.			
	-구조계산서의 기본 내용을 이해하고 주요내용의 검토를 통해 구조 계획서를 작성.			
	-건축계획에 따라 구조계획을 협의하고 조정.			

평가 방법

- 포트폴리오

학습내용	평가항목	성취수준		
		상	중	하
구조 시스템	-안전하고 경제적이며 시공 가능한 최적의 구조 시스템을 선정.			
구조 관련 시스템	-건축구조의 기본 모듈을 계획.			
	-주요내용의 검토를 통해 구조 계획서를 작성.			
	-건축계획에 따라 구조계획을 협의하고 조정.			

● 평가자 체크리스트

학습내용	평가항목	성취수준		
		상	중	하
구조 시스템	-안전하고 경제적이며 시공 가능한 최적의 구조 시스템을 선정.			
구조 관련 시스템	-건축구조의 기본 모듈을 계획.			
	-건축계획에 따라 구조 계획서를 작성.			

피 드 백

1 포트폴리오
- 개인별, 단계별 작업 포트폴리오를 검토한 후 미진한 부무에 관하여 의견을 제시하여 수정 보완 하도록 지도한다.

2. 평가자 체크리스트
- 관련된 계획을 평가한 후 부족한 부분과 올바른 선택 여부를 체크하여 개선하도록 한다.

학습 1 공간조형 계획(1403010104_14v2.2)

학습 2 구조 계획(1403010104_14v2.4)

학습 3 평 · 입 · 단면 계획하기 (LM1403010104_14v2.6)

3-1. 배치 · 평면 · 입면 · 단면 시스템

학습목표	• 기능 분석에 따른 소요 공간의 위치, 성격, 연관성을 결정하여 평, 입, 단면 계획을 할 수 있다. • 설계 개념에 부합하는 형태, 규모, 재료, 마감, 색채의 사용을 통하여 평, 입, 단면 계획을 할 수 있다. • 설비, 구조 시스템의 크기와 설치 범위를 고려하여 평, 입, 단면 계획을 할 수 있다. • 성능과 경제성, 시공성, 심미성 관점에서의 종합적 판단을 통하여 최적의 배치, 평면 입면, 단면 계획안을 선택 할 수 있다. • 수평 동선계획과 실 배치계획, 코어계획을 통하여 배치 및 평면계획을 할 수 있다. • 수직 실 배분 계획, 층고계획, 단열과 방수계획, 재료마감계획을 통하여 단면계획을 할 수 있다. • 창호계획, 외장계획, 색채계획, 지붕과 옥상계획을 통하여 입면계획을 할 수 있다.

필요 지식 /

1건축설계

1. 건축설계

건축설계는 인간의 생활 및 사회, 문화, 환경은 물론 복잡한 생태학적인면까지 포함한 고도의 3차원적인 복합물이다. 그러나 3차원적인 복잡한 건물의 설계도는 Design Process를 통하여 체계적으로 접근만 한다면 하나의 공식처럼 쉽게 완성할 수 있는 방정식이다.

이러한 방법이 곧 설계기법 (Design Technique)으로서 설계기법(Design Technique)은 건축물을 설계하기 위해 여러 가지 건축요소를 분석 → 종합 → 계획결과 → 설계과정 → 실시설계를 통하여 건축물을 설계해 나가는 접근방법(Approach)을 말한다.

(1) 기본개념

(가) 설계의 기능

-건축물의 사회적으로 기능을 발휘여부

-주변 환경과 인간에게 주는 심리적 영향

-사회학적 및 생태학적 측면에서의 영향

-사회적인 주변 사항에서 경제적인 측면을 고려

(나) 설계행위

-인간생활의 다양한 환경조건과 각종 정보를 종합하여 건축물을 구성하는 요소, 정보를 전환시켜 새로운 가치를 부여하는 일련의 작업이다.

-이용의 많은 부분을 구성해 가면서 전체를 마무리 짓는 작업, 또는 이미지 등의 감성적 사고와 추상적 사고를 재구축해 가면서 구체적이고, 이성적인(개념, 지식, 윤리) 사고로 종합해 가는 작업이다.

-설계행위를 배운다는 것은 급변하는 사회적 현실을 종합 분석하여 시대적 조류에 맞게 구성해 나가는 것이고, 이는 하나의 중요한 체험적 교육과정이다.

(2) 방법

사용자 요구에 대한 건축물을 설계하는데 있어서는 주어진 현실의 조건 중에서 필요한 요구조건을 분석하고 종합하는 것이 필요하다. 이러한 경우, 건축물의 설계조건을 요구사항별로 대별해서 정리해 나가는 것이 바람직하다. 다음은 이러한 건축물의 계획 조건 영역을 Flow Chart로 표현한 것이다.

그림 3-1 건축디자인의 범위

(3) 디자인 구성이론

(가) 기본방향(Basic Concept)

부지현황이 완전히 파악되면 배치계획을 수립하기 전에 기본설계(Basic Design of Building) 및 설계 패턴을 확정지어야 한다. 설계패턴은 실시설계(Action Design)의 기본이 되며 사실상 마스터 플랜의 가장 핵심적인 존재가 된다. 건축계획은 설계패턴을 규정하는 일 외에 공법 및 재료문제나 모듈이나 색채 같은 현실적인 문제 등에 대해서도 고려하여야 한다.

(나) 선결사항

-건축형태는 수직강조 또는 수평 강조 결정

-건축물의 층수제한 결정

-건물의 수평 길이에 대한 제한

-지형조건에 의해서 건축형태 변형 또는 지형 변형 여부

-적정 층고 및 동선 처리

-건물의 색채패턴

-건축모듈

-건축재료

-구조형태와 관련해서 공법

-건물의 파사드 패턴(Facade Patten)

-건물형태의 전체구성

-건축기능과 규모

-실의 배치와 설비형태

-시각적인 매스(Mass)의 볼륨(Volume) 조정

2. 설계 단계

건축 설계는 수많은 영향요소와 변수들이 존재하기 때문에 다양한 단계를 거치게 된다. 이러한 과정을 이해함으로써 각 과정의 수행 내용과 성과품을 기반으로 프로젝트를 진행한다.

(1) 개념설계(concept design)

프로그래밍(programming)과 대지분석(site analysis)을 통한 설계 프로젝트의 제반조건을 이해를 마친 후에, 설계안을 내기 위한 개념설계(concept design)가 진행된다. 설계개념(design concept)은 건축설계에서 형태적 발상의 시작점으로서 건축형태의 기본구성을 착상하는 행위와 그 결과이다.

(가)정의

건축설계는 다양한 생각들의 전개과정을 표출하고 정리해주는 형태구상 행위인 개념설계단계이다.

(나)진행방법

-건축설계와 같이 다수의 변수들이 복합적으로 작용하는 과제에 있어서는 초기 개념적 대안들의 종합적 상대평가를 통한 설계개념의 선택이 문제해결을 위한 효율적인 방법이다.

-개념설계는 건축 설계안에 대한 건축주와 건축가의 커뮤니케이션과 협의가 이루어지는 최초의 단계이다.

-효과적인 프레젠테이션을 통해 도출한 설계안이 소정의 결과를 달성할 수 있도록 최선을 다해야 한다.

(다)주요 성과품

-설계 설명서

-개념 스케치

-개념 다이어그램

-개념 모형

(2) 계획 설계 (schematic design)

계획 설계 (schematic design)는 건축주가 제공한 자료와 현장조사 및 자료수집 내용을 근거로 건축물의 규모, 예산, 기능, 품질, 미관적 측면에서 설계목표를 정하고 실현 가능한 해법을 제시하는 단계이다.

(가) 정의

디자인 개념의 설정 및 연관분야(구조, 기계, 전기, 통신, 토목, 조경 등)의 기본시스템을 먼저 검토한 후 그 계획안을 건축주에게 제안해 승인을 받는 단계이며 프로젝트의 일반적인 범위, 개념 디자인과 규모, 그리고 각 프로그램 구성요소간의 관계들을 규정하는 업무이다.

(나)진행방법

건축가는 대지의 주변사항을 참고해 계획 설계를 진행하고 여러 개의 대안을 제시하여 건축주의 승인을 받은 후 기본설계를 진행하게 된다

(다)주요 성과품

-현상조사 보고서

-법규 검토서

-건축계획서

-모형(study model)

-건축도면

-관련분야(환경, 교통, 구조, 기계, 전기, 토목, 조경 등)의 계획서

-심의도서(심의대상인 경우)

-공사비 개산서

(3) 기본설계(design development)

기본설계(design development)는 계획 설계의 내용을 구체화시켜 발전된 안을 정하고, 실시설계단계에서의 변경 가능성을 최소화하기 위해 다각적인 검토가 이루어지는 설계단계이다.

(가)정의

연관분야의 시스템 확정에 따른 각종자재, 장비의 규모, 구체적 용량이 명시된 설계 도서를 작성해 건축주로부터 승인을 받는 단계이며 건축, 구조, 기계, 전기, 통신, 마감재료 외에 세부요소들을 포함해 프로젝트 건물의 크기와 성격이 한층 더 정교해 가는 단계이다.

(나)진행방법

설계의 취지와 방침을 제시하고 내, 외부의 종합적 디자인 방침을 결정하고, 개략 시방서 검토 및 개략공사비와 예산과의 균형을 검토한다. 또한 관계된 각종 인허가 절차의 수행도 그 업무범위에 해당한다.

(다)주요 성과품

-개략 시방서

-공사비 계산서

-건축계획서

-모형 및 투시도, 조감도

-법규검토서

-일반도면 및 상세도면

-특수 분야(차음, 방음, 방진, 무대, 조명, 전시, 미술장식품, 분수, 주방, 음향)계획 검토서

(4) 실시설계(construction documentation)

실시설계(construction documentation)는 계획 설계와 기본설계를 바탕으로 하여 입찰, 계약 및 시공에 필요한 설계 도서를 작성하는 단계이다.

(가)정의

공사의 범위, 양, 질, 치수, 위치, 재질, 질감, 색상 등을 결정하여 발주자의 요구조건 반영여부를 확인하고 최종적으로 납품하는 설계의 최종단계로, 시공 중 조정에

대해서는 사후설계 관리업무단계에서 수행방법 등을 명시한다.

(나)진행방법

모든 건축과 관련 협력업체들의 시스템이 확정된 단계이자 그 디테일을 개발하여 도면화 하는 작업단계로 가치공학 (VE; value engineering)적인 검토가 민감하게 필요한 단계이다. 또한 개발된 시공 디테일의 시공성 (constructibility)을 판단하는 작업도 필요하다. 따라서 이미 선정된 시공업자 또는 가치공학 엔지니어는 적극적으로 참여하여 건축가가 개발하는 디테일을 검토하고 그 시공성 여부를 판단해야 하며, 시공이 가능하다 하더라도 공사비 절감 또는 생애비용(LCC; life cycle cost) 차원에서 더 적절한 대안을 제시해줌으로써 프로젝트가 보다 효율적으로 개발 될 수 있도록 해야 한다.

(다)주요 성과품

-공사 시방서

-설계개요

-공종별 공사비 내역서

-각종 계산서

-각종 인허가 관련 자료

-일반도면 및 상세도면

-정화조 도면 및 계산서

-특수 분야(소음, 방진, 무대, 조명, 주방, 음향, 전시, 미술장식품 등)도면

2 배치계획

대지 내에 배치 계획은 크게 건축물, 주차장, 옥외조경 등을 전체적인 내용을 파악하여 계획한다. 건축물은 공간 조형 계획에서 3가지 대안을 종합분석 하여 1개의 최종안을 배치하고 그에 따른 주차장 및 옥외조경 등을 대지의 효율적인 이용과 차량동선, 보행자동선, 서비스동선 등 주변사항을 고려하여 배치 계획을 해야 한다.

1. 고려사항

-일조, 일사, 통풍, 방위 등 자연환경적인 요소

-시청각 관련 물리환경적인 요소

-기계, 전기, 위생 등 건축설비적인 요소

-형태, 규모 등 경관미적인 요소

-건축물 간격에 의한 토지이용 계획적인 요소

-건물간의 유기적인 관계요소

-시설물들의 종합유지관리적인 요소 등

2. 대지의 조건과 토지이용 방법

(1) 대지에 도로가 남북으로 접하여 있는 경우

-차량 동선의 주진입은 서쪽 지역에서 진입.

-주차장의 위치는 주출입구의 북쪽에 두는 것이 일반적인 계획임

-보행자 동선은 차량의 주출입구에서 약간 떨어져 두며, 서비스 출입구는 부도로 측에서 진입

-대지안의 통과도로는 통상 일방통행으로 하여 3.5m 이상으로 계획한다.

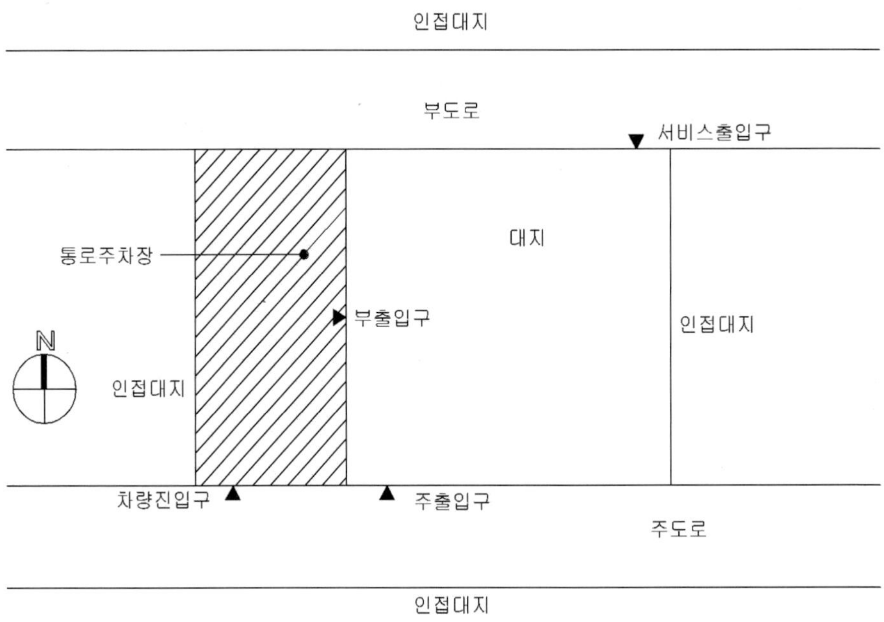

그림 3-2 대지가 2면 도로 접한 경우-진출입 출처: 건축설계총서, 도서출판 서우

(2) 대지에 1개의 도로가 접하여 있는 경우

-차량 동선의 주진입은 서쪽지역에서 진입한다.

-주차장의 위치는 주출입구의 서쪽과 북쪽 편으로 두는 것이 일반적인 계획이다.

-보행자 동선은 차량의 주출입구에서 약간 떨어져 두며, 서비스 출입구는 우측 편에서 진입하는 것이 일반적인 계획이다.

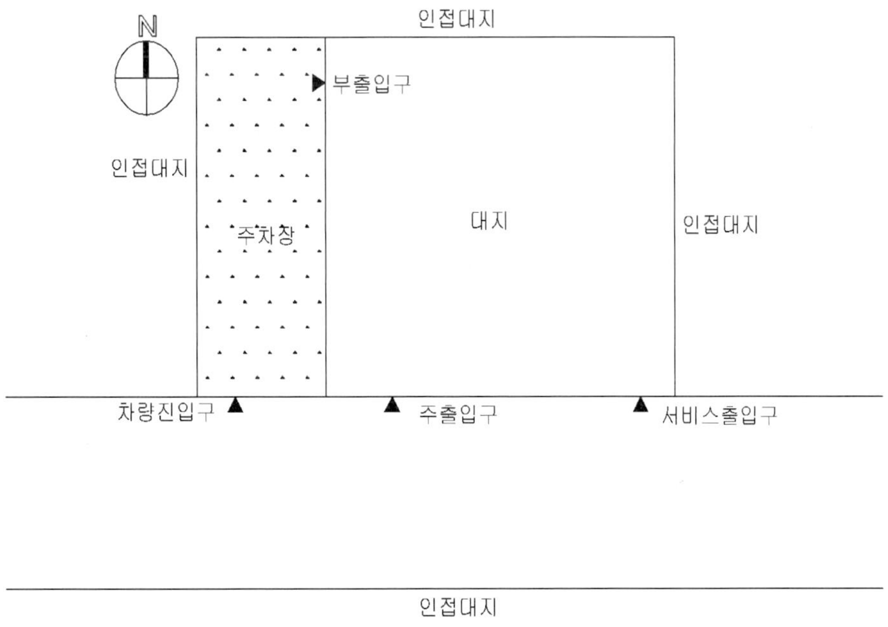

그림 3-3 대지가 1면 도로 접한 경우-진출입 출처: 건축설계총서, 도서출판 서우

(3) 대지에 2개의 도로가 접하고, 교차로가 형성되어 있는 경우

-차량의 주진입구는 교차로에서 20m 이상 떨어져서 진입하는 것이 바람직하다.

-주출입구는 주도로에서 진입하고 부출입구는 주차장 쪽에서 진입한다.

-서비스 출입구는 북쪽 주차장이나 주도로면의 서측 편에서 진입이 가능하다.

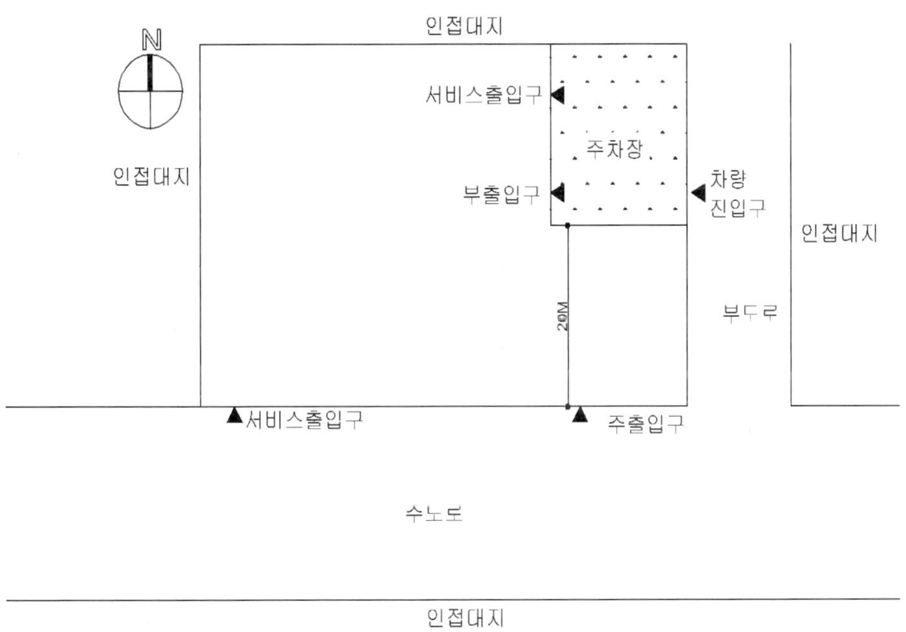

그림 3-4 대지가 교차로 2면 도로 접한 경우-진출입 출처: 건축설계총서, 도서출판 서우

3. 동선 계획

건축설계에서 사용하는 동선은 여러 가지 동선으로 분류할 수 있으며, 일반적으로 아래와 같이 동선을 종류별로 분류한다. (자세한 내용은 학습모듈 공간 조형 설계 및 동선계획 참조)

(1) 동선의 종류

(가) 차량 동선

-화물차량 동선

-버스 동선

-승용차 동선

(나) 보행자 동선

-일반 건축물 이용 동선

-건축물 종사자 동선

-각종 사람에 의한 동선

(다) 서비스 동선

-쓰레기 수거용 차량 동선

-이삿짐용 차량동선

-급유용 차량 동선

-배달용 차량 동선

(라) 기타

-산책과 같은 회유동선

-통학 및 출퇴근 동선 (목적 동선)

-쇼핑 동선 (목적 동선)

-자전거 동선

(2) 계획시 주의 사항

-차량 동선은 주도로에서 접근하는 것은 가급적 피한다.

-보행자 동선은 주도로에서 접근한다.

-서비스 동선은 가능한 주차장이나 부도로에서 진입한다.

4. 옥외 공간 계획

배치계획에서 옥외 공간을 분류하면 아래와 같이 분류할 수 있다.

(1) 주차장

(가) 원칙

-주차장은 도로와 관계가 밀접하지만, 일반적으로 서측 면이나 북측 면에 두는 것이 일반적인 계획이다.

-주도로와 부도로가 있을 경우는 부도로에서 접근하는 것이 일반적이다.

-교차로에서 주차장으로 진입할 때 자동차가 교차로를 회전하여 주 출입구로 진입할 때 자동차의 안전 및 보행자의 안전을 위하여 자동차(승용차) 3~4대 정도가 안전을 위한 여유거리를 가지고 주 출입구로 진입할 수 있는 거리를 말한다.

-서비스 차량 출입구의 폭은 일방통행일 때 3.5m 이상으로 하고, 양방향 통행일 때는 5.5m 이상으로 한다.

(나)세부내용

1)주차장의 뱅크(Bank)와 램프(Ramp)

-주차장의 주차방식에는 직각주차, 평행주차, 45° 주차 60° 주차 방식이 있다.

-주차장의 1 뱅크 당 주차대수는 20대 정도가 적당하다.

-주차장과 인접도로의 녹지경계(Buffer)는 최소 1m 이상으로 계획하며, 2~3m 정도가 이상적이다.

-경사램프의 경사도는 시설기준을 참조하여 계획하고, 램프(Ramp)의 길이는 15m~18m 정도로 계획하여야 한다.

-지하자주식 주차장의 시설 기준

· 주행로의 주차바닥면으로부터 2.3m 이상 확보한다.

· 주차면의 천장높이는 2.1m 이상 확보한다.

· 경사로의 차로넓이는 직선구간은 3.3m 이상(2차선인 경우 6m 이상)으로 설계하고 곡선형인 구간은 3.6m 이상(2차선인 경우 6.5m 이상)으로 확보하며 양측면으로 부터 30cm의 경계 턱을 준다

· 경사로의 종단구배는 직선부분에서는 17% 곡선부분에서는 14% 초과하지 않는다.

2) 서비스 도로

3.5m 이상을 확보하여야 하며, 주차장 끝의 Alcove 반경(R)은 3m 이상으로 계획한다.

3) 장애자 주차장

-장애자 주차장의 계획시 주의사항

· 주출입구와 인접한 위치에 배치한다.

· 주차장의 규격은 3.3m x 5.0m이다.

· 주차장 진행 방향에서 분리하여 배치한다.

· 장애자의 주차는 안정성 및 인식성을 고려하여 별개의 뱅크(Bank)을 만들어 주는 것이 좋은 계획이다.

(2) 자전거 보관소

-자전거 보관소는 통상 주출입구 옆에 계획하는 것이 일반적인 계획이다.

-자전거의 보관 면적은 1대당 0.5m x 2m x 2m 정도이며, 통상 평행 배치하면 25% 정도의 면적을 줄일 수 있다.

-자전거 보관소의 규모도 1Bank당 20~30대 정도가 바람직한 계획이다.

(3) 휴게 공간

휴게 공간은 인간의 사색과 휴식을 겸하는 곳으로서 일조, 통풍, 소음 및 주차장과의 연관성을 종합하여 인간에게 가장 아늑한 휴식처를 제공하는 계획이다.

(가) 휴게 공간 위치

-주차장 옆.

-소음이 적은 곳.

-남측면 이나 동측면.

-기능적 관계를 설정한 곳

(나) 시설물

-파고라 : 2,000mm ~ 3,000mm 각형으로 홀수 배치 고려한다.

-의자: 450 x 900 ~ 1,500mm

-연목(Pond)는 각형을 지향하고 유선형으로 계획하며 내부에는 조형물을 고려한다.

-연목(Pond) 주위의 보행로는 1,500 ~ 1,800mm 정도를 계획하는 것이 바람직한 계획이다.

(다) 휴게 공간 중 전시 공간

-전시공간의 크기는 통상 6 x 6m 이거나, 8 x 8m 정도가 일반적이다.

-건물 안에 휴게공간이 주어진다면 옥내 휴게 공간과의 연계성을 고려하여 계획하는 것이 바람직한 계획이다.

5. 배치도

(1)구성

(가)대지 주위 조건

-대지 인근의 CAD 도면을 입수하여 아래의 필요한 작업을 수행

-대지주위의 도로의 레벨 고를 존중

-대지의 인접대지의 지반고, 형태, 연결을 고려

(나)건축물

1)기능과 미적 측면에 따른 입체적 계획

-건물에는 여러 층수가 존재함으로 이것의 입체적 표현이 필요하다.

-단일 층수라 하더라도 옥탑층의 디자인이 필수적이다.

-하부 층의 선은 최고층에 의해 가려지게 표현한다.

2)건축물 돌출면, 후퇴면, 오픈면의 디자인

-돌출면: 발코니, 파라펫, 파고라, 주출입구 상부 캐노피 등의 처리와 형태

-후퇴면: 면의 매스의 후퇴에 따른 테라스, 지하층의 정원 선큰 가든 등의 형태

-오픈면: 가벽에 따른 후퇴 공간, 아케이드 등의 구조체 형태

3)지붕면의 디자인

설령 평지붕의 단일건물이라 하여도 옥탑층과 같은 표현이 필수적이다.

①지붕형태

-경사지붕: 경사도, 경사방향, 패턴, 처마, 배수구, 선홈통 등의 형태

-평지붕: 파라펫과 옥탑층의 형태

②지붕면

-빙수와 햇빛에 의한 팽창을 완화하기 위해 신축줄눈

-지붕면의 재료 마감

-지붕면의 돌출된 창호: 천창

-옥상면의 휴게 공간: 루프가든, 녹지 공간

(다) 옥외 외부 공간

1)대지내의 교통 계획

대지내의 차량의 진출입을 고려한 도로계획에 인한 주출입구, 부출입구, 서비스 동선, 주차장등의 표현한다.

2)보행자의 주진입구, 부진입구를 감안한 보도 계획

3)대지내의 조경시설

녹지 공간, 수공간(연못, 분수, 실개천등), 휴게 공간(파고라, 벤치, 앉음벽 등)의 표시한다.

(2)설계순서

우선 건축물을 배치하고 그 주위에 2m 네지 3m의 보행 통로를 확보한다. 주차장은 요구 주차 대수 1대당 40㎡정도를 확보한다. 그리고 주차장에서 건축물의 연결을 고려한다. 나머지는 옥외공간으로 할당하고 주진입 광장은 필요하다면 크게 구성한다.

(3) 도면 기본

대지 내에 건축물의 정확한 위치를 표현하고, 건축물의 형태 및 지붕면의 형태, 교통계획, 외부공간계획 등의 순으로 표현한다.

(가)선의 종류

-인접대지경계선, 도로경계선은 일점쇄선으로 가늘게 표현한다.

-건축물의 매스는 굵은 실선으로 표현하도록 레이어(layor) 정리한다.

-건축물 세부 계획: 옥탑, 천창, 경사지붕, 신축 줄눈, 파라펫, 옥상조경, 가벽, 캐노피 등은 보통의 실선으로 표현하도록 레이어(layor) 정리한다.

-대지부문의 표현: 다양한 조경, 녹지 공간, 보·차도 구분, 주차면 등은 가는 실선으로 표현하도록 레이어(layor) 정리한다.

-여러 가지 정보 기입: 층수, 진출입, 경사, 대지 내 여러 공간의 명기 등은 텍스트의 크기에 따라 굵기를 달리 표현한다.

-기타 지하 저장탱크, 지하층면의 경계선을 점선 등으로 표현한다.

(나)표현

-하늘에서 건축물의 지붕면을 본 형태를 매스를 기준으로 작도한다. 경우에 따라 1층 평면도로 대체하기도 한다.

-인접대지경계선과 도로경계선과의 건축물과의 이격 거리를 정확히 표현한다.

-건축물의 경우, 층수, 지붕면의 경사, 돌출면, 후퇴면, 오픈면, 주출입구, 부출입구 등을 정확히 표현한다.

-대지의 경우, 레벨, 다양한 휴게공간, 차량의 진출입, 주차 공간 등을 상세히 표현한다.

-특히 보행자의 건축물 사면의 접근을 위하여 보도블록으로 표현한다.

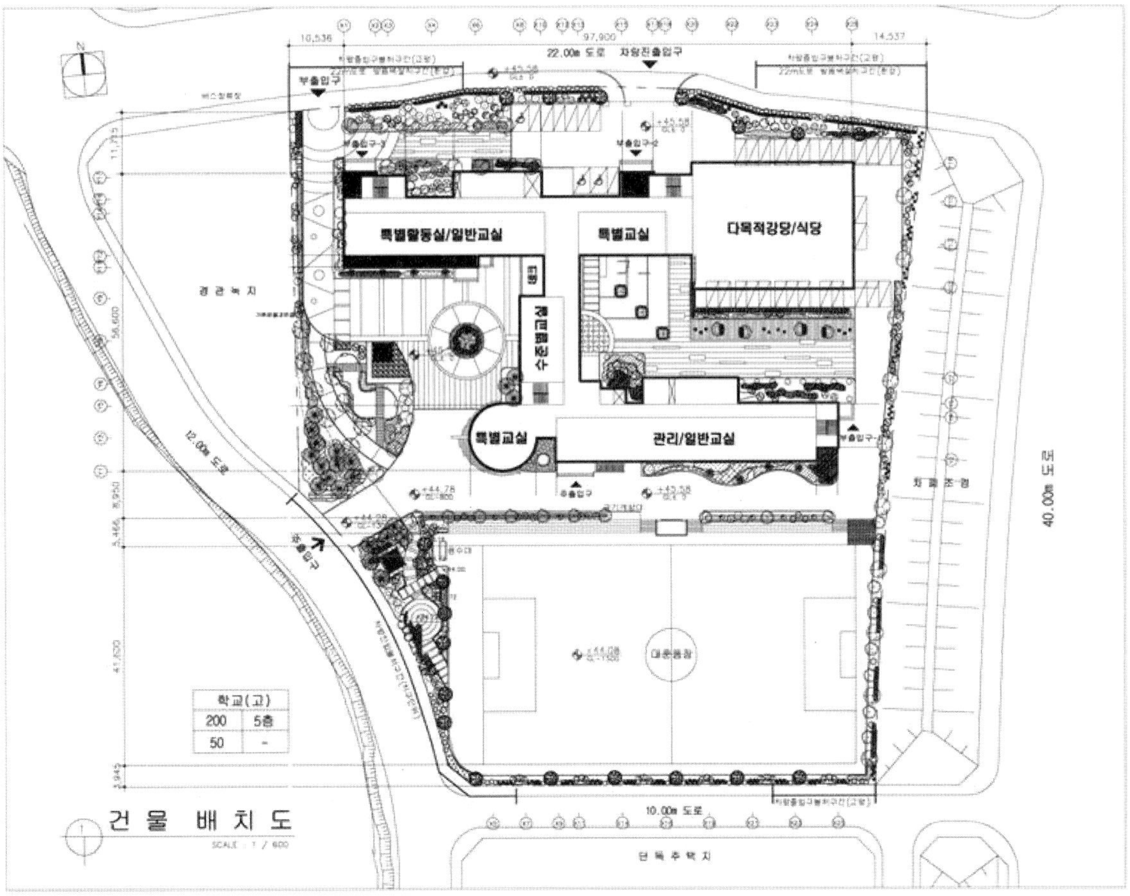

그림 3-5 학교건축 배치도 출처: 용인서촌고등학교 계획안, ㈜동원건축

3 평면 계획

주어진 기능의 어떤 건물내부에서 일어나는 모든 활동의 종류, 규모 및 그 상호관계를 합리적으로 평면상에 배치함을 말한다.

1. 고려사항

-공간의 성질을 만족시켜야 한다.

-공간의 크기는 기능을 만족시켜야 한다.

-전용공간(Served Area)과 서비스 공간(Serving Area)을 계획하고, 그 면적비를 산출한다.

-각 실의 배치는 상호 유기적(Organic Relationship)인 관계를 갖도록 한다.

-환경의 질을 높이기 위해서 일조, 일사, 통풍 등 자연환경조건을 만족시키도록 한다.

-건물의 방위(Orientation)에 따라서 실의 위치결정을 고려해야 한다.

-공간의 성질에 따라 소음 및 악취 등의 환경요소를 고려해야 한다.

-각종 설비실(Equipment Room)의 위치와 규모를 결정한다.

-계단 및 출입구의 위치 및 개소는 건축 법규상의 관계를 고려해야 한다.

(1) 실계획의 배분법칙

-유사기능을 한 곳에 집중 배치한다.

-반대의 성격을 갖는 기능은 완충공간을 고려하여 배치한다.

-소음이 발생하는 실은 한 곳에 집중 배치한다.

-실의 성격상 향을 고려한 배치(남향 선호) 한다.

-수직 동선의 연관성을 고려한 기능 분배한다.

-공용부분의 실 배치는 수직의 연관성을 고려하여 적절한 기능 분배한다.

(2) 계획순서

-공간 조형에서 선정한 최종안을 준비한다.

-계획 각론에서 학습하고 조사한 기능도 및 죠닝(Zoning)을 수직적, 수평적, 매스별로 할당한다.

-공간시스템에서 학습한 다양한 전이공간을 활용한다.

-구조 시스템을 활용하여 구조 종별에 관한 내용을 반영한다.

-건축법규 등에서 학습하고 조사한 내용을 기초로 코아 계획을 한다. 이 때 전용 대비 공용면적을 상호 체크하여 구성한다.

-코아와 코아는 복도로 연결되어야 하며, 나머지 복도와 연결된 공간에 죠닝에 입각한 세부 실 계획을 한다.

-공간시스템, 구조시스템, 설비시스템을 세부 실 계획에 반영한다.

2. 코아(Core)계획

(1) 정의

코어의 사전적으로 어떤 것의 핵심적이고 중심적인 부분을 의미한다. 건축에서 코아는 건물 중앙부에 공통 시설을 집중한 부분으로 내력벽으로 감싸서 수평력을 부담시킨다. 평면에선 주로 계단, 화장실, 엘리베이터, 설비 공간 등으로 구성된다.

(2)구성

일반적으로 코아의 구성은 대지, 건축물의 면적의 크기에 따라 편심 코아, 독립 코아,

중앙 코아, 양단 코아, 기타 등으로 다양하게 구성할 수가 있다.

편심 CORE	독립 CORE	중앙 CORE	양단 CORE	기타 CORE
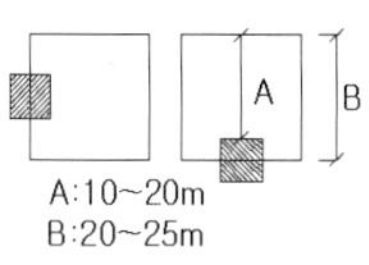		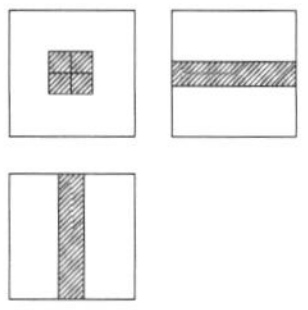	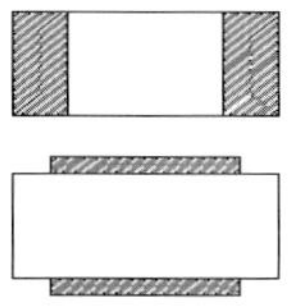	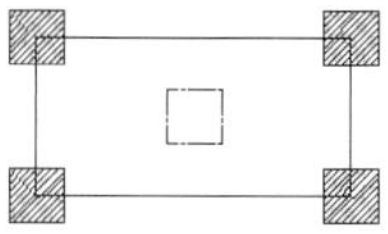
	융통성이 큼	보행거리 평준치 내진이 좋음	환경 - BUFFER ZONE. 2방향 피난이 좋으며 대공간 가능	SUPER STRUCTURE
초고층에 분리	피난 분리 설비가 길다 내진 불리			구조 COST가 크다
바닥 면적이 적은 경우		바닥 면적이 큰 경우 고층, 초고층		

표 3-1 코아 유형별 특징

(3) 세부요소

(가) 계단

인간 및 물품을 수직으로 수송하는 수직연결 동선이다.

1) 종류

-피난계단: 직통계단, 피난계단, 특별피난계단

-일반계단: 의장 계단, 실내 편의 계단 등

2) 피난 계단

-당해 층에 있어서 일반 시에는 사용하지 않고 비상시(화재내피)에 사용. 법규에 준하여 계획하면 된다.

-계단의 재원은 라이저 160-180mm, 트레드(trad) 250-300mm, 유효폭1200mm이상으로 구성한다. 층고에 따라 계단의 크기는 다르지만 대체로 층고가 3m 이상인 경우 계단의 장변 길이가 5.4m 이상이 필요하며 통상 6m 정도가 이상적이다. 단 층고가 3m 이하인 경우 계단의 장변 길이가 5.4m 이하에서도 가능하다.

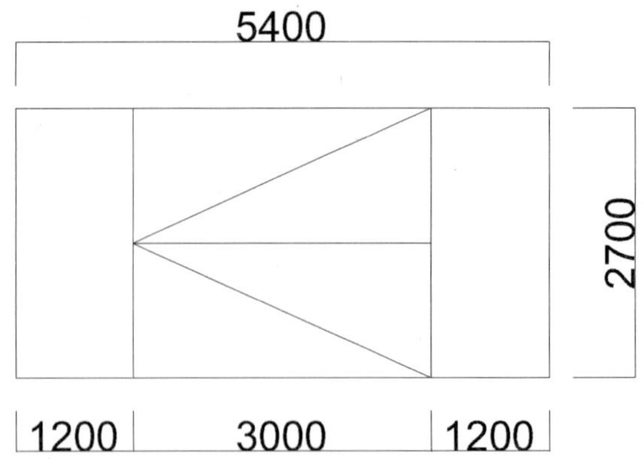

그림 3-11 피난계단 크기

3) 일반계단

-피난에 지장을 주지 않고 특수한 실의 용도 및 의장적인 기능을 수행한다.

-로비(Lobby) 계단, 중이층의 내부계단, 특수 소요실의 내부계단 등이 해당된다.

(나) 엘리베이터

물리적 힘을 이용하여 인간 및 물품을 단시간 내에 목적지에 도달케 하는 수직 동선이다.

1) 산정 기준

건축법규의 최저 설치기준과 계획 각론의 적정 기준을 검토한다.

2)고려사항

-엘리베이터는 집중배치가 바람직하다.

-1뱅크(Bank) 당 4대 기준이다.

-스카이 로비, 더블 데크, 일반 시스템등과 같은 운영방식을 결정한다.

-엘리베이터의 형식에 따라 작동방식과 소요실 구성을 이해한다.

예를 들면, 계양식 엘리베이터는 오버헤드 공간과 엘리베이터 기계실을 옥탑층에 확보하지만 유압식 엘리베이터는 하부에 기계실 공간을 확보한다.

-엘리베이터의 수용인원과 운행 속도를 고려한다.

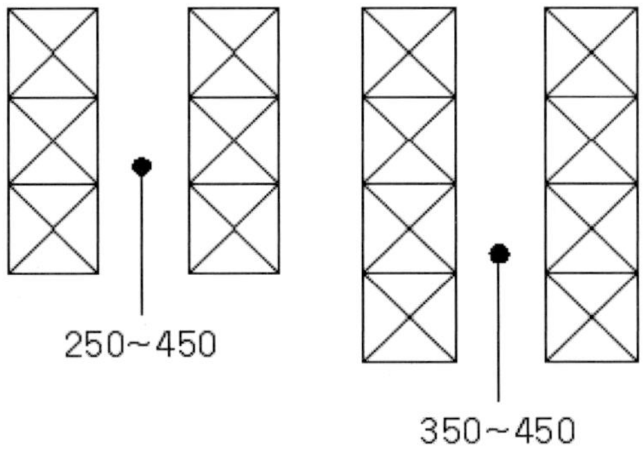

그림 12 뱅크와 엘리베이터 홀

3)규격

-속도와 크기

· 60m/min 13인: 2,100mm x 2,040mm

· 60m/min 17인: 2,300mm x 2,190

· 90m/min 13인: 2,100mm x 2,040

· 90m/min 17인: 2,300mm x 2,190

· 120m/min 13인: 2,300mm x 2,250

-오버헤드(Over Head)

일반적으로 정지층에서 4,500mm~ 4,600mm 사이를 기준으로 계획한다.

-피트(Pit)

· 속도60m/min의 깊이는 1,500mm

· 속도 90m/min의 깊이는 1,800mm

· 속도 105 ~ 120m/min의 깊이는 2,100mm

(다)화장실

1)산정기준

사전 조사 시스템의 내용을 기본으로 산정한다.

2)고려사항

-화장실 계획시 여자화장실은 프라이버시를 고려하여 남자화장실은 바깥부분에 위치하도록 한다.

-수직상 동일 위치에 레이아웃(Layout)한다.

-당해 층의 바닥 면적이 200㎡ 이상인 경우 남녀 구분하여 설치한다.

-소변기수는 대변기수의 1.5배 정도 확보한다.

남자 화장실에 청소소제구함 (Janitor) 설치한다.

-실비 배관을 고려한 위생기기를 배치한다.

화장실의 PS는 1개소 정도 설치하며 면적은 0.2 ~ 0.3㎡ 정도로 해야 한다

-화장실의 PS와 AS 계획시 PS의 AS의 크기는 최소한 내경이 300mm 이상 필요하다.

-공공시설인 경우 장애인 화장실 마련한다.(학습모듈 동선계획 참조)

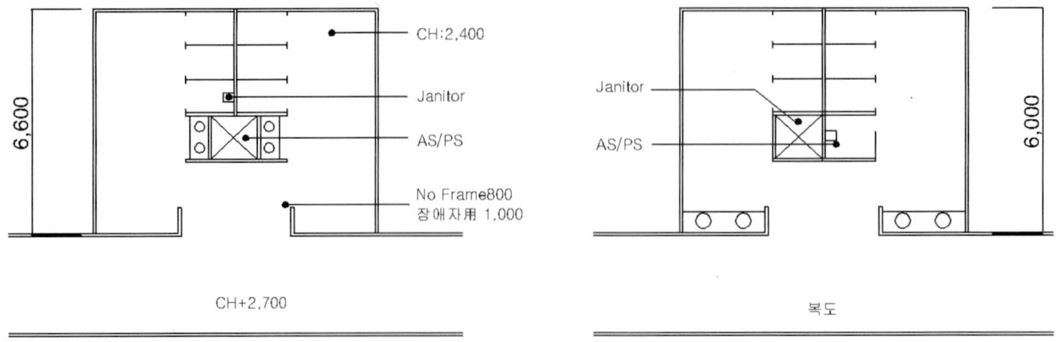

그림 3-13 화장실 크기

3) 위생기기

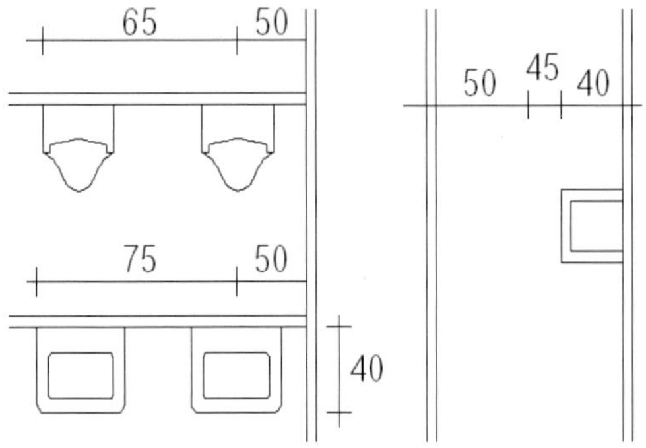

그림 14 위생기기

-남자화장실

· 대변기는 60인 마다 1개를 확보한다.

· 소변기는 30인 마다 1개를 확보한다.

-여자화장실

· 대변기는 20인 마다 1개를 확보한다.

-대변기의 구획은 1m x 1.5 m 내외로 한다.

-화장실내의 통로는 최소 1.0m 이상 확보한다.

(라) PS, AS, EPS 계획

건물의 신경계통으로써 제반 설비를 보호하는 공간이다.

1)종류

-PS: 배관보호 수직 통로

-AS: Air를 운송하는 수직통로

-EPS: 전기시설 (강, 약전)을 보호하는 수직통로

2)고려사항

-실의 위치는 복도를 면하되 길이 방향이 복도와 접하는 것이 좋다.

-계획시 PS, AS는 화장실과 인접하도록 한다. EPS는 ELEV.와 인접하는 것이 좋다.

-PS와 AS의 Size는 2 ~ 3m x 1.5m 이상을 한 곳에 집중배치 한다.

-EPS의 Size 1.5 x 1.5m, 양 여닫이문을 설치하고, 건물전체에 2곳 이상 분리하여 설치한다.

3) PS와 AS의 위치

-복도 측 가까이에 배치한다.

-수직방향으로 동일위치에 배치

-화장실내의 AS, PS는 일반적으로 300mm x 1,000mm 정도 크기가 적합하다.

-450 ~ 600mm x 2,100mm 의 점검구가 필요하다.

(마) 복도

인간과 물품을 수평 이동하고, 실과 실 사이의 완충적 역할 및 연결 공간이다.

1)원칙

-복도는 물이 흐르는 것과 같은 원리이다.

-복도에서 코아 내의 각 공간으로 진출입이 가능해야 한다.

-복도를 통해서 실내 각 실로 접근도 가능해야 한다.

-건축물에 코아가 2개 이상인 경우, 코아를 복도로 상호 연결하고 각 실을 복도에서 접근해야 한다.

2)크기

-1인 통행 : 90cm

-2인 통행 : 120 ~ 130cm

-3인 이상 : 150 ~ 160cm

학교, 병인 : 3.0m

-법규상의 규제조항(징딩)

· 연면적 500㎡ 이상: 1.5m 이상

· 연면적 500㎡ ~ 1,000㎡ 이상: 1.8m이상

· 연면직 1,000㎡ 이싱. 2.4m이상

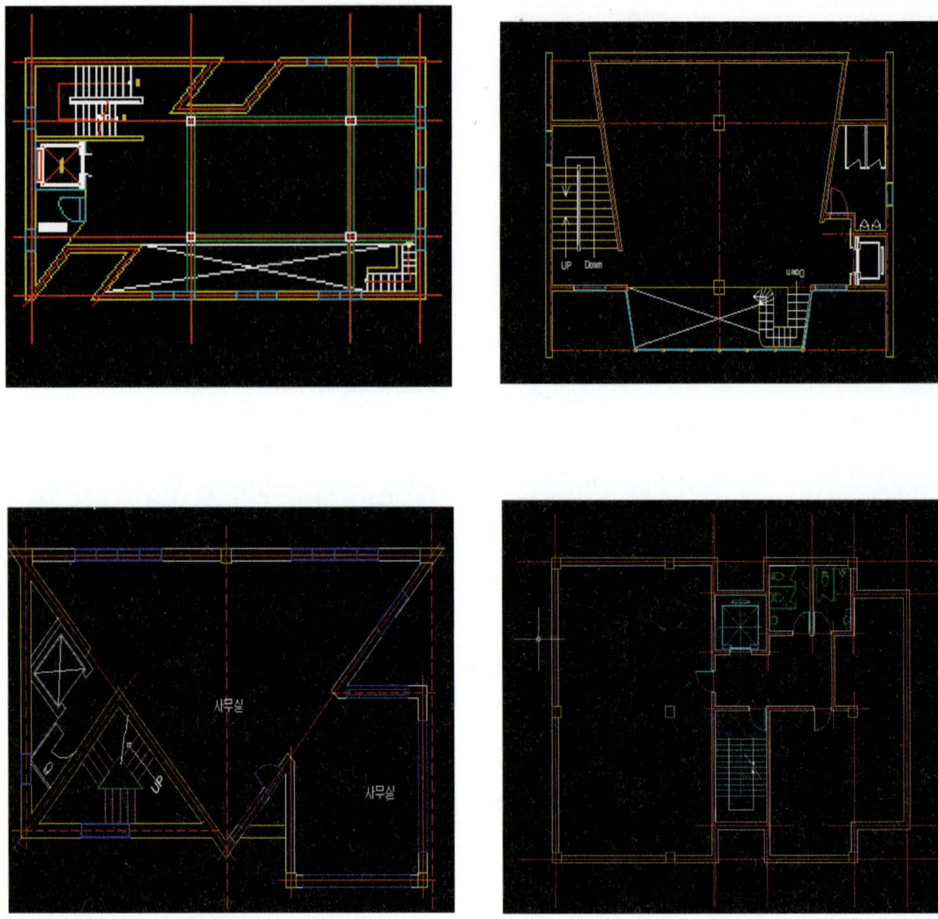

그림 3-15 소규모 근린생활시설 평면도

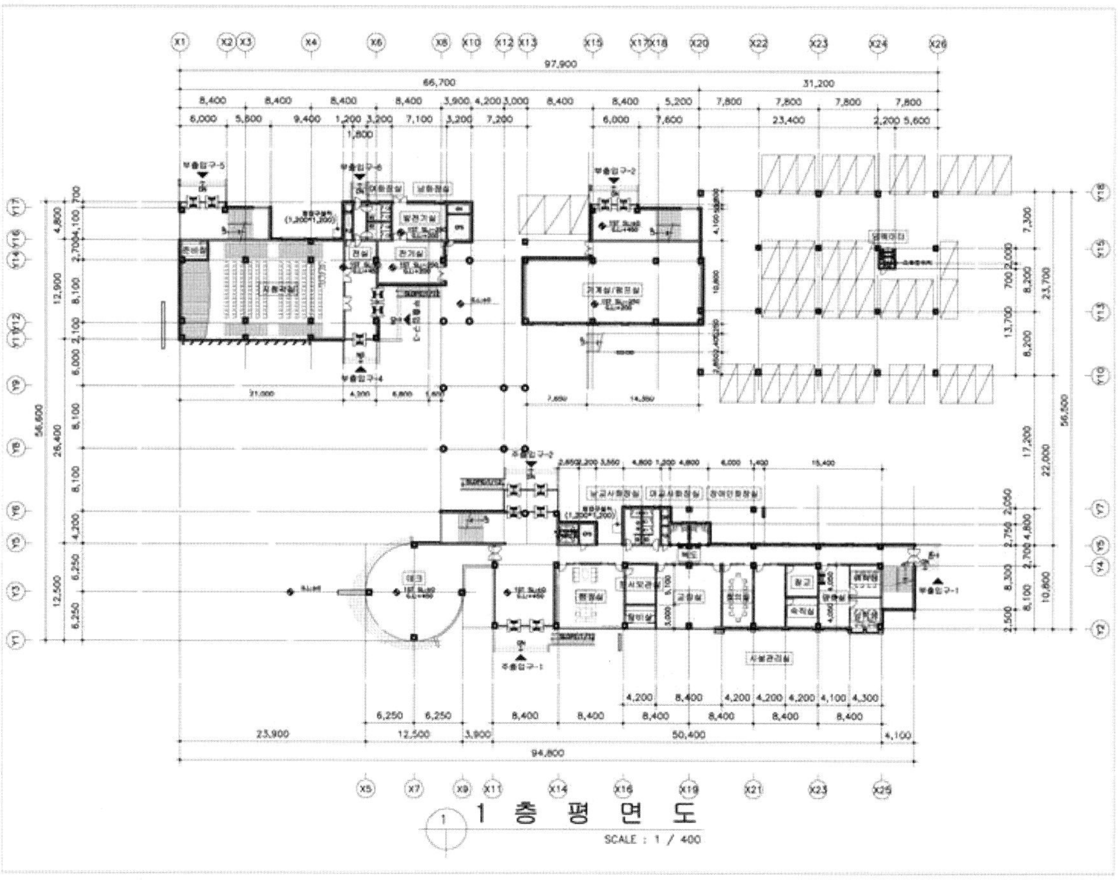

그림 3-16 학교건축 평면도   출처: 용인서촌고등학교 계획안, ㈜동원건축

3. 평면도

(1) 고려사항

(가)설계개념, 분석에 따른 건축계획

이미지 스케치, 콘셉에 따른 3차원 디자인에 따른 각층 평면도

(나)공간시스템에 따른 계획

필로티, 아케이드, 테라스, 발코니, 펜트하우스, 메자닝, 천창, 선큰가든, 옥상정원등의 공간시스템 계획하여 다양한 공간 제공

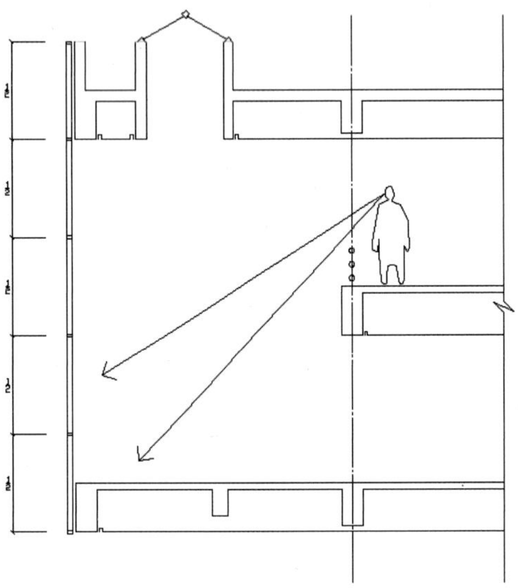

그림 3-17 중이층 및 천창

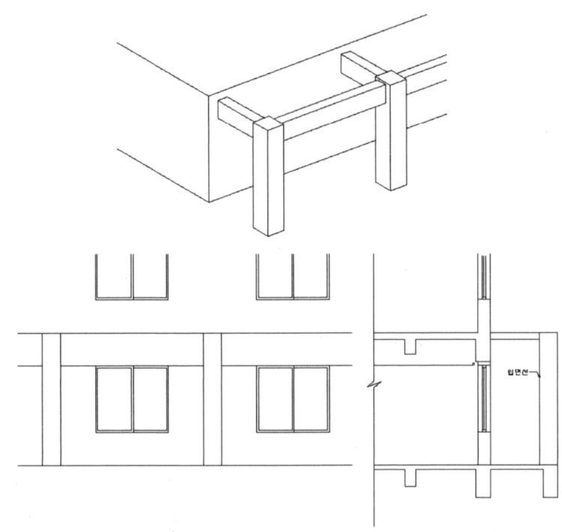

그림 3-18 가벽, 아케이드

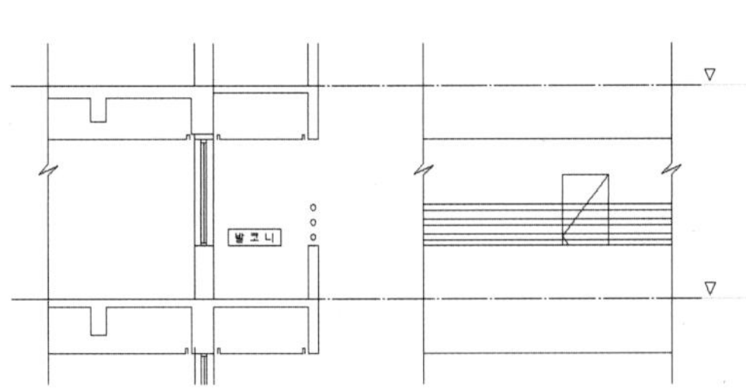

그림 3-19 발코니

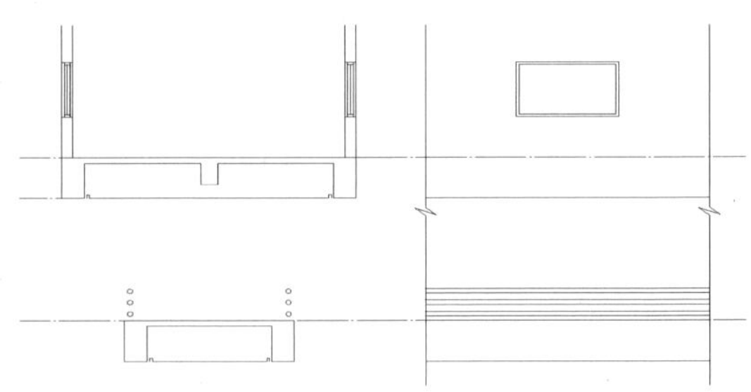

그림 3-20 브리지

-용도에 적합한 기본 모듈 계획

-건축물의 법규, 내외장 재료, 주차장등의 모듈 적용한 계획

-기본 매스 내에서 실별 배치

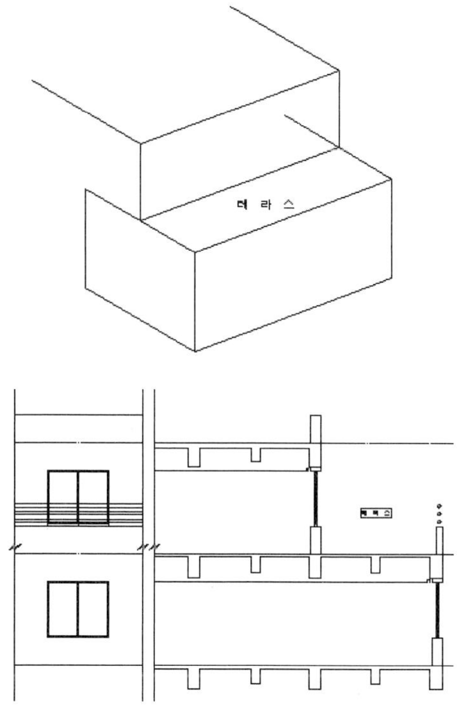

그림 3-21 테라스

(다) 구조계획

-계획 설계 단계에서는 구조계산이 나오기 전에 아래의 약산식을 활용하여 대충의 기둥, 보, 슬래브의 크기를 알 수 있다.

-경제적 기둥배치와 그에 따른 보의 연결을 계획

-아래 기준에 의해 구조 가단면을 산정하여 도면을 작성하고 추후 구조 전문가와 협의한다.

1) 기둥(column)

-기둥 가단면:B× D=A × n × w × 1000/63(㎠)

· 기둥단면지: lx × ly=A(㎡)

· 부담층수:n

· 부담하중:w(t/㎡): 일반1.0-1.2, 중량(내력벽이 많은 경우)1.2-1.5 63=0.3Fc

2) 보(Beam)

큰 보=WxD, W=1/2D

· 일반: D=스팬(l)x1/8-1/15

· 경제 D=스팬(l)x1/12

-작은 보=큰 보 x 2/3-1/2

3) 바닥(Slab)

-바닥판의 크기 30㎡이내: 12cm

-바닥판의 크기 36㎡이상: 15cm이상

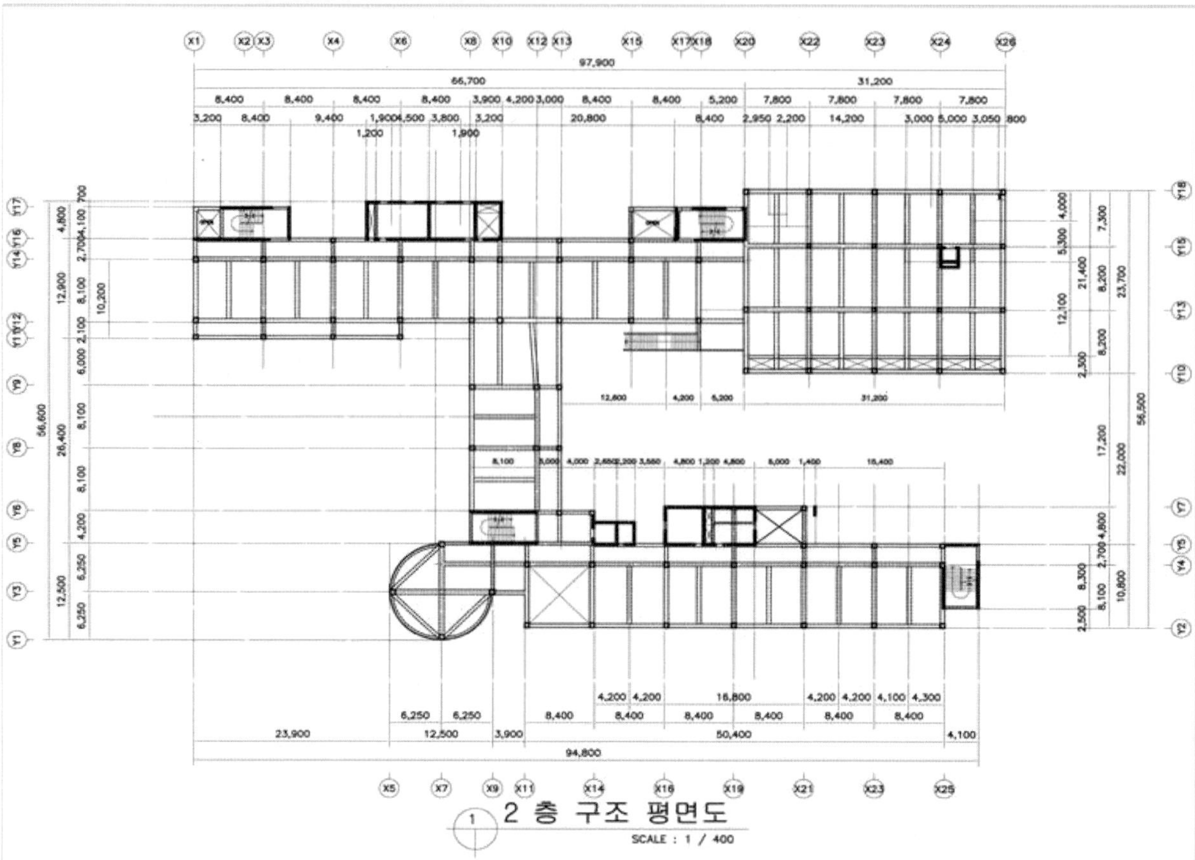

그림 3-22 학교건축 구조 평면도 출처: 용인서촌고등학교 계획안, ㈜동원건축

(라) 공용공간의 계획

-코아의 디자인: 복도, 화장실, 계단, 엘리베이터, 각종 설비 공간, 탕비실, 기타 휴게 공간을 확인하여 효율적이고 합리적 계획한다.

-이러한 공용공간과 전용공간의 연결을 고려한다.

(2) 도면 기본

평면은 각층의 +1m 이상에서 수평으로 잘라서 그린 도면이다. 평면도는 다양한 선의 굵기와 종류를 활용하여 입체적 표현이 되어야(굵은 선, 보통선, 가는 선 활용)한다.

(가)선의 종류

-구조 절단면: 가장 굵은 실선,

-절단 벽체: 굵은 실선,

-창호 :보통 실선

-입면선, 가구(화장실 큐비클, 변기 포함):가는 실선선

-상부의 오픈: 안 보이는 선을 표현하는 점선,

-쇄선: 대지 경계선, 도로경계선

(나)표현

-원칙적으로 해당 층에는 그 아래 하부 층, 그 위 상부층만 표현

-1층 지상+300 에 따른 계단과 램프 표현

-지하층은 통풍과 환기를 위해 드라이 에리어 등의 표현

(3) 그리는 순서

아래에 순서에 따라 layor 별로 그리도록 한다. 특히, 도면의 출력을 고려하여 각 레이어는 굵기 별로 같은 색깔로 구분하여 둔다.

① 축선: 가는 직선

② 기둥, 내력벽: 굵은 실선

원형기둥은 조형성 요구부분과 노출부위에 적용하고 각형과 비교하여 그 크기이상으로 한다.

③ 벽체: 보통 실선

-기본적으로 계획 설계 단계에서는 외부는 단열을 고려하여 w350mm, 내부는 w200mm 으로 직선으로 그린다.

-계획 설계 단계에서는 기둥과 center 정렬을 원칙으로 하나 외곽은 center 정렬 또는 외곽 정렬으로 할 수가 있다.

④ 창호 (문과 창): 보통 실선

-문:w900(안방, 일반) w800(일반실, 작은 실) w750(화장실),, w1500,1800(기계관련 장비, 대형실) w1800, sus. w1000(스테인리스 현관문), 회전문

-창호: 디자인에 적합하게 고정창, 여닫이창, 미닫이창, 스윙창, 복합창 등으로 표현

⑤ 입면선 표현: 가는 실선

발코니, 계단, 핸드레일, 엘리베이터 내부,

⑥ 가구: 가는 실선

실내 인테리어, 화장실 큐비클, 세면대, 소변기, 대변기, 의자, 책상.

⑦ 스케일 관련 사항: 가는 실선(사람, 나무, 자동차.)

⑧ 글씨쓰기: 글씨 크기에 따라 굵기가 다른 실선 표현

(4) 세부사항

(가)계단

-최하층, 기준층, 최상층에 따라 다르게 표현한다.

-유형: 내부계단, 직통계단, 피난계단, 특별피난계단, 옥외계단

-형태: 직선형, 원형, 반원형, 타원형, 다각형, 직사각형, 삼각형 등

-재원: riser160-180mm, trad 250-300mm, 유효폭1200mm

(나)엘리베이터

-이중문, 컨트론 패널, 후면부의 카운터 웨이트 등을 표현한다.

-재원:2.5m x 2.5m, 또는 2.0m x 2.0m

-전면의 공간 확보한다.

(다)화장실

-재원확인 대변기:1.0m x 1.5m 세면대, 소변기 간격:1.0m 통로: 최소 1.0m

-pipe shaft:0.5m x 남여 칸막이 벽 길이

-공공시설인 경우 장애인 화장실 마련한다.

(라) 현관

-방풍실 설치: 양외부 여닫이문, 내부 자동문, 회전문을 설치하면 대체가 가능하다

-여유로운 공간 확보/ 관리실

(마)식당

-주방, 식자재 반입실, 부속실, 쓰레기처리실의 확보한다.

-주방과 식당은 오픈식이 일반적이다.

-다양한 배식 공간을 확보한다.

-대형실이므로 전면에 충분한 공간을 확보하고 양여닫이문을 활용한다.

(바) 다목적 강당/ 체육관

-수직 스페이스 확보(평면에 따라 수직2-3개 층 확보)

-채광을 위하여 다양한 창문의 활용(천창, 측창.)

-지붕 구조의 고려: 장스팬을 위한 트러스, 철골 등 다양한 구조를 활용한다.

-내부의 시설물의 표현 예를 들면, 간이 스탠드, 농구대 등등

④ 입면계획

평면적인 공간을 입체화시키면 곧 건축공간을 얻을 수 있고 건축공간을 실현시키는 것이 의장설계, 즉 입면설계이다. 재료의 선택이나 그 사용기법에 따라 건축구조나 건축형태미

의 가치를 달리하는 요소이다.

-건축미적 형태를 구성

-건축 구조적 형태를 구성

-건축재료 결정

1. 고려사항

(1)건축 형태

-기능을 만족시키고 규모에 상응하도록 해야 한다.

-부지 내의 다른 모든 건물과 통일되고 조화되도록 해야 한다.

-부지의 지형이나 배경조건에 조화되도록 해야 한다.

-건물의 형태는 면과 선의 알맞은 조합을 이루도록 해야 하며, 직면과 곡면의 적절한 응용을 도모함이 좋다. 공간의 기능 및 형태와 규모에 따라 수평강조와 수직강조를 결정해야 한다.

-가능한 한 인간 척도(Human Scale)에 적합하도록 한다. 가급적이면 비례(Proportion)와 모듈(Module) 이론을 응용함이 바람직하다.

-독립건물과 군 건축(Building Group)과는 형태와 표면구성의 효과가 다르다는 사실을 인식해야 한다.

-시공이 불편하거나 불가능한 형태구성이 되지 않도록 주의해야 한다.

(2)구조 형태

-공간기능에 따라 가급적이면 구조형태를 응용토록 해야 한다.

-건물의 형태를 구성할 경우, 가능한 한 구조형태와 합치 되는 것이 바람직하다.

(3) 표면구성

-건물의 기능과 규모에 맞는 파사드 패턴(Facade Pattern)을 구성하도록 한다.

-명암, 색채, 질감(Texture) 등의 상호 조화와 대비효과(Contrast)를 얻도록 한다.

-건물의 음영(Shade)과 그림자(Shadow)의 영향을 고려해야 한다.

표면구성은 건물의 배경요소, 즉 토지, 수목, 하늘, 건물 등과의 관계는 물론 한나지방, 강변이나 해변, 비온 뒤의 배경 요소에 따라 시각효과가 크게 다르다는 사실을 잊어서는 안 된다.

-배치계획의 원리와 외부 공간 구성의 법칙을 합리적으로 응용토록 한다.

-입면구성 시에 착시(Visual illusion)의 원리를 잊어서는 안 된다.

2. 창호 및 도어(Door) 계획

(1) 창호

(가) 창대 높이

-고층(7~8층): 90cm 이상

-저층(5층 이하): 75cm 이상

(나) 창호의 개폐 방식

-슬라이딩 창

-프로젝트 창

-오르내리기 창

-특수형

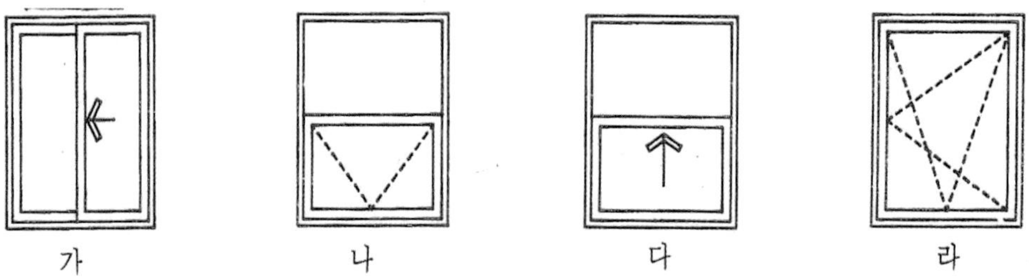

그림 3-23 창호 종류

(2) 문(Door)

물체와 인간을 보호하는 하나의 출입구

(가) 문의 개폐 방식

-여닫이문

-양닫이문

-미닫이문

-미서기문

-자동문

-회전문

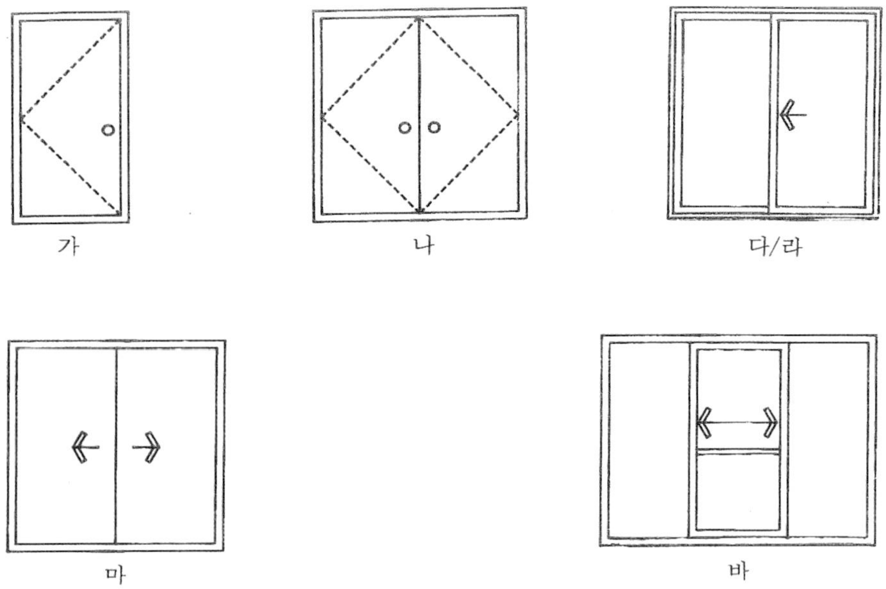

그림 3-24 문의 종류

(나) 문의 개폐 방향

밀도가 높은 곳에서 낮은 곳으로 열리는 것이 원칙이나 Privacy, 기타 상황으로 인하여 경우에 따라서는 반대방향으로 열릴 수 있다. 예) 피난방향

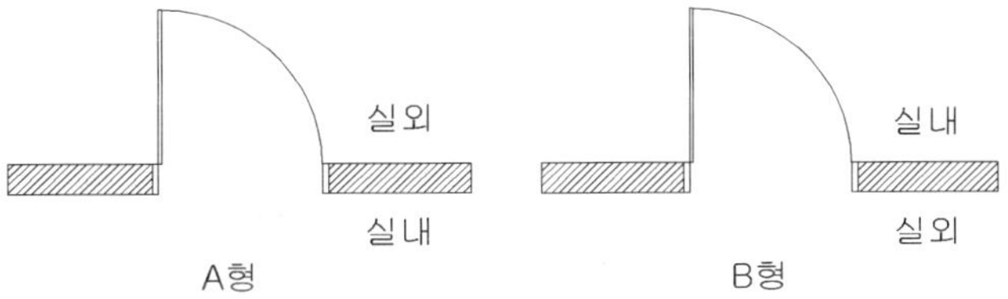

그림 3-25 개폐방향

1) 여닫이문

-A형

- 실면적이 좁고, 일시에 Activity가 적게 일어나는 곳
- 피난 방향
- 내부의 Privacy가 불리
- 빗물이 들이친다.

-B형

- A형의 반대 경향
- 내향적이다.

2) 양여닫이문

-실면적이 60㎡ 이상일 때

-물품을 취급하는 창고, 교실, 고급주택의 일반적인 실

-Activity가 순간적으로 많이 일어나는 실

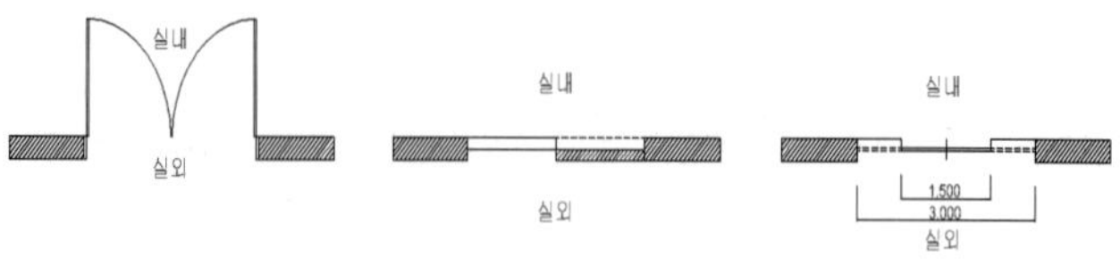

그림 3-26 양여닫이문, 슬라이딩 문, 자동문

3) 슬라이딩(Sliding) 도아

-방의 면적이 작을 때

-어린이 방, 교실, 노약자실

-프라이버시 문제 (기밀성이 떨어진다)

4) 자동문

-미관상 고려

-Activity Heavy

-장애자 및 노약자

-고장, 외부인에 의해서 문이 개폐

-방범상 취약

5) 회전문

-한랭한 기후에 적합(에너지 절약) - 유럽, 시베리아 지역

-Activity 가 많을 경우

-어린이, 노약자에 부적합

-물품의 출입 곤란 : 별도의 출입구 설치

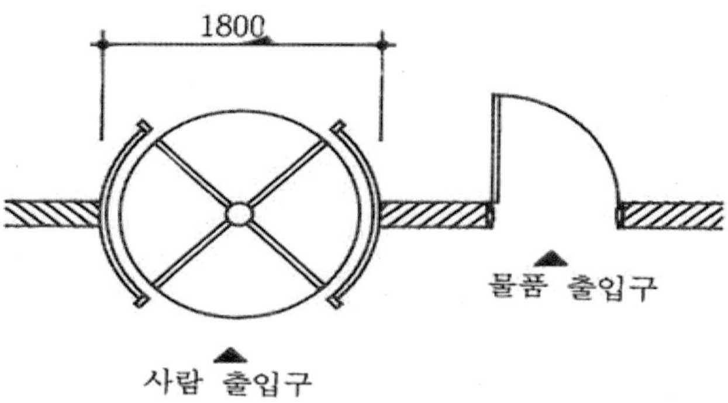

그림 3-27 회전문

3. 입면도

(1)계획

적층된 평면을 가상하여 외부에서 본 형태를 그린 도면이다.

(가) 매스계획

-입체의 스케치를 통한 전체 건축물의 윤곽을 인식한다. 아니면 매스 모형을 통해

전체 형태를 인식할 수 도 있다.

-특히 형태의 돌출된 면과, 후퇴면의 인식과 표현이 매우 중요하다.

(나) 층고계획

-적정 실내 공간, 조명, 냉난방설비, 배관, 구조체의 클리어런스를 감안하여 확보

-적정 천정고는 주거 2.2m, 일반 2.4-2.7m정도

-조명은 10-20cm, 냉난방은 설비수준에 따라 다르고, 구조체는 대게 스팬에 1/12-1/10정도가 직당함

-수직 모듈은 먼저 층고를 계획하고 천정 공간은 층고의 1/4로 하고, 바닥 층에서 층고의 1/4지점까지 분할하면 전체 모듈이 1/2모듈로 일정하게 분할 할 수가 있다.

(다)창호계획(mullion + transom)

-다양한 창문 형태의 combination (고정창 + 여닫이창 + 미닫이창 + 피봇창 +그릴 등)

-기둥의 위치와 하나의 기본 모듈의 따른 세부적 계획에 따른 창문

-기능에 부합되는 창호: 예를 들면 대공간은 커튼월, 중공간은 기본적 창호, 소공간(화장실)은 작은 창호를 활용한다.

-실내 공간의 단면을 고려한 창호: 실내에서 시선이 창문의 프레임에 의해 방해받아서는 안 된다

(라) 차양계획

-주출입구의 햇빛과 비를 피하기 위한 캐노피, 차양계획

-일반 실내공간의 차양을 위한 Sunshade, 유지보수와 차양을 위한 Catwalk등의 형태

(2) 도면 기본

평면을 놓고 바로 본 형태를 도면을 그린다. 기본은 동서남북 또는 전후좌우의 4면이며 좌우가 바뀌는 도면에 주의한다.

(가)선의 종류

-매스면의 외곽선 : 굵은 실선

-창호외곽선 :보통 실선

-창호 디테일, 재료 매지, 사람, 자동차: 가는 실선

-텍스트는 크기에 따라 선의 굵기를 다르게 한다.

(나)표현

-원칙적으로 보이는 면만 그린다.

-후면매스선도 진하게 표현한다.

-입면은 단면과 밀접한 관계를 가지므로 실내의 시선, 구조, 천정고등을 고려하여 작도한다. 일반적으로 계획 설계 단계에서는 천정은 층고의 1/4, 실내공간은 3/4으로 하면 좋다. 실내 공간 중에 창호부문은 층고의 2/4정도로 하고 나머지 바닥에서 1/4은 벽체 또는 커튼월, 또는 팬코일 유닛의 공간으로 하면 된다.

-후퇴면과 돌출면은 바닥의 지지를 고려하여 구조체 또는 천정 공간의 크기만큼 하부에 그린다.

-축선에서 좌우로 벽체 두께 반 이상 나가서 그리기

-평지붕은 옥탑층을 그려 지붕면의 접근을 보여준다.

-지상1층은 대개 지상+300에서+450 정도로 높여 지표면의 우수 침입을 방지한다. 이를 위해 현관과 출입구에 계단과 램프를 표현한다.

-파라펫은 다음과 같이 표현한다.

· 사람이 출입 할 수 있는 옥상은 1.1m 이상,

· 사람의 출입이 어려운 경우 450mm 이상

· 옥탑층 부분 405mm ~ 600mm(최상층)한다.

-도면의 자세한 정보를 위하여 왼쪽은level을 오른쪽에는 층수를 표시한다.

(3)그리는 순서

입면을 그리는 순서는 다른 도면에서와 마찬가지로 위계를 가지면서 그리면 큰 실수를 방지할 수가 있다.

① 축선: 수평(X!, X2,..) 은 평면에 나와 있는 기둥 선에 따라 그리고 수직(Y1,Y2,..)은 층고계획에 따라 가는 일점쇄선으로 그린다.

②매스: 건물의 외벽을 고려하여 굵은 실선으로 그린다. 이때 후면에 있는 매스선도 굵은 실선으로 한다. 특히 발코니, 필로티, 테라스, 가벽 등의 돌출면 또는 후퇴면을 그린다.

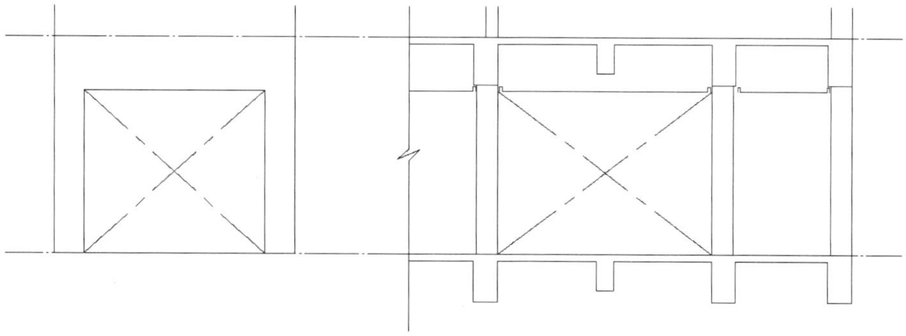

그림 3-28 필로티

③창호 외곽선: 창호계획에 따른 크기를 정하여 중간 굵기의 실선으로 그린다.

④창호 내부선: 창호의 개폐방법과 유리의 분할 등을 나타내는 수직·수평 프레임 바는 가는 선으로 표현한다.

⑤매지선(선택) :재료의 분리와 재질, 형태를 나타내는 매지선은 스케일에 따라 표현해야 하며 가는 선으로 표현한다.

⑥기타: 부분적으로 인근건물의 외곽선, 도면과 공간의 스케일 감을 도와주는 사람, 자동차, 나무 등은 가장 가는 선으로 표현한다. 그러나 지면은 굵은 선으로 그린다.

⑦글씨쓰기: 큰 글씨는 진하게 작은 글씨는 중간정도의 굵기로 크기에 따라 표현한다. 도면의 좌우측에 층수와 레벨 등을 표시한다. 입면의 경우, 재료의 마감이 중요하므로 이러한 정보를 기입한다.

(4) 기타

-건축물의 방풍실, 정문 램프, 계단을 포함한 현관 정문 디자인을 한다.

-발코니의 경우 출입문은 H:2100, w:750-900정도로 한다.

-계단실은 중간참이 있는 경우, 수직 창으로 하면 유리하지만 그렇지 않을 경우는 중간참의 단면을 고려하여 창문을 표현한다.

-핸드레일은 안전을 고려하여야 하며 수평식으로 하면 미관상 우수하다.

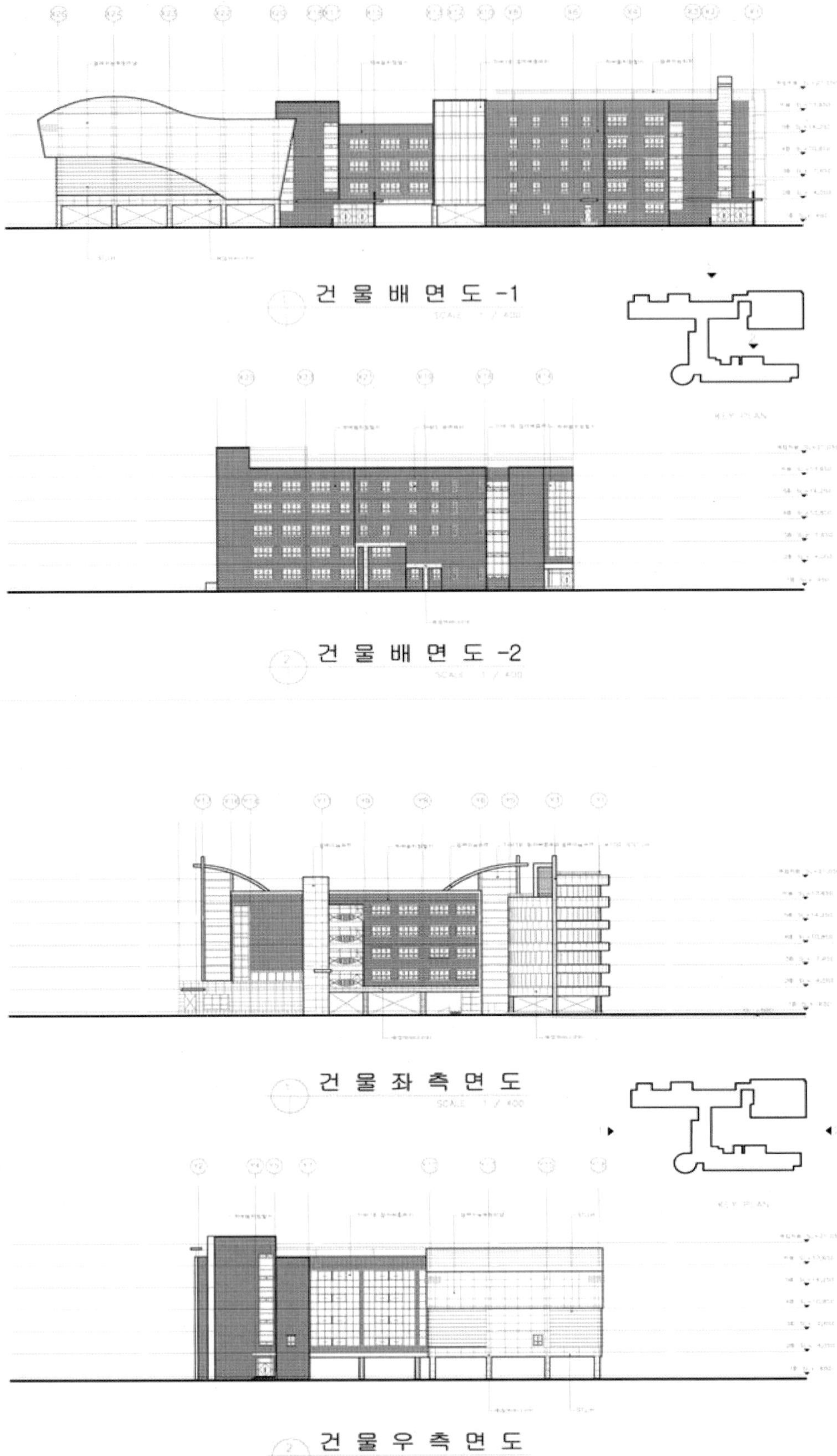

그림 3-29 학교 입면도 출처: 용인서촌고등학교 계획안, ㈜동원건축

5 단면계획

단면계획은 실내를 종횡으로 절단하여 건축물의 구성을 보여주는 계획이다. 단면에서 실내외공간의 연결, 흐름 차단 등을 나타낸다. 단면을 통하여 건축물 내부의 상하부 관계라든지, 외부와의 관계로 유기적으로 나타낸다. 즉 건축물의 주요 및 기본공간을 상세하게 보여준다.

1. 고려사항

-종합적으로 건물의 구조형태를 결정해야 한다.

-건축물의 기능과 형태에 따라 합리적인 층고계획을 고려한다.

-합리적이고 효율적인 재료와 공법을 결정한다.

-공간 시스템과 같은 다양한 공간을 고려한다.

-인근의 자연적인 요소 등과의 상호 관계성을 고려한다.

-소요 용도의 공간에 적합한 재료 및 구획을 고려한다.

-적합한 설비 시스템을 수용하도록 고려한다.

-방화, 방수, 흡음, 단열 등의 기능적 수행을 고려한다.

-단면의 죠닝을 고려하여 실별 배치한다. 예를 들면, 대공간은 대공간끼리, 소음이 심한 공간은 정숙한 공간과 배치 시 그사이에 완충공간을 둔다.

-단면계획은 입면과 밀접한 연관관계가 있다.

2. 층고 계획

입면도에서 언급했듯이 적정 실내 공간, 조명, 냉난방설비, 배관, 구조체의 클리어런스를 감안하여 확보한다.

(1)층고 결정요소

(가)지상층

-저정 천정고는 주거 2.2m, 일반 2.4-2.7m정도이다.

-조명은 10-20cm, 냉난방은 설비수준에 따라 다르고, 구조체는 대개 스팬에 1/12-1/10정도가 적당하다.

-수직 모듈은 먼저 층고를 계획하고 천정 공간은 층고의 1/4로 하고, 바닥 층에서 층고의 1/4지점까지 분할하면 전체 모듈이 1/2모듈로 일정하게 분할 할 수가 있다.

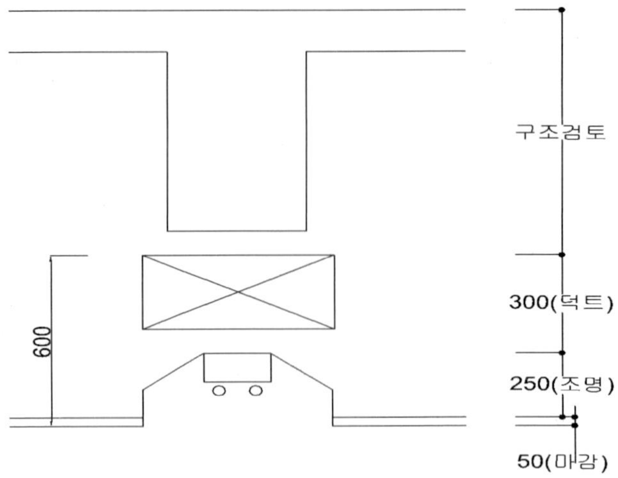

그림 3-30 천정고 구성요소

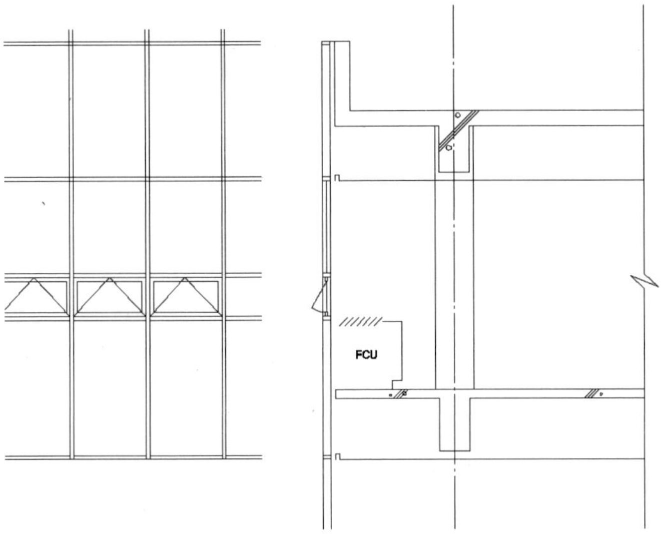

그림 3-31 커튼월

(나)지하층 층고

1) 기계실

연면적	층고	비고
0 ~ 2,500㎡	4m	
2,500 ~ 7,500㎡	4.5m	
7,500 ~ 15,000㎡	5.0m	
15,000 ~ 25,000㎡	5,5m	
25,000㎡ 이상	6.6m	

표 3-2 기계실 층고

2) 비상 발전실 용량 기준

연면적	크기	비고
0 ~ 50KV	3m x 4.5m 3m	
50 ~ 75KV	3m x 4.5m 3m	
75 ~ 100KV	3m x 5m x 3m	
200KV	4.5m x 5.1m x 4.0m	

표 3-3 비상 발전실 용량과 실크기

(다)천정고

실용도	천정고	비고
거실	2.4m	
사무	2.5 ~ 2.7m	
학교	2.7 ~ 3.0m	
병원	2.5 ~ 2.7m	
식당	3.0m 기준 or 3㎡/인	
각종 회의실 및 다목적실	3.0m 이상	소형
강당	잔향시간	
복도	거실과 동일	냉난방 Duct 설치시 2.1m ~ 2.4m

표 3-4 비상 발전실 용량과 실크기

3. 세부계획

(1) 구조

평면의 기둥과 큰보, 작은 보를 감안하여 그에 부합되는 구조체를 계획한다. 보통 단면도는 슬래브와 큰보, 작은 보가 방향에 따라 정확하게 표현해야 한다. 이와 더불어 지하의 기초도 지반에 연약에 맞게 계획되어야 한다.

(가)기초

건물의 하중을 지반에 안전하게 전달하는 구조체. 설문의 제한 조건에 따라 지반 사항을 검토하여, 기초형태 및 유형을 결정한다.

-B = a + 2D + 200mm, D = 600mm ~ 700mm로 통상 가정

-1층 계획시 지하층이 없을 경우, 기초하부는 GL - 900mm으로 한다.

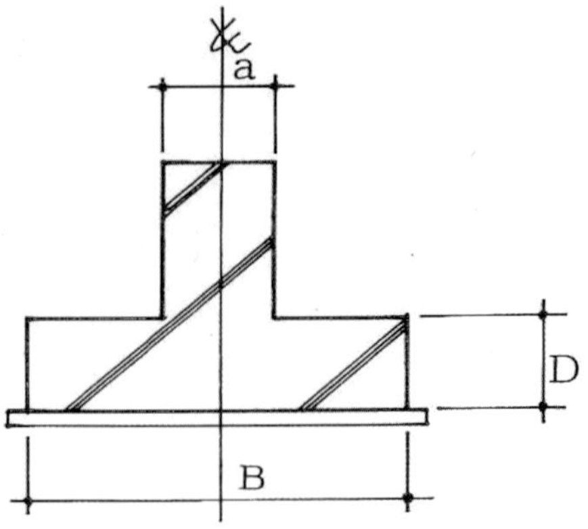

그림 3-32 기초

(나)기둥

-최상층 : 400mm x 400mm 또는 450mm x 450mm

-매 1층마다 5cm 증가시킨다.

-SRC 기둥 : 철골 Size + 200mm

(다) 보

-RC 구조 : L/10 - L/12기준. (L : 기둥과 기둥사이의 길이)

-철골구조 : L/12 - L/15 기준.

(2) 기계 System

-냉, 난방의 항목이 요구될 때는 공용층 (특히 1,2층) 부분은 +600mm 더하고 주거의 Unit 부분은 +300mm이 되게 한다.

-주거 기준층 복도는 거실부분의 천정보다 -300mm

-공기조화 방식 (System)

· 중앙식 - 전 덕트 방식

· 병용식 - 덕트 및 팬코일 유닛 방식

· 개별식 - 패키지 유닛 방식

(3)단열

'가' 등급의 단열재의 경우, 일반 건축물에서 외기에 직접 면하는 최상층 지붕은 220mm, 외기에 직접 면하는 외벽은 125mm, 층간은 30mm, 외기에 간접 면하는 바닥 난방이 없는 최하층 바닥은 105mm의 단열을 하여야 한다.

건축물 부위			단열재 등급별 허용두께			
			가	나	다	라
거실외벽	외기 직접 면한 경우	공동주택	155	180	210	230
		공동주택 외	**125**	145	165	185
	외기 간접 면한 경우	공동주택	105	120	140	155
		공동주택 외	85	100	115	125
최상층에 있는 거실의 반자 또는 지붕	외기 직접 면한 경우		**220**	260	295	330
	외기 간접 면한 경우		145	170	195	220
최하층에 있는 거실의 바닥	외기 직접 면한 경우	바닥 난방인 경우	175	205	235	260
		바닥 난방인 아닌 경우	150	175	200	220
	외기 간접 면한 경우	바닥 난방인 경우	115	135	155	170
		바닥 난방인 아닌 경우	**105**	125	140	155
바닥 난방인 층간바닥			**30**	35	45	50

표 3-5 중부지역 부위별 단열재 두께(mm) 출처: 건축물 에너지 절약 설계기준 2015년 12월 31일 기준

4. 재료마감

건축설계에서 재료는 계획의 목적일 수는 없지만 다만 구조체를 형성하는 물질로서 그 용도 선택방법과 활용계획을 수립함과 동시에 공법개발에 관한 연구가 필요하다.

재료를 적재적소에 사용하기 위해서는 그것들의 성질을 파악해야 하고 그것들의 용도별 종류를 알아야 한다.

(1) 건축 재료의 성질

(가) 역학적 성질

-건축 구조체에서는 압축강도, 인장강도, 전단강도, 휨강도, 비틀림 강도 등 5가지 강도에 대한 역학적 성질을 가지고 있다.

-건축재료는 탄성(Elasticity)과 소성(Plasticity)의 역학적 성질을 가지고 있다.

-재료의 난난함을 나타내는 경도(Hardness)의 역학적 성질을 가지고 있다.

-외부로부터 어떤 힘을 받아도 쉽게 변형되지 않는 강성(Stiffness)의 역학적 성질이 있다.

-재료가 외력을 받아 변형은 쉽게 되어도 쉽게 파괴되지 않는 인성(Toughness)의 역학적 성질을 가지고 있다.

(나) 물리적 성질

-재료의 밀도에 의한 비중의 물리적 성질을 가지고 있다.

-재료의 함수적 성질이 있다.

-재료의 흡음, 투수적 성질이 있다.

-재료의 열적 성질을 가지고 있다.

-재료의 빛에 대한 투과, 반사, 회절 등의 성질을 가지고 있다.

-흡음, 차음 등 소리에 대한 성질을 가지고 있다.

(다) 화학적 성질

-건축재료는 탄산가스, 아황산가스, 염소가스 등의 유해가스나 염분, 각종 산, 알칼리 등에 의하여 자연 부식되거나 침식되는 화학적 성질을 가지고 있다.

-화학적 성질에 의하여 가연성 또는 불연성 등 방화성을 가지고 있다.

(라) 내구성

건축 재료이면 어떤 것이나 물리적, 화학적, 생풀학적 작용에 의해서 부식, 침식에 의한 파괴의 염려가 있는데 이들 성질에는 강한 저항력을 가진 재료가 중요하다.

(2) 건축 재료의 용도별 분류

건축재료는 크게 다음 3가지로 분류할 수 있다.

(가) 구조 재료

목구조, 철골구조, 철근콘크리트 구조, 조적구조 등에 사용된다.

(나) 치장 재료

천장, 바닥 내벽 유리 창호 지붕 잇기, 외벽 등에 사용된다.

(다) 특수 재료

방음, 방수, 방화, 방진, 접합용접 등에 사용된다.

5. 단면도

(1) 도면 기본

평면을 놓고 가상 수직면을 바로 본 형태를 그리기. 보통 단면도는 종단면도, 횡단면도와 같이 2면을 기본으로 하여 그리고, 세부적으로 표현하고자 하는 부분을 추가하여 그린다. 또한 이것도 좌우가 바뀌지 않는 것이 중요한데 이를 위하여 자르는 위치와 바라보는 방향이 정확하게 표시해야 단면을 정확하게 그릴 수가 있다.

(가)선의 종류

-평면을 적층하여 수직으로 자르면서 생기는 절단면의 구조체가 가장 굵게 표현한다. 주로 바닥 슬래브와 큰보, 작은 보 등이다. 단면에서는 기둥은 안 자르고 입면선으로 표현한다.

-중간정도의 실선은 구조체 이외의 절단면에 활용된다. 벽체, 천정면, 창호 등이 이에 해당된다.

-가는 실선은 단면에 보이는 입면선을 표현하는 쓰인다. 단면으로 잘리서 보는 기둥면, 보이는 창호, 보이는 입면 모두가 이에 해당된다.

(나) 선의 표현

-표현은 원칙적으로 절단면의 바닥, 실내 공간, 천정 등을 표현하고 이와 더불어 단면을 잘라서 보이는 입면만 표현한다.

-단면기준선을 평면에 정확하게 표현하고 대도록 수직으로 잘려진 엘리베이터, 계단실, 덕트 공간은 피하도록 한다. 그 이유는 건축물의 공간의 흐름을 살펴보기 힘들고 계단의 경우는 상세 도면에서 별도로 그려야 하므로 중복하여 그리면 경제적이지 않기 때문이다.

-슬래브는 보로 지지되는 크기가 보통 30㎡ 이하면 12cm로 표현하고 그이상이면 15cm 정도로 표현한다. 그리고 방수를 필요로 하는 슬래브는 20cm 정도로 한다. 예를 들면 최상층에 지붕면, 최하층의 바닥이 이에 해당된다.

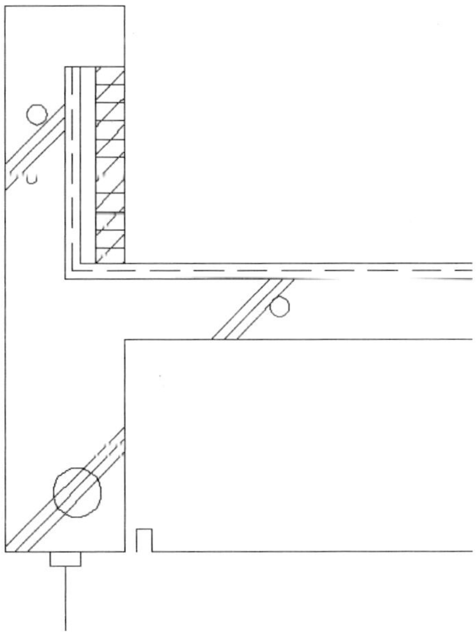

그림 3-33 파라펫

-축선에서 좌우로 벽체 두께 반 이상 나가서 그리기 때문에 외부벽체를 350mm으로 가정하면 175mm만큼 외부로 돌출하여 그린다. 그리고 내부 벽은 200mm로 하

여 그린다.

-1층은 지상+150-450mm정도 높여서 지층면으로부터 우배수의 침입을 방지한다. 주거시설 숙박시설은 + 300mm ~ 450mm로 하고 상업적인 건물은 장애자의 출입을 고려하여 +150mm 가 적당하다. 목구조일 경우 450mm 이상을 해야 한다.

-슬래브 2중바닥(무근 누름 CONC. 150mm ~ 200mm)을 표기한다.

-지하층의 경우, 방수를 위하여 옹벽으로 하고 실내는 조적을 쌓도록 한다. 즉 철근콘크리트 200mm + 공간 100mm + 1.0B 조적(층고가 3m 이상) or 0.5B조적(층고가 3m 이하)으로 한다. 이것은 일반적 도면이므로 추후 기본설계와 실시설계단계에서 변경이 가능하다. 필요하다면 지하층 환기를 위한 드라이 에어리어를 표현한다.

-기초는 일반의 소형 건축물인 경우 독립기초로 하고, 층수가 단층일 경우 지중보로도 할 수가 있다. 특히 지반이 약한 경우, 매트구조로 하고, 고층 건축물에 다수의 지하층인 경우 더블 매트 구조로 표현한다.

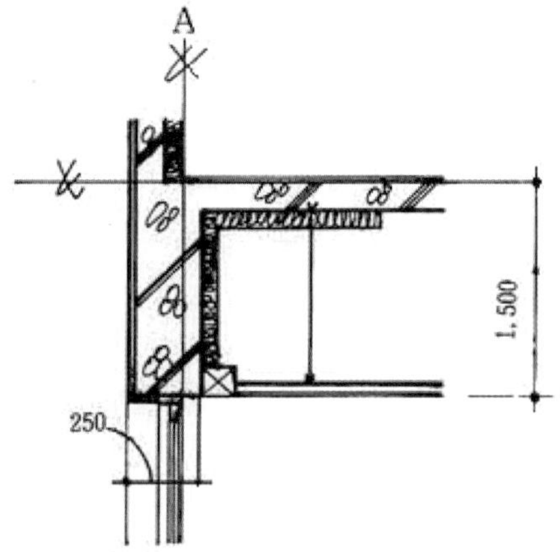

그림 3-34 스판드럴 보 부분 단면도

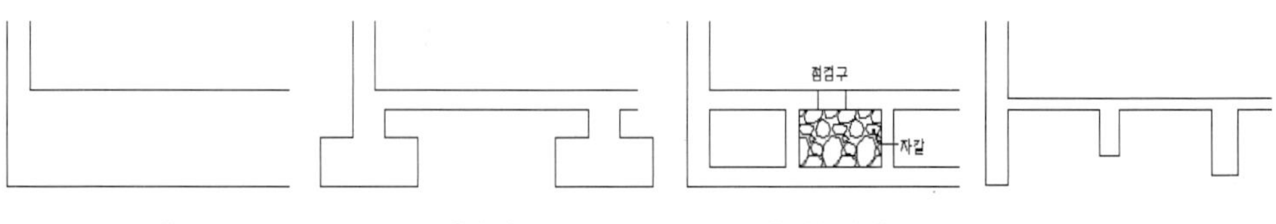

그림 3-35 기초의 종류

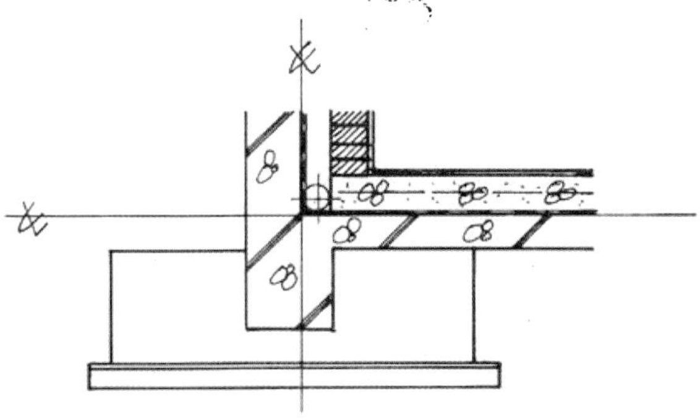

그림 3-36 지하층 바닥 부분 단면도

-일반 단면도에서 1층부의 마감을 고려하여 Slab를 - 80mm Down 하여 표현한다.

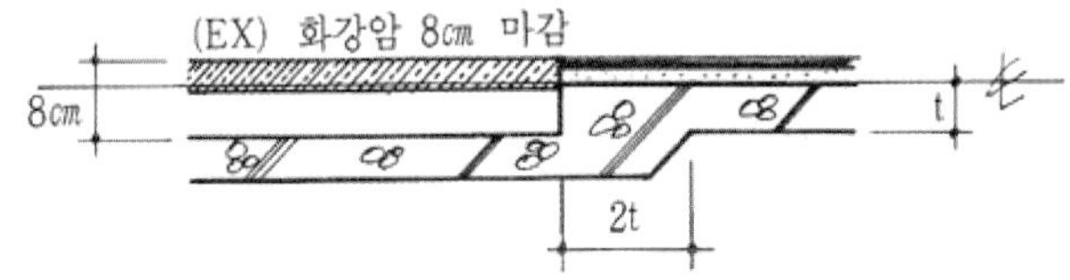

그림 3-37 로비 및 화장실 down 부분 단면도

-도면의 좌측은 level, 우측은 층수를 표현한다. 그리고 실내의 실명과 주요재료마감, 층고 등의 정보를 도면에 표현한다.

-옥상노출 부분 중 물탱크, 계단탑, 굴뚝, Elevator 기계실, 피뢰침을 반드시 표기한다.

(다) 단면 그리는 순서

① 축선: 수평(X!,X2,...) 은 평면에 나와 있는 기둥선에 따라 그리고 수직(Y1,Y2,..)은 층고계획에 따라 가는 일점쇄선으로 그린다.

② 건축물의 구조계획에 따라 슬래브와 큰보, 작은 보 가장 굵은 실선으로 그린다. 이때 보의 종횡에 따라 작은 보는 입면선으로 표현된다.

③ 외벽은 중간 굵기의 실선으로 두께에 맞게 그린다. 이와 더불어 입면 계획에 맞추어 창문의 수평 및 수직 프레임을 그린다.

④ 단면절단면에 따라 내벽과 천정을 그린다. 일반적으로 중간 굵기의 실선으로 표현한다.

⑤ 절단하여 보이는 면은 입면선은 가는 실선으로 그려 도면효과를 낸다. 이때 보이지 않는 면은 그리지 말아야 한다.

⑥ 기타: 가는 실선으로 사람, 자동차, 나무 등을 그린다.

⑦ 글씨는 글씨 크기에 따 다양한 굵기로 표현한다. 레벨, 층수, 마감, 천정고, 실명 등이 필수적으로 표현한다.

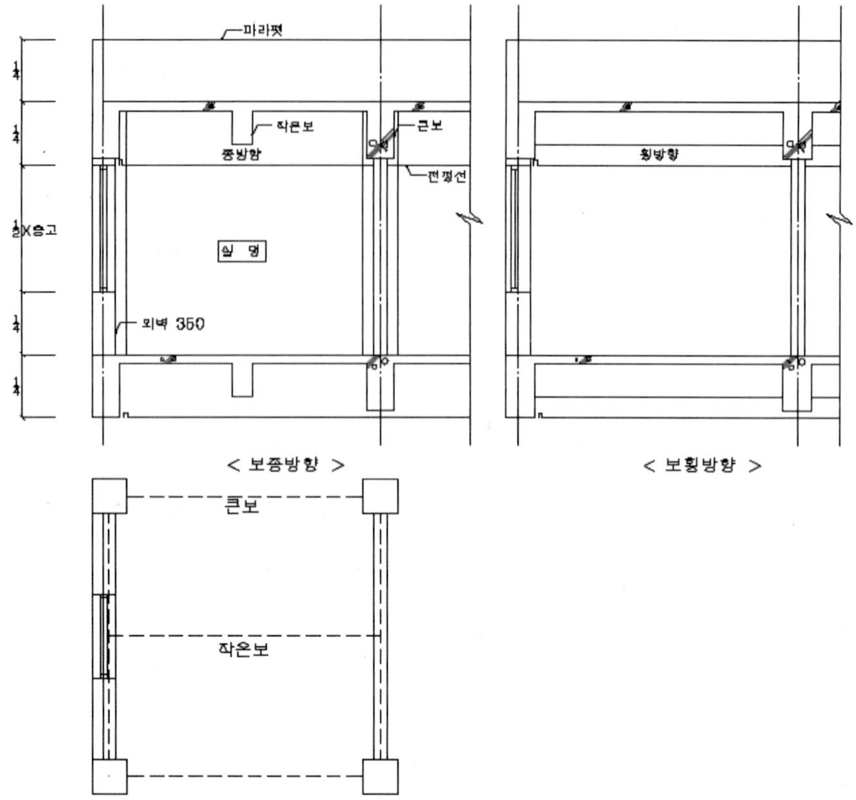

그림 3-38 단면도의 구조표현

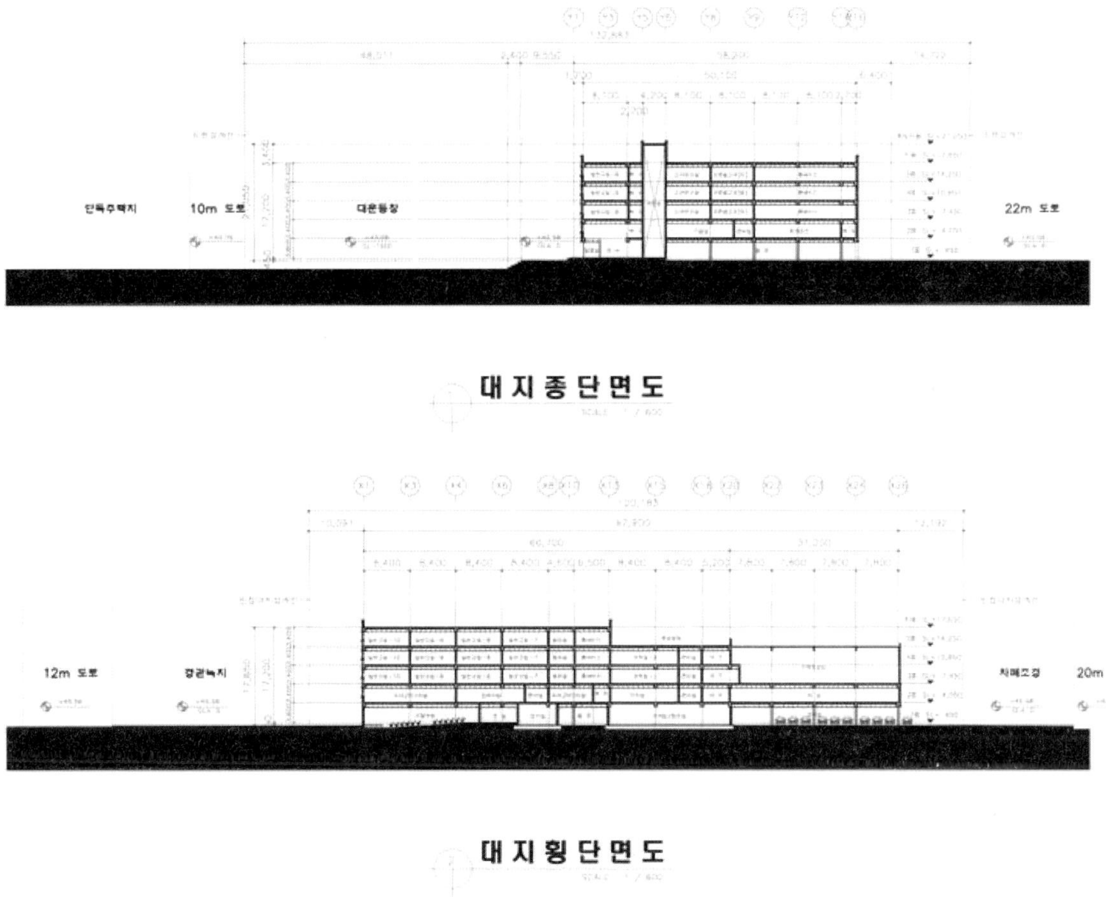

그림 3-39 학교 단면도 출처: 용인서촌고등학교 계획안, ㈜동원건축

수행 내용 / 배치·평면·입면·단면 시스템

재료 · 자료

- 건축계획 및 참고용 관련자료(건축법과 편의 증진법등)
- 계획대지와 그 주변의 현황과 건축물에 관련된 행정자료 및 사진자료
- 배치, 평면. 입면. 단면 시스템을 계획하기 위한 공간조형 최종안
- 건축계획 및 참고용 공간 시스템, 구조시스템, 구조 관련 시스템(외장, 설비) 등의 관련자료
- 배치, 평면, 입면, 단면 등을 설계하기 위한 주어진 용도와 규모에 적합한 우수사례
- 도면 제작 재료일체(스케일, 출력용지, 토너, 트레싱지 등)

기기(장비 · 공구)

- 컴퓨터
- 정보 수집 및 분석의 도식화 작업용 컴퓨터 프로그램(cad, 3d modeling, CG)
- Printer 및 Plotter

안전 · 유의사항

- 배치, 평면, 입면, 단면 등을 계획하기 위하여 설계 요구사항과 조건에 부합되는 핵심 내용을 이해한다.
- 배치, 평면, 입면, 단면 등을 계획을 합리적으로 수행하기 위하여 이전에 수행한 공간조형 시스템의 내용들을 검토하고 적용 가능한 부분들을 선택한다.
- 배치, 평면, 입면, 단면 등을 계획을 합리적으로 수행하기 위하여 이전에 수행한 구조 시스템의 내용들을 검토하고 적용 가능한 부분들을 선택한다.
- 현장 대지에 방문시 안전에 주의하면서 대지 및 주변의 현황을 면밀히 분석토록 한다.

수행 순서

1 배치 계획

1. 건축물

(1)배치는 공간 조형 시스템의 최종안으로 부지에 합리적으로 배치한다.

(2)대지의 조건과 토지이용 방법을 이해한다.

(3)대지와 도로에 접한 조건을 기초로 부지의 주 출입구, 부출입구, 보행자 접근로(방문객, 근무자 등), 차량 접근로(일반차량, 서비스 차량 등)을 정한다.

(4)진출입 동선, 건축법규, 주차장 등을 고려하여 건축물을 배치한다. 이때 대지분석에서 조사한 대지에 영향을 주는 축(Axis)등을 함께 고려한다.

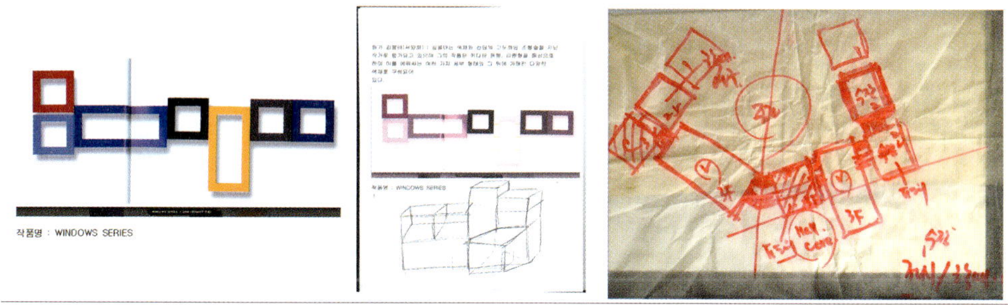

그림 3-40 이미지와 스케치

2. 옥외공간계획

(1)옥외공간계획은 크게 주차장, 조경, 보행로, 기타 휴게 시설 등으로 구분된다.

(2)우선 주차장은 주차장 시스템을 고려하여 적정 장소에 배치한다.

-주차장은 개략적으로 주차 1대에 40㎡ 정도를 확보한다.

-주차 대수는 법규체크에서 산출한 대수보다 1.2-1.5배 정도를 확보하는 것이 바람직하다.

-지상에 주차가 어려울 경우, 지하 또는 기계식 주차방식을 고려한다.

-서비스 주차장은 주차장의 일부 또는 별도로 구획한다.

-장애자용 주차장은 출입구에 근접한 장소에 설치한다.

(3)건축물의 벽면 2-3m 폭으로 보행로를 확보하고, 이를 주출입구, 부출입구와 상호 연결한다. 필요하다면 주출입구에는 광장 등을 고려하여 진입공간을 조성한다.

(4)위에서 열거한 공간(건축물, 주차장, 보행로 등)을 제외한 공간에 조경공간을 구성한다. 조경공간이 규모가 큰 경우, 휴게시설을 조성하여 보행로와 연계한다.

3. 배치도

(1)위의 계획된 내용을 기본으로 내용을 빠짐없이 설계하고 표기한다.

(2)하늘에서 건축물의 지붕면을 본 형태를 매스를 기준으로 작도한다. 경우에 따라 1

층 평면도로 대체하기도 한다.

(3)인접대지경계선과 도로경계선과의 건축물과의 이격 거리를 정확히 표현한다.

(4)건축물의 경우, 층수, 지붕면의 경사, 돌출면, 후퇴면, 오픈면, 주출입구, 부출입구 등을 정확히 표현한다.

(5)옥외공간의 경우 레벨, 차량의 진출입, 주차 공간, 조경, 보행자 진출입, 보행로, 다양한 휴게공간 등을 상세히 표현한다.

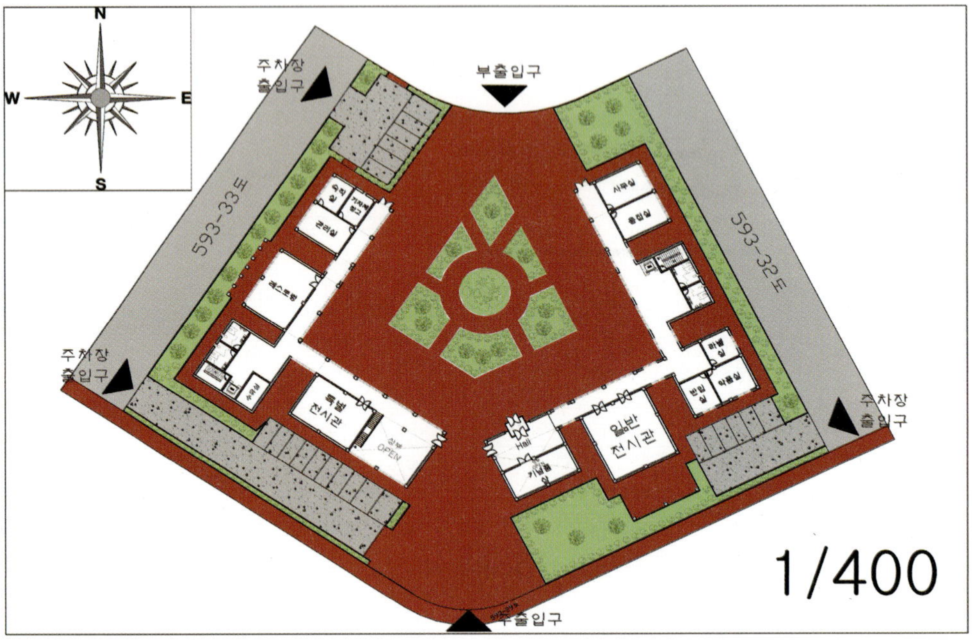

그림 3-41 배치도

2평면 계획

1. 사전 준비

(1)공간 조형에서 선정한 최종안을 준비한다.

(2)계획 각론, 사례조사에서 학습하고 조사한 기능도 및 죠닝(Zoning)을 설계 개념에 따라서 수직적, 수평적, 매스별로 할당한다. 이때 용도와 규모에 적합하도록 건축물의 크기를 개략 정한다.

(3)공간 시스템에서 학습한 다양한 전이공간을 활용한다.

(4)구조 시스템을 활용하여 구조 종별에 관한 내용을 반영한다.

(5)공간시스템, 구조시스템, 설비시스템을 세부 실 계획에 반영한다.

2. 코아 계획

(1)건축물의 면적의 크기에 따라 코아 형식을 결정한다. 코아의 면적은 전용면적의

연면적의 35-45% 범위내서 결정한다.

(2)사례조사, 계획 각론 법규 데이터를 기초로 계단, 엘리베이터, 화장실, 복도, 각종 샤프트 등을 계획한다.

(3)코아와 코아는 복도로 연결되어야 하며, 나머지 복도와 연결된 공간에 죠닝에 입각한 세부 실 계획을 한다.

(4)코아는 내력벽을 기본으로 하고 나머지의 구조 종별을 결정한다.

3. 평면도

(1) 설계순서

(가)설계개념, 공간조형 최종안, 규모, 용도별 죠닝을 기본으로 개략적 각층 평면도를 준비한다.

(나)개략 평면도에 코아 계획을 적용한다.

(다)개략 평면도에 필요 소요제실 등을 코아와 연결된 복도에 연결시켜 비분한다.

(라)소요실의 기능에 적합하게 기준층의 건축 구조 평면도를 작성한다.

(마)이미 학습한 공간 시스템의 전이공간을 배치하여 공간적 기능을 부여한다.

(바)설비 시스템에서 학습한 기계실, 전기실, 샤프트 공간 등의 설비공간을 계획한다.

(2) 표현 및 그리는 순서

(가)축선: 가는 직선

(나)기둥, 내력벽 등의 구조: 굵은 실선

(다)벽체: 보통 실선

-기본적으로 계획 설계 단계에서는 외부는 단열을 고려하여 w350mm, 내부는 w200mm으로 직선으로 그린다.

(라) 창호 (문과 창): 보통 실선

-문:w900(안방, 일반) w800(일반실, 작은 실) w750(화장실), w1500,1800(기계관련 장비, 대형실) w1800, 외부출입구w1000×2(양여닫이 현관문), 회전문

-창호: 디자인에 적합하게 고정창, 여닫이창, 미닫이창, 스윙창, 복합창 등으로 표현한다.

(마) 발코니, 계단, 핸드레일, 엘리베이터 내부 등의 입면선 표현: 가는 실선

(바) 가구: 가는 실선

(사) 스케일 관련 사항: 가는 실선(사람, 나무, 자동차.)

(아)글씨쓰기

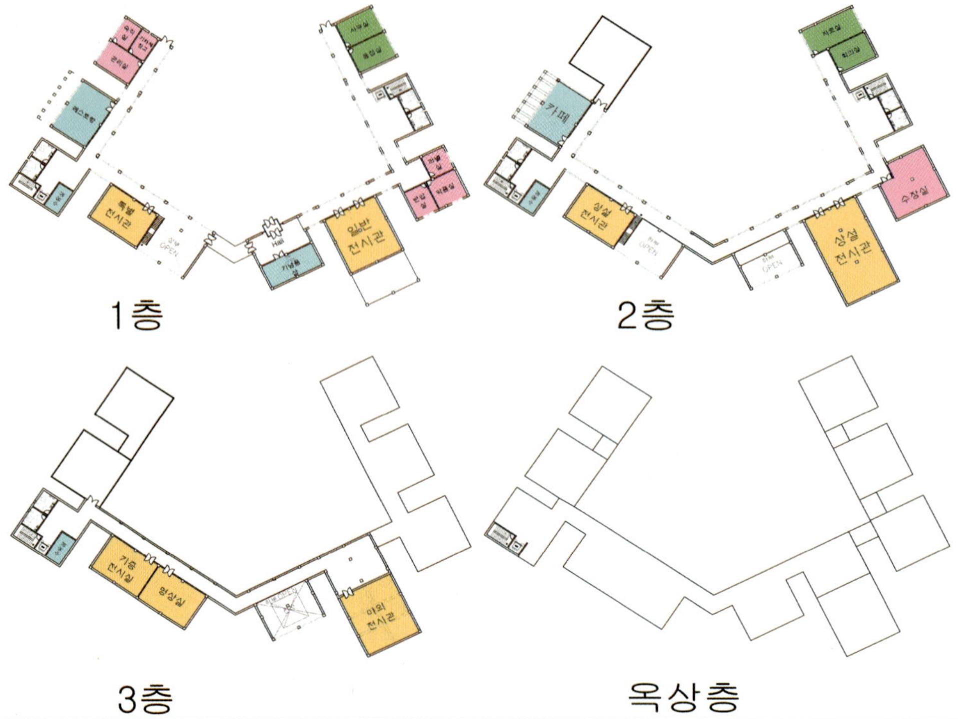

그림 3-42 평면도: 죠닝에 따른 소요실 배치

③ 입면 계획

1. 사전 준비

(1)매스의 전체적인 형태를 매스모형, 3차원 모델링을 통하여 준비한다.

(2)공간 시스템의 전이공간 배치, 구조 종별의 구조 시스템, 커튼월 및 SPG 의 구조 관련 시스템, 설비 시스템 등의 학습과 적용된 계획이 필요하다.

(3)평면계획에 의한 평면도

2. 창호계획(mullion + transom)

(1)다양한 창문 형태의 combination (고정창 + 여닫이창 + 미닫이창 + 피봇창 +그릴 등)

(2)기둥의 위치와 하나의 기본 모듈의 따른 세부적 계획에 따른 창문

(3)기능에 부합되는 창호: 대공간은 커튼월, 중공간은 기본적 창호, 소공간(화장실)은 작은 창호를 활용한다.

(4)실내 공간의 단면을 고려한 창호를 계획한다.

3. 차양계획

(1)주출입구의 햇빛과 비를 피하기 위한 캐노피, 차양계획

(2)일반 실내공간의 차양을 위한 Sunshade, 유지보수와 차양을 위한 Catwalk 등의 활용

4. 입면도

(1) 표현

(가))원칙적으로 보이는 면만 그린다.

(나)입면은 단면과 밀접한 관계를 가지므로 실내의 시선, 구조, 천정고등을 고려하여 표현한다.

(다)후퇴면과 돌출면은 바닥의 지지를 고려하여 구조체 또는 천정 공간의 크기만큼 하부에 그린다.

(라)축선에서 좌우로 벽체 두께 반 이상 나가서 그린다.

(마)평시붕는 복탑증을 그려 지붕면의 접근을 보여준다.

(바)지상1층은 대개 지상+300에서+450 정도로 높여 지표면의 우수 침입을 방지한다.

(사)파라펫은 사람이 출입 할 수 있는 옥상은 1.1m 이상으로 표현한다.

(2) 그리는 순서

(가)평면도의 구조를 기초로 축선을 그린다.(일점쇄선)

(나)매스: 건물의 외벽을 고려하여 굵은 실선으로 그린다.

(다)창호 외곽선: 창호계획에 따른 크기를 정하여 그린다.

(라)창호 내부선: 창호의 개폐빙법과 유리의 분할 등을 나타내는 수식·수평 프레임 비를 표현한다.(가는 선)

(마)매지선: 재료의 분리와 재질, 형태를 표현한다. (가는 선)

(바)기타: 인근건물의 외곽선, 지동치, 나무 (가는 선)

(사)글씨쓰기: 도면의 좌우측에 층수와 레벨 등을 표시한다.

-입면의 경우, 재료의 마감이 중요하므로 이러한 정보를 기입한다.

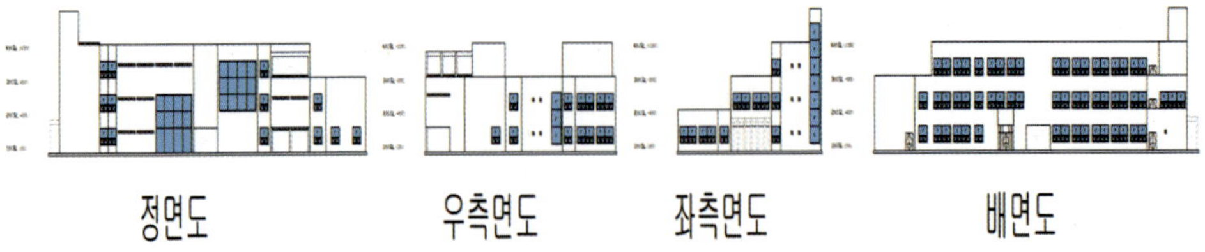

그림 3-43 입면도

4 단면 계획

1. 사전 준비

(1)매스의 전체적인 형태를 매스모형, 3차원 모델링을 통하여 준비한다.

(2)공간 시스템의 전이공간 배치, 구조 종별의 구조 시스템, 커튼월 및 SPG 의 구조 관련 시스템, 설비 시스템 등의 학습과 적용된 계획이 필요하다.

(3)평면계획에 의한 평면도가 필요하다.

2. 층고 계획

(1) 지상층

(가)적정 천정고는 주거 2.2m, 일반 2.4-2.7m정도이다.

(나)조명은 10-20cm, 냉난방은 설비수준에 따라 다르고, 구조체는 대개 스팬에 1/12-1/10정도가 적당하다.

(다)수직 모듈은 먼저 층고를 계획하고 천정 공간은 층고의 1/4로 하고, 바닥 층에서 층고의 1/4지점까지 분할하면 전체 모듈이 1/2모듈로 일정하게 분할 할 수가 있다.

(라)층고는 대개 천정고 + 천정속의 소요공간에 따라 정해진다.

(2)지하층 층고

(가)기계실 면적은 연면적에 따라 4m에서 6.6m의 층고가 필요하다.

(나)비상 발전기실은 용량에 따라 최소3m x 4.5m x 3m, 최대4.5m x 5.1m x 4.0m의 체적이 필요하다.

3. 단면도

(1) 표현

(가)원칙적으로 절단면의 바닥, 실내 공간, 천정 등을 표현하고 이와 더불어 단면을 잘라서 보이는 입면도 표현한다.

(나)단면기준선을 평면에 정확하게 표현하고 되도록 수직으로 잘려진 엘리베이터, 계단실, 덕트 공간은 피하도록 한다.

(다)슬래브는 보로 지지되는 크기가 보통 30㎡ 이하면 12cm로 표현하고 그이상이면 15cm 정도로 표현한다. 그리고 방수를 필요로 하는 슬래브는 20cm 정도로 한다.

(라)축선에서 좌우로 벽체 두께 반 이상 나가서 그린다.

(마)1층은 지상+150-450mm정도 높여서 지층면으로터 우배수의 침입을 방지한다.

(바)지하층의 경우, 방수를 위하여 옹벽으로 하고 실내는 조적을 쌓도록 한다.

(사)기초는 건축물의 규모, 지반의 상태 등을 고려하여 구조형식을 정하고 이를 도면에 표현한다.

(아)옥상노출 부분 중 물탱크, 계단탑, 굴뚝, Elevator 기계실, 피뢰침을 반드시 표기한다.

(2) 그리는 순서

(가)평면도의 구조를 기초로 축선을 그린다.(일점쇄선)

(나)건축물의 구조계획에 따라 슬래브와 큰 보, 작은 보 그린다.(굵은 실선)

(다)외벽은 두께에 맞게 그린다. (중간 실선)

(라)단면절단면에 따라 내벽과 천정을 그린다. (중간 실선)

(마)절단하여 보이는 면의 입면선을 그린다. (가는 실선)

(바)기타: 인근건물의 외곽선, 자동차, 나무 (가는 선)

(사)글씨쓰기: 글씨 크기에 따 다양한 굵기로 표현한다. 레벨, 층수, 마감, 천정고, 실명 등이 필수적으로 표현한다.

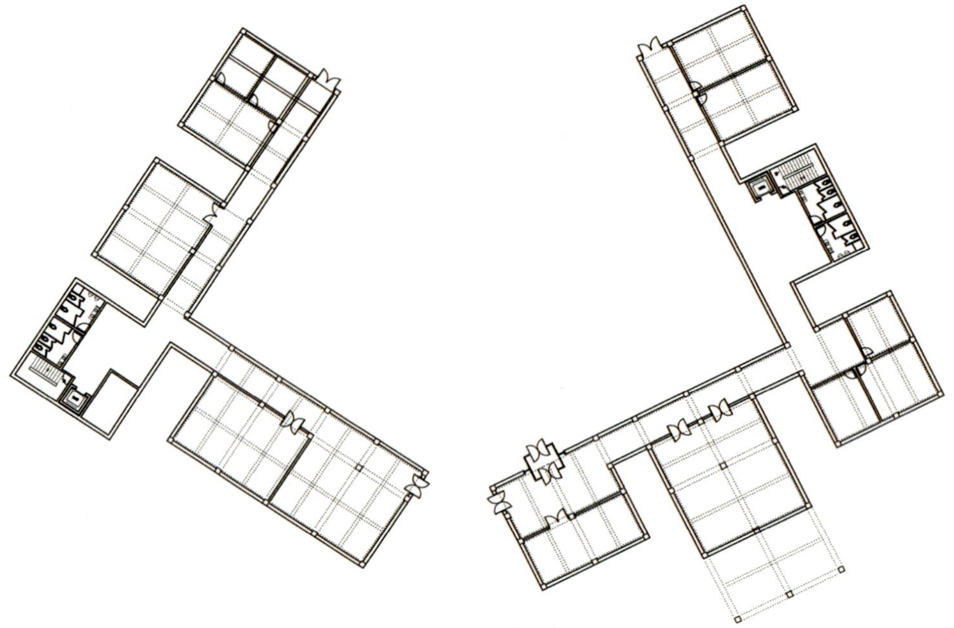

그림 3-44 구조 모듈

그림 3-45 단면도

수행 tip

- 배치계획에서 건축물, 옥외공간이 부지에서 상호 연결되고 작동하는 지가 매우 중요하다.
- 평면계획은 먼저 단선으로 계획하고 차후에 복선으로 설계도를 작성하면 시간적으로 유용하다.
- 입면계획은 규모에 따라 창문의 크기를 정하고 3-4가지 창문타입으로 구성하는 것이 유용하다.
- 단면계획은 구조계획이 정확하게 계획되고 실외와 구획되는 벽체에 단열 및 방수가 반영되어야 한다.

학습3 교수·학습 방법

교수 방법

•배치, 평면, 입면, 단면 시스템의 전반적인 과정을 충분히 설명하고 다양한 자료들과 사례를 제공한다.

•배치, 평면, 입면, 단면 시스템의 진행은 공간 조형의 최종안을 기본으로 작성토록 한다.

•건축 설계의 단계에 대하여 충분히 설명하고 각 단계별 성과 결과물과 성격을 학생들에게 사례를 들어 설명한다. 그와 관련하여 단계별로 건축기본도의 표현 수준을 충분히 설명한다.

•배치계획은 건축물, 보행자와 차량의 진출입, 옥외 공간 등을 합리적이고 순차적으로 결정하여 배치도를 작성하도록 유도한다.

•평면 계획은 공간 조형 최종안을 기초로 설계 요구조건의 수용하도록 규모를 개략 선정한 후에 공용 및 전용면적을 적정하게 나누고 요구 용도의 수평적 또는 수직적 조닝별로 개략 면적을 배분하도록 한다. 구조시스템과 공간 시스템의 전이공간, 설비시스템, 코아 계획을 통하여 각층 평면도를 작성한 후에 세부 소요실을 배분한다. 최종적으로 평면도를 표현방법과 그리는 순서에 맞추어서 작성하도록 유도한다.

•입면 계획은 창호계획과 차양계획 등을 통하여 실내 공간의 성격과 규모와 부합되게 계획하도록 한다. 최종적으로 평면도를 기본으로 하여 4면의 입면도를 표현방법과 그리는 순서에 맞추어서 작성하도록 유도한다.

•단면 계획은 층고 계획을 통하여 실내 공간의 성격과 규모와 부합되게 계획하도록 한다. 최종적으로 평면도를 기본으로 2면의 단면도를 표현방법과 그리는 순서에 맞추어서 작성하도록 유도한다.

•배치, 평면, 입면, 단면 계획을 단계별로 도식화하고 형태적으로 구현함으로써 복잡한 문제들을 명확하게 정리되고 구분토록 유도한다. 이를 위하여 스케치 및 2, 3차원 컴퓨터프로그램을 활용한다.

•복잡한 문제들을 해결하기 위하여 문제 중심 학습모형(Problem Based Learning)을 통한 구성원들의 문제 해결 능력과 자기 주도적 학습능력을 배양하도록 지도한다.

•수행순서는 일련의 순서적 관계이지만 피드백으로 진행하여 각 과정들이 상호보완 하도록 지도한다.

학습 방법

- 건축 설계의 단계에 대하여 충분히 이해하고 각 단계별 성과 결과물과 성격에 따른 배치도, 평면도, 입면도, 단면도 등의 작성방법에 대해 사례를 들어 충분히 설명한다.

- 배치계획은 건축물, 보행자와 차량의 진출입, 옥외 공간 등의 상호 관계를 충분히 이해하고 부지내의 배치가 효율적이고 합리적으로 작동하게 배치도를 작성하게 유도한다.

- 평면계획은 사전 준비 내용을 학습하고 적용할 부분들을 정리하여 계획하고, 합리적 코아 계획을 통하여 표현 및 그리는 순서에 입각하여 각 층 평면도를 작성하게 유도한다.

- 입면계획은 사전 준비 내용을 학습하고 적용할 부분들을 정리하여 계획하고, 합리적 차양 및 창호 계획을 통하여 표현 및 그리는 순서에 입각하여 4면의 입면도를 작성하게 유도한다.

- 단면계획은 사전 준비 내용을 학습하고 적용할 부분들을 정리하여 계획하고, 합리적 층고계획을 통하여 표현 및 그리는 순서에 입각하여 4면의 입면도를 작성하게 유도한다.

- 객관적이고 합리적인 평면, 입면, 단면 시스템을 도출하기 위하여 설정된 시스템들에 따른 다양한 문제의식과 그 해결능력을 제시한다.

- 다양한 프레젠테이션 기술을 활용하여 배치, 평면, 입면, 단면 시스템을 도식적으로 시각화한다.

학습3 평 가

평가 준거

- 평가자는 학습자가 수행준거 및 평가항목에 제시되어 있는 내용을 성공적으로 수행하였는지를 평가하여야 한다.

- 평가자는 다음사항을 평가하여야 한다.

학습내용	평가항목	성취수준		
		상	중	하
배치·평면·입면·단면 시스템	-기능 분석에 따른 소요 공간의 위치, 성격, 연관성을 결정하여 배치, 평면, 입면, 단면 계획을 할 수 있다.			
	-설계 개념에 부합하는 형태, 규모, 재료, 마감, 색채의 사용을 통하여 평, 입, 단면 계획을 할 수 있다.			
	-설비, 구조 시스템의 크기와 설치 범위를 고려하여 평, 입, 단면 계획을 할 수 있다.			
	-성능과 경제성, 시공성, 심미성 관점에서의 종합적 판단을 통하여 최적의 평·입·단면 계획안을 선택 할 수 있다.			
	-수평 동선계획과 실 배치계획, 코어계획을 통하여 평면계획을 할 수 있다.			
	-수직 실 배분 계획, 층고 계획, 단열과 방수계획, 재료마감계획을 통하여 단면계획을 할 수 있다.			
	-창호계획, 외장계획, 색채계획, 지붕과 옥상계획을 통하여 입면계획을 할 수 있다.			

평가 방법

- 포트폴리오

학습내용	평가항목	성취수준		
		상	중	하
배치·평면·입면·단면 시스템	-공간소형 최종안의 배치계획			
	-수평 동선계획과 실 배치계획, 코어계획을 통하여 평면계획			
	-창호계획, 외장계획, 색채계획, 지붕과 옥상계획을 통하여 입면계획			
	-수직 실 배분 계획, 층고 계획, 단열과 방수계획, 재료마감계획을 통하여 단면계획			

● 평가자 체크리스트

학습내용	평가항목	성취수준		
		상	중	하
배치·평면·입면·단면 시스템	-공간조형 최종안의 배치계획			
	-수평 동선계획과 실 배치계획, 코어계획을 통하여 평면계획			
	-창호계획, 외장계획, 색채계획, 지붕과 옥상계획을 통하여 입면계획			
	-수직 실 배분 계획, 층고계획, 단열과 방수계획, 재료마감계획을 통하여 단면계획			

피 드 백

1.포트폴리오

- 개인별, 단계별 작업 포트폴리오를 검토한 후 미진한 부문에 관하여 의견을 제시하여 수정 보완 하도록 지도한다.

2. 평가자 체크리스트

- 평면, 입면, 단면 관련된 계획을 평가한 후 부족한 부분과 올바른 선택 여부를 체크하여 개선하도록 한다.

참고자료

- 김성배(2012). 「건축법규」, 서우,
- (사)일본건축학회 편저 건축설계 자료집성(인간)(2003). 『도서출판이엔씨』,
- 최준식(2003). 「개정 건축계획각론」, 기문당,
- 안영배외4인(2003). 「건축계획론」, 기문당,
- 이광로 외 4인(2005). 「건축설계」, 문운당,
- 양용기(2013). 「건축설계atlas」, 도서출판 대가,
- 심우갑외 5인(2010). 「건축설계의 이론과 실행」, 문운당,
- 임창복외 2인(2004). 「수원고평초등학교 신축기본계획」, (사)한국교육시설학회,
- 베르드루펜외 4인 김영애외 1인 옮김(2001). 「건축디자인과 분석」, 도서출판 국제,
- Richard D Rush 이상진외 2인 공역 (2007). 「건축디자인 통합론」, 도서출판 대가,
- 이순희외 2인(2013). 「실무를 위한 건축계획」, 한솔아카데미,
- 신창훈외 4인(2013). 「건축설계방법론」, 기문당,
- 양용기 (2013). 「디자인=기능+미 건축형태구성」,
- 신성영(2013). 「건축 디자인론」, 도서출판 구미서관,
- 이석하외 2인(2004). 「일반건축구조학」, 도서출판 서우,
- 조용구(2013). 「건축설계총서」, 도서출판 서우,
- 오카다 츠네오(2012). 「알기 쉬운 건축구조설계 상부구조, 하부구조」, 기문당,
- 김정태외 4인(2007). 「건축설비시스템」, 기문당,
- James B. Harris외 1인(1996). 「Masted Structure in Architecture」, Routledge,
- 백경무외 1인(2006). 「건축과 CAD」, 도서출판 서우,
- 백경무(2016). 「공산소형설계와 농선계획」, 한국직업개발원+대한건축학회

활용서식

1. 작업포트폴리오
2. 대지 분석
3. 사례조사
4. 법규 조사
5. 공간 시스템 조사
6. SPG 시스템 조사
7. 시각화 표 및 그림
8. 작업자 평가
9. 팀 공헌도

작업 포트폴리오

평가일시: 20 년 월 일 학년 반 번 성명:

[수행제목]: 작업사진 1장 이상 부착	작업 순서 및 설명을 기재해 주세요. • • • •
[수행제목]: 작업사진 1장 이상 부착	작업 순서 및 설명을 기재해 주세요. • • • •
[수행제목]: 작업사진 1장 이상 부착	작업 순서 및 설명을 기재해 주세요. • • • •

교수자 확인: ______________________________

대지 분석

평가일시: 20 년 월 일 학년 반 번 성명:

항목	내용	특징 및 설계방향
주변현황		
향 바람 소음		
축 교통 용도		

교수자 확인: ______________________

사례조사

평가일시: 20 년 월 일 학년 반 번 성명:

항목	내용	특징 및 설계방향
건축개요		
죠닝 구조 설비		
평면 입면 단면		

교수자 확인: ______________________________

법규 조사

평가일시: 20　　년　　월　　일　　　학년　　반　　번　　성명:

항목	법규내용			계획안 적용
	법	영	규칙	
관련 법규 체크	▪건축법, 건축 관련법 체크			

교수자 확인: ______________________

공간 시스템 조사

평가일시: 20　　년　　월　　일　　　학년　　반　　번　　성명:

항목	건축물조사내용 및 사진	최종안 적용 방안
Mezzanine		
Atrium		
Penthouse		
Natural Light		
실내 전이공간	▪건축물에 적용된 공간시스템의 조사 및 적용	

교수자 확인: ______________________________

평가일시: 20 년 월 일 학년 반 번 성명:

항목	건축물조사내용 및 사진	최종안 적용 방안
Set Back		
Arcade		
Belvedere		
Patio		
실외 전이공간	▪건축물에 적용된 공간시스템의 조사 및 적용	

교수자 확인: ______________________

평가일시: 20　　년　　월　　일　　　학년　　반　　번　　성명:

항목	건축물조사내용 및 사진	최종안 적용 방안
Terrace & Balcony		
Pilotis		
Sunken Garden		
Roof Gardcn		
실외 전이공간	▪건축물에 적용된 공간시스템의 조사 및 적용	

교수자 확인: ____________________

SPG 시스템 조사

평가일시: 20 년 월 일 학년 반 번 성명:

명칭	종류			사진	설명
Back Structure	Pipe 형				
	Rib Glass 형		O		
	Rod &Pipe 형				
	Cable Truss 형				
Spider Bracket	Angle 형				
	X 형				
	H 형		O		
	Elbow 형				
	Spring Box 형				
Glass & Bolt	유리	Single 형			
		Laminate 형			
		DGU 형	O		
	Bolt	Single 형			
		Laminate 형			
		DGU 형	O		

교수자 확인: ______________________

시각화 표 및 그림

평가일시: 20 년 월 일 학년 반 번 성명:

관련 컴퓨터 프로그램을 활용한 시각화된 표 및 도면

최종결과물	▪공간조형 선택안 비교표 ▪구조 디자인 ▪설계 개념과 스케치 ▪기타

교수자 확인: ______________________

작업자 평가

20　　년　　월　　일　　　학번:
　　　　　　　　　　　　　성명:

평가관점	교수자의 평가		
	충분함	보통임	노력요
■ 실습도구 준비 및 정리 • 수업에 쓰이는 실습도구를 준비함 • 수업에 쓰이는 실습도구를 정리함			
■ 실습 과정 • 실습 과정의 주요 내용을 기록함 • 실습 과정에서 새로운 아이디어를 제안함 • 실습에 적극적으로 참여함 (프로젝트 수행 시 주체적으로 수행함)			
■ 실습 태도 • 해결해야할 문제(또는 프로젝트)에 흥미를 보임 • 문제 발생 시 적극적으로 해결함 • 인내심을 갖고 과제를 끝까지 마무리함			
`■ 행동 • 수업 시간을 잘 활용함 • 제한 시간 내에 과제를 제출함			
■ 협동 • 팀별 과제 수행시 팀원을 잘 이끌고 협력함 • 팀별 과제 수행시 발생한 갈등을 잘 해결함			

교수자 확인: ______________________

팀 공헌도

평가일시: 20　　년　　월　　일　　　학년　　　팀　　성명:

평가항목	팀원1 성명	팀원2 성명	팀원2 성명	비고
사전조사	%			
창조적 아이디어 및 비교				
대지분석				
법규검토				
계획 각론				
사례조사				
팀별 공헌도 조사	▪팀별 작업인 경우, 팀원의 공정한 평가를 위해 팀원 상호간 공헌조사를 실시한다.			

교수자 확인: ______________________

평가일시: 20　　년　　월　　일　　　학년　　팀　　성명:

평가항목	팀원1 성명	팀원2 성명	팀원2 성명	비고
배치	%			
평면				
입면				
단면				
3차원 모델링				
최종 모형				
팀별 공헌도 조사	▪팀별 작업인 경우, 팀원의 공정한 평가를 위해 팀원 상호간 공헌조사를 실시한다.			

교수자 확인: ______________________

부록

1. 생태, 환경을 위한 졸작 테마
2. 생태, 환경을 위한 프로젝트 및 학생조사
3. 설계조건(근린생활시설, 미술관, 주거 공간, 공동주택, 학교, 동사무소)
4. 계획 각론 조사(미술관+박물관, 극장+영화관+콘서트홀+다목적 홀)
5. 법규조사
6. 사례조사
7. 트러스와 마스트 구조
8. SPG 디자인
9. 미술관 설계
10. 어린이 도서관 설계
11. 졸업 작품

1. 생태, 환경을 위한 졸작 테마

Theme & Image

1. 테마

작품의 테마는 자연의 생태적 특성과 성격 파악

-자연은 우리에게 실체적으로나 형태적적으로 많은 교훈을 직간접적으로 예고함.

-수만 년을 거쳐 지구상에 진화함으로써 그 형태는 환경적으로 적응함.

-현재 인류는 많은 환경적 중요성을 강조하여 지속가능한 개발을 전 인류적 테마로 부상함.

2.이미지

-각자가 3가지 이상의 테마를 선정

-각 테마와 관련하여 상세한 연구 진행-작동시스템. 각종 과학적 진실 규명 등

-하나의 테마와 관련하여 물리적 형태를 5가지 이상 수집.(단추상적형태는 이미지 구현에 어려움)

-수집된 형상을 기초로 하여 각자의 시나리오 구현

(예) 건축물에서의 구현방법(외피. 내외부 공간, 입체. 용도. 위치 등)

-이를 기초로 하여 3차원적 형상을 실현

3.테마의 분류

3-1 기생+공생

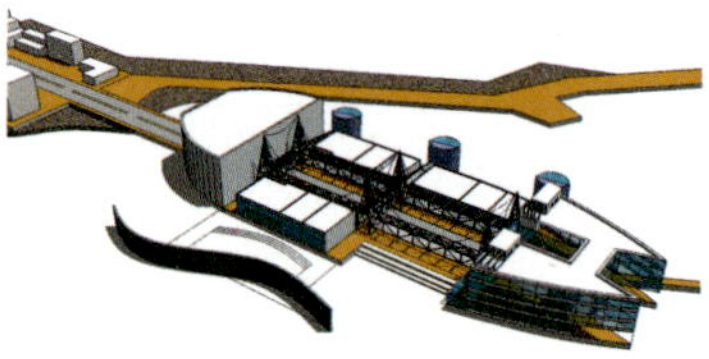

3-2 동물

-새둥지

-박쥐의 날개

-악어의 피부

-개코 도마뱀: 발이 이상하게 생겨 잘 붙음

-인간 관절: 기능적 형태 유추

-헬라세포: 불멸의 세포./암세포는 무한증식, 근데 죽으면 멈춤. 헬라는 죽은 후도 증식

3-3 식물, 곤충, 어류

-벌레 잡는 식물들

-피 빠는 거머리: 치료제

-복어 독: 보톡스

-해파리: 지구 온난화. 쥐치와 해파리는 상극

-콩고의 괴물 물고기: 이빨. 전기

-말뚝 망둥어: 공기 호흡과 아가미 호흡. 빨판 있어 잘 붙는 능력

3-4 환경관련

-로듐. 백금. 팔라듐: 공해 저감장치 촉매제

-탄소섬유: 강철의20%무게10배 강도. 경량화 에너지 효율배가

-폴리실리콘: 태양전지재료

-바람: 풍차. 허수아비. 풍혈의 연속

-불: 바비큐 타운

-물: 느낌 다른 물. 아쿠아리움

2. 생태, 환경을 위한 프로젝트 및 학생조사

번호	project	theme	위치	가능용도	비고
1	원곡동 외국인 문화의 거리	공생, 기생	안산다문화거리 원곡본동일원	상업시설, 주거시설	Difficult
2	안산 시민시장 재건축	공생, 기생	안산 단원구 초지동	상업시설	D
3	화랑역 역세권 개발(화랑유원지)	공생, 기생	안산 초지동	복합시설	D
4	와스타디움 체육관 및 체육공간	공생, 기생	안산 초지동	체육시설	D
5	안산농수산물 도매시장	식물+어류	안산 이동	상업시설	
6	둠벙습지 생태전시관+안산 식물원	동물+식물, 곤충	안산 성호공원	전시시설	
7	상록 장례식장	세균 +영원	안산 제일장례식장	장례시설	
8	선부동 영화관	지역주민 거점. 공생	안산 선부동 다이몬드공원 인근	문화시설	Easy
9	선부동 도서관	지역주민 거점. 공생	안산 선부동 다이몬드공원 인근	문화시설	E
10	초지동 대학병원	세균 +영원	학교인근 병원부지	병원, 연구소	D
11	시화반월 공단	공해 환경 저감	공단	공장시설+기숙사	E
12	학교 내 테라스 기숙사	환경보존+자연지 형활용	신안산대	주거시설	
13	별망성지	한국건축	안산초지동	문화복합시설	D
14	반월역 역세권개발	생태. 지속가능	건건동 산63-3	상업시설복합시설	
15	시흥 방산동 청자백자요지	토양 +도자기	시흥	전시복합시설	D
16	갯골 생태공원	갯벌생태 +폐염전	시흥	전시복합시설	D
17	관곡지	식물 +연꽃	시흥	전시복합시설	D
18	지속가능한 공동주택 개발	ACM	필요지역	주거시설	D
19	교회	세균 +영원 +성경	필요지역	종교시설	E
20	보육원, 유치원	사회, 지역공생	보육시설		E
21	중, 고등학교 리모델링	필요개념	본인출신학교	학교시설	E
22	잘 아는 장소의 문제점 해결 프로젝트	필요개념	필요지역	필요시설	
학생 조사	1.본인의 거주시는? (　) ①서울 ②안산 ③시흥 ④수원 ⑤인천 ⑥기타 2. 2학년 2학기 설계점수는? (　) ①상 ②중 ③하 ④기타 3.졸업 후 진로분야는? (　) ①설계 ②시공 ③구조 ④미정 ⑤기타		4. 현재 활용 가능한 컴퓨터 프로그램은? (　) ①cad ②photoshop ③sketch up ④3d max ⑤기타 5. 희망 프로젝트는? (　　) 6. 희망 팀원은? (　　)		

3. 설계조건

근린생활시설

1.설계요구조건

-대　지 : 401.6㎡ (지번참조)

-용　도 : 근린생활시설 (오피스 + 상가 + 스튜디오형 주택 + 갤러리 중 택3)

-규　모 : 층수 5-6층, 용적률 200%이내, 건폐율60%이내, 전면3m 건축선

-층별 용도

층 수	용　도
지하 1층	상가, 주차장, 부출입구
1-2층	상가, 주출입구
3 ~ 5층	사무실
5-6층	Studio주택, 갤러리
옥탑층	계단, ELEV. 기계실, 물탱크실

-도　로 : 전면 3m 보도+완충녹지(보행자용), 후면 8.0m도로(차량용)

-코　어 : 직통계단 1개소, 남녀화장실, ELEV 1대, 현관 등

2.설계원칙

-이미지, 사례조사, 계획 각론, 대지분석을 통한 설계프로세스

-공간시스템의 적극적 利用(추후강의)

-주차는 지하 내지 옥외주차가능

-기타 법규검토는 강의시간에 교수가 제시

3.최종과제물

-각층 평면도 : 1/100

-4면 이상 입면도 : 1/100

-2면 이상 단면도 : 1/100

-모형 : 1/100

미 술 관

1.대지조건
- 대지위치 :안산시 상록구 성포동 *****
- 대지면적 : 1,662.3㎡

2.설계기본조건
- 용도: 미술관
- 규모: 지하1층, 지상 3층 이하
- 연면적: 1800-2000 ㎡
- 건폐율: 40% 이하
- 용적률: 100% 이하
- 조경면적: 대지면적의 30%이상
- 옥외주차: 5대-10대(장애자용 + 관리용 포함)

3.설계포함내용
- 코아: 직통개단 2개소. ELEV.2대, 남여화장실
- 각층별 시설
· 지하: 기계실, 전기실 (130 ㎡ 내외)/ 보관, 자료 관련제실 /기타
· 지상1층: 로비, 현관, 매표소/ 특별전시실 등 / 사무 및 관리실 / 기타
· 지상2층-3층: 상설 전시실, 휴게공간 / 기타
-이격거리: 도로 및 인접대지 경계선으로부터 3m
- 지붕형태: 평지붕 + 다양 (박공, 모임,...)
-공간시스템 최대한 활용 + 화가 작품 이미지와 부합되게

4.설계포함내용
- 개요 및 배치도 1/200
- 각층 평면노 1/100
- 입면도(4면) 1/100
- 단면도(2면) 1/100
- 모형(2개) 1/200, 1/100

주거 공간 디자인(Studio, One Rm. Two Bed Rm.)

1.목표
-학생들의 미학적 창의력을 기본으로 하여 정육면체의 디자인
-주거공간의 기본 데이터를 학습하고 디자인에 적용
-다양한 건축공간을 디자인에 적용
-학생들은 다양한 건축 표현을 학습하여 디자인의 완성도를 고양

2.설계조건
- 기본적 크기: 7.5mx7.5mx7.5m의 정육면체
- 용도: 1,2층-사무실 또는 주택

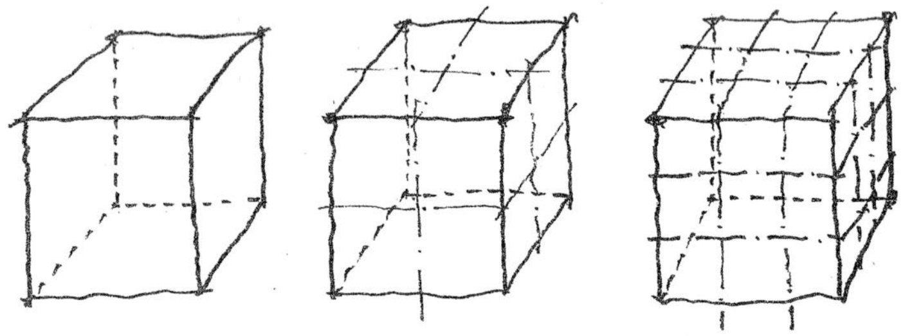

- core design
- 부지 위치는 임의, 상주주거
- 평면적, 단면적 간 나누기 또는 층 나누기 가능
- 정육면체의 1.5m 범위 내에서 돌출가능. 아래의 건축기법을 활용한 경우 메스의 후퇴는 자유
- 필로티(주차용, 보행용), 옥상정원, 테라스, 발코니, 상하부 오픈 공간, 열주랑 , 가벽 , 천창, 고측창, 커튼월, 지붕 및 외벽 형태, 등의 건축 기법 활용

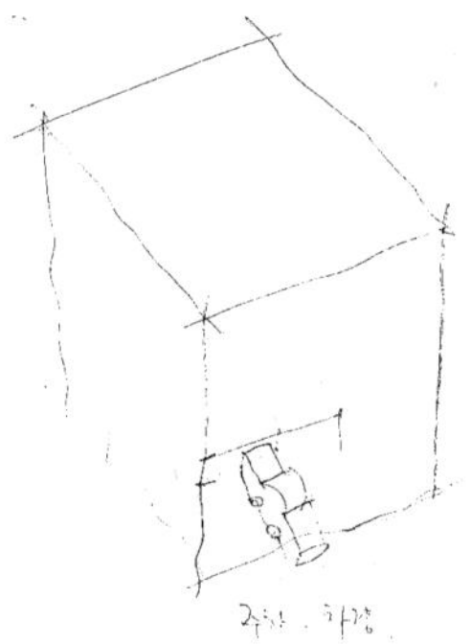

필로티-차

열주랑 및 가벽

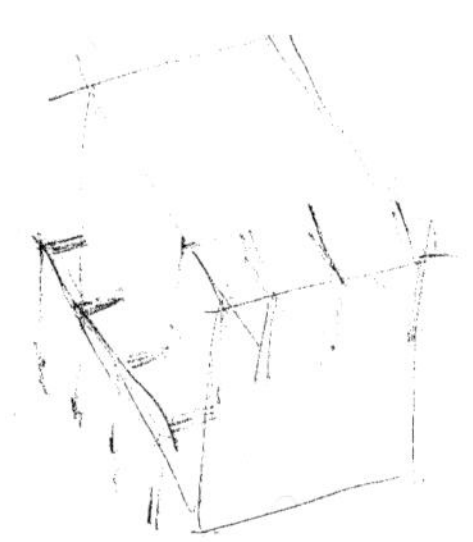

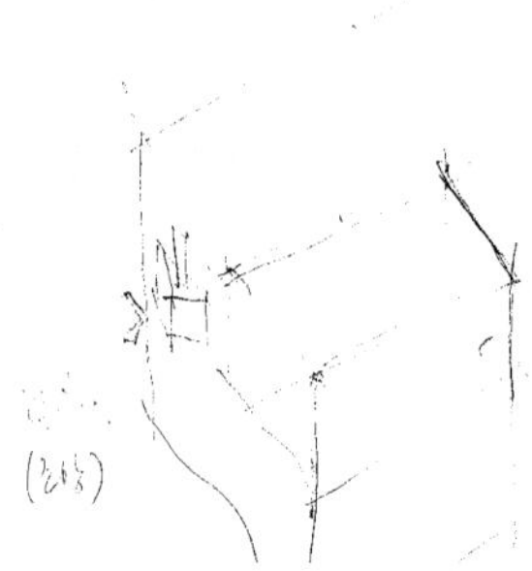

테라스 및 발코니

3.설계기간
- 6 주간

4.과제제출물
- 각층 평면도; 축척 1/50
- 입면도 4면: 축척 1/50
- 단면도 2면: 축척 1/50
- 모형: 축척 1/50

공동주택

1.대지조건

- 대지위치 :안산시 단원구 고잔동 ***번지 일원
- 대지면적 : 56,702.6 ㎡

<위치도>

2.설계기본조건

-용도지역: 기존2종 일반주거지역에서 제3종 일반주거지역으로 지구단위계획변경

공동주택(중앙주공2단지 재건축) + 부대복리시설

-평형: 20평형(40%)+30평형(40%)+40평형(20%)+기타(옥상층)로 구성

-규모: 15층 이상-25층 이하 (세대수는 600-700세대 내외 정도)

-연면적: 56,702 x 2 내외㎡

-건폐율: 50% 이하

-용적률: 230% 이하 (min 180%이상)

-조경면적: 대지면적의 30%이상

-옥외주차: 1000대 내외 (지상200대 이상 확보)

-구조: 철근콘크리트 벽식 구조

3.설계주안점

- 기존의 공동주택 단지 획일성에서 탈피하여 아름다운 주거 공간의 창출
- 주변의 시설과 용도(학교, 상업시설, 산지)를 고려한 합리적인 단지계획,
- 다양한 주동계획을 위하여 판상형, 탑상형, 절곡형, 연도형 등의 주동을 적정히 활용.

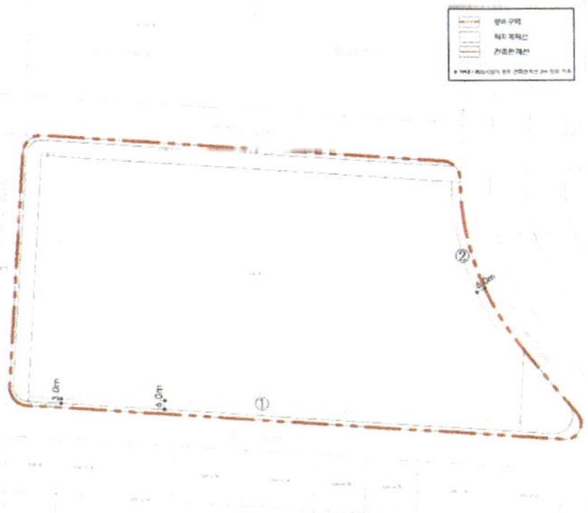

도시기반시설관련지구단위계획　　　　　건축선 관련 지구단위계획

공동주택

- 다양한 경관을 창출하기 위하여 주동들 사이의 조망을 적절히 설정한다. 또한 층수의 변화는 적어도 3개 층 이상으로 하고, 판상형은 6호 조합 이내 함.
- 단지 내 외부 공간은 보차분리를 최대한 고려하고 다양한 광장, 다양한 주민 및 녹지공간을 제시하여 살기 좋은 단지계획.

구 분	기준면적 (㎡)
관리사무소	·10㎡+(건립세대수－50세대)x0.05㎡ ·100㎡초과시 100㎡로 설치가능
어린이놀이터	·300㎡+(건립세대수－100세대)x0.1㎡ ·1개소의 면적 300㎡ 이상
근린생활시설	·건립세대수x4㎡이하 ·500㎡미만시 500㎡로 설치가능
주민운동시설 (실외체육시설)	·300㎡+ [(건립세대수－500세대)/ 200세대] x150㎡
경 로 당	·40㎡+(건립세대수－150세대)x0.1㎡ ·300㎡ 초과시 300㎡로 설치가능
주민공동시설	·50㎡+(건립세대수－150세대)x0.1㎡ ·300㎡ 초과시 300㎡로 설치가능
보육시설	·상시 40인 이상의 영유아 보육가능 규모
문 고	·33㎡이상, 6석이상, 1,000권 이상
휴게시설	·500세대까지는 1개소 이상, ·500세대■ 넘는 경우에는 500세대 마다 1개소■ 더한수 이상 설치

4.설계포함내용

-개요 및 단지 배치도 1/800-1/1000

-유형별 주동 평면도 (최소 유형 3개) 1/300-1/400

-유형별 주동 입면도 (최소 유형 3개 x 2 면) 1/300-1/400

-유형별 단면도(2면) 1/300-1/400

-배치 모형 1/800-1/1000

5.관련적용법규

-도로사선에 의한 건축물의 높이제한

-일조등의 확보를 위한 건축물의 높이제한

· 정북방향 일조권 제한

· 채광방향의 인접대지경계선 이격거리

· 마주보는 건물인동간격

-대지안의 공지확보

학교시설(고등학교)

1. 대지조건
a.대지위치: **고등학교 (경기도 용인시 서천택개발지구)
b.대지면적: 14,000㎡

2. 설계 개요
a. 용도: 학교시설(고등학교)
b. 규모: 지하1층, 지상 5층 이하
c. 건축연면적: 10,179㎡(±5%가능)
d. 건폐율: 30%이하
e. 용적률: 100% 이하
f. 조경면적: 10% 이상
g. 주차: 법정 주차 대수 이상
h.시설규모:30학급(학급당 최대 학생 수 35명 이하)

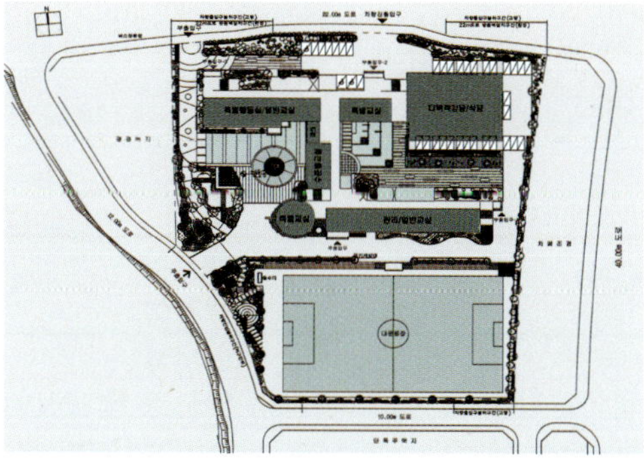

용인 서촌고 현상설계

3. 설계조건
a. 코아: 계단, 화장실(남녀 구분), ELEV. 기타 제실
b. 시설규모
* 별지참조
* 모든 조건은 건축법규에 준하여 설계함을 원칙
* 공통: 기타 제실 제안가능, 공용면적
c. 기타
설계자에 의해 여러 가지 공간 시스템, 시설의 제안
예) 공간시스템- 지하정원, 코트, 테라스, 발코니, 전망대, 중이층 등등
제안시설- 어린이집, 주민사랑방, 회의실, 상담실 등등

4.제출도서
a. 설계개요 및 배치도-다양한 concept 및 diagram 포함 1/600
b. 각층 평면도 1/400- 구조 표현
c. 입면도 (4면) 1/400- 재료, 마감 포함
d. 단면도 (2면) 1/400
e 모형 및 3D 1/600 - 재료 추후 지정예정

동사무소

1. 대지조건

a.대지위치: 안산시 상록구 성포동 ***

b.대지면적: 1,662.30㎡(502.85 평)

2. 설계 개요

a. 용도: 공공 업무시설(동사무소)

b. 규모: 지하1층, 지상 4층

c. 연면적: 2000㎡-2500㎡(±5%가능)

d. 건폐율: 50%이하

e. 용적률: 150% 이하

f. 조경면적: 10% 이상

g. 주차: 법정 주차 대수 이상

3. 설계조건

a. 코아: 계단, 화장실(남녀 구분), ELEV. 기타 제실

b. 층별 면적

층	용도	규모(㎡)
지하1층	기계실	50
	전기실	50
1층	민원실	300
	문서고 및 전산실	100
2층	주민자치위원회	100
	취미교실	2-3개소
3층	체력 단련실	150
	동대본부, 사무실	
4층	다목적회의실	300
	창고	30
* 모든 조건은 건축법규에 준하여 설계함을 원칙 * 공통: 기타 제실 제안가능, 공용면적		

c. 기타

설계자에 의해 여러 가지 공간 시스템, 시설의 제안

예) 공간시스템- 지하정원, 코트, 테라스, 발코니, 전망대, 중이층 등등

제안시설- 어린이집, 주민사랑방, 회의실, 상담실 등등

4.제출도서

a. 설계개요 및 배치도-다양한 concept 및 diagram 포함 1/200

b. 각층 평면도 1/100- 구조 표현

c. 입면도 (4면) 1/100- 재료, 마감 포함

d. 단면도 (2면) 1/100

e 모형 및 3D 1/100 - 재료 추후 지정예정

4. 계획 각론 조사 (미술관/박물관)

1. 기능

- 자료수집 / 보관 / 전시 / 연구, 보급 / RECREATION 제공

2. 부지별 미술관 성격

	도심 미술관	교외 지역 미술관	특수 지역 미술관
위치	도심	교외	출도지역/예술가의 작업 장소
형태	복합건물 가능성 적층다중식	순수 문화 공간 저층형	어떤 전문분야를 위한 미술관
특징	공간 구성 - 구심적	공간 구성 - 원심적 교통수잔 발달 도시민의 휴식, 재생의 장소	
요구조건	문화, 교육, 과학, 경제 활동과 관련된 요소구비	교통의 발달 다른 문화 시설과 너무 격리되면 안 됨	관객유도 제반 조건 갖추어야 함 교통 발달, 희귀 발굴품 있어야함 주위에 자연환경 OR 휴식여가 위한 시설을 구비

3. 평면 형태

대칭 형태 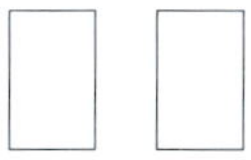	고건축물의 박물관개조 시각적 동선 유도의 혼란	자유로운 형대 	복잡 - 파악이어 어려움 큰 전시 공간 DIF
부채꼴 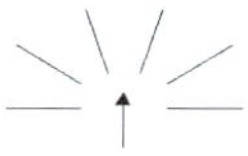	선택 자유, 변화 관람자 혼동	작은 실 조합형 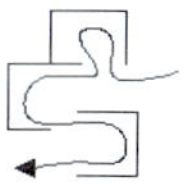	자유롭게 전시실 둘러봄 산만해질 우려
직사각형 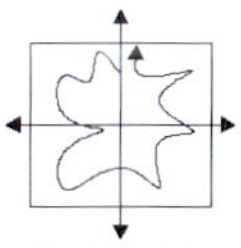	공간 형태 단순 지각 용이 형태 단순	수평적 연속성형 	혼란이 적음, 동선형태 도중하차DIF
원형 	중앙내 주요 작품 주변에 관련 작품 배치 고정축이 없어 지각의 어려움 배경 동적	수직적 연속성형 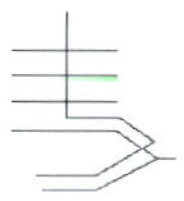	혼란이 적음 동선형태 도중하차 DIF

4. 계획시 기본사항

- 관객측면 : 관람 / 동선 / 전시물
- 전 시 물 : 보존 조도
  - 여름 : 20 ~ 22℃ - 조각(돌, 금속) 모형 : 750 - 1500lux
  - 겨울 : 22 ~ 25℃ - 조각(플라스틱)회화 : 300 - 750 lux
  - 습도 : 약 60% - 한국화, 공예품 : 150 - 300 lux
- 관리자측면 : 작업 / 동선 / 전시물

5. 면적 배분

- 전시관계 (35-55%) / 강의 도서관 계설 (4-24%) / 보관 격납고 (6-15%) /

▌6. 동선계획

1) 기본원리

- 흐름의 의도성 / 연속성 / 지각성 / 쾌적성

2) 유형

직선형	구불구불한 순환형	누빈형	빗형	체인형
	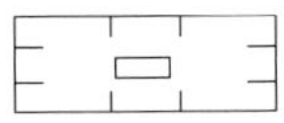	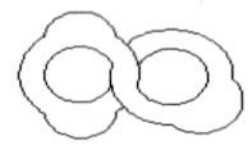	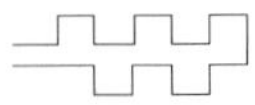	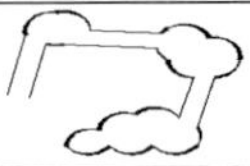
별형	FAN형	블록(大)	블록(小)	분산접근형
	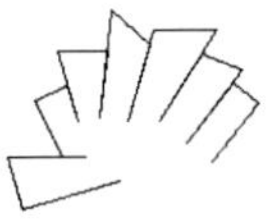	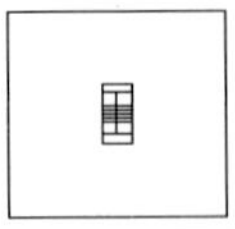		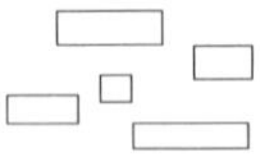

3) 동선과 배치

① 고정된 경계 NO NEED 특별 구역은 상호가능 의존

② 현관 : 관람객 창고 CANT SEE, USE

전시 창고 / 연구 창고의 분리

③ 전시 → 참고 수집 → 창고

▌7. 배선 계획

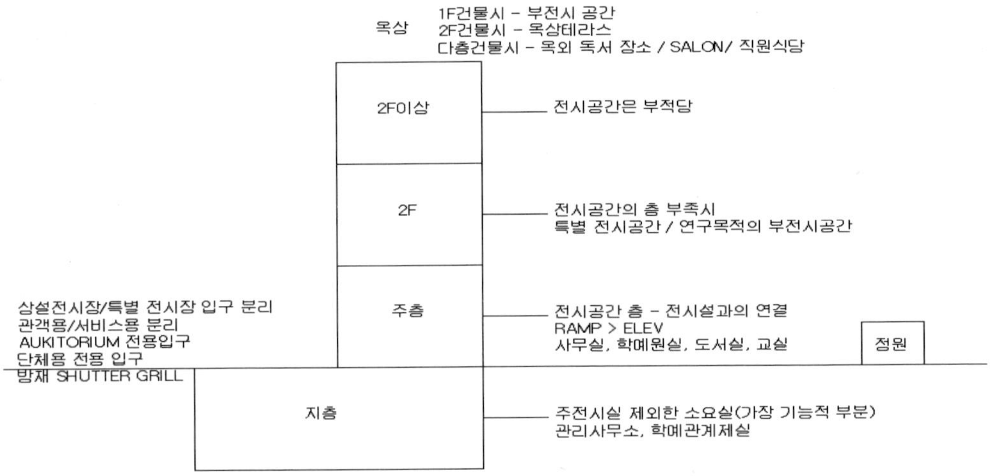

▌8. 전시계획

A. 일반 전시

1) 원칙

- 전시실 - 효과적 전시 / 관객의 심리적 안정감

2) 전시실 SIZE

① C.H

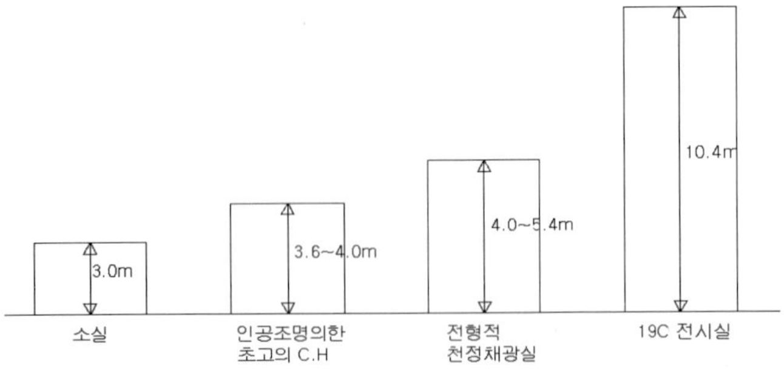

② MACONUS 안

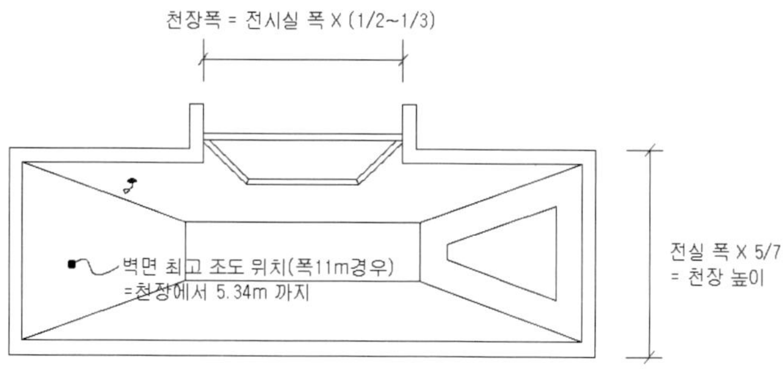

③ TIEDE 안

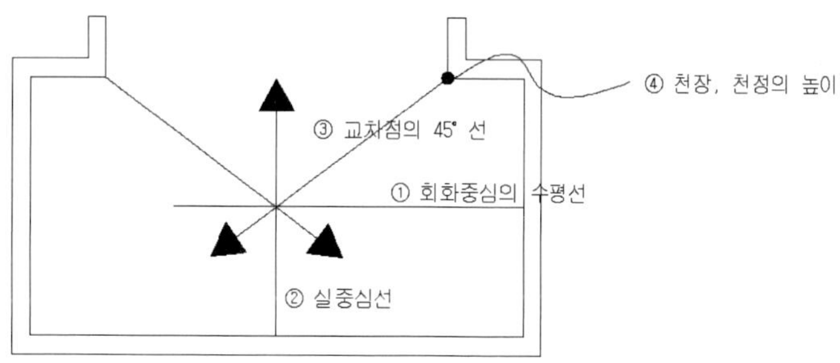

④ 실 길이 / 실 폭

- METHOD 1. 일반 DATA : 평균실 폭의 MIN 5.5m
  큰 전시실 MIN 6 ~ 6.9m / 평균 8.0m
- METHOD 2. TIEDE 안 : 필요조도 FOR → 실 폭 / 천정 높이 / 천창
- METHOD 3. 명암조건

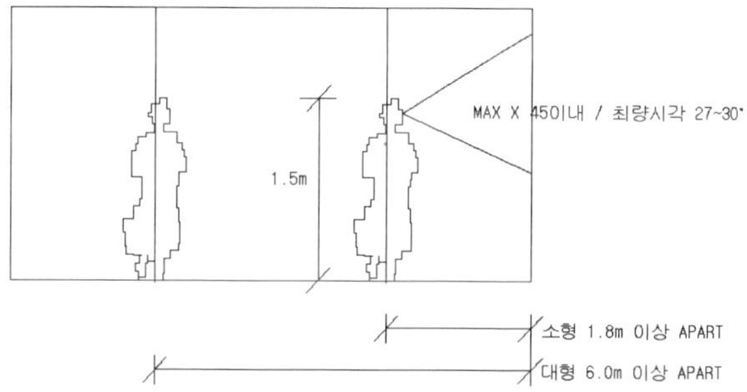

3) 전시실 순회 형식

	연속 순로 방식	복도 접속 방식	중앙 MALL식
	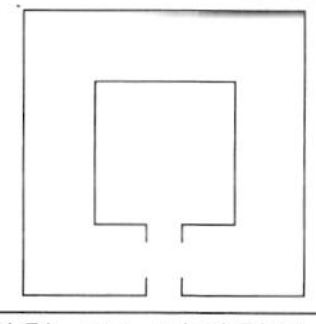		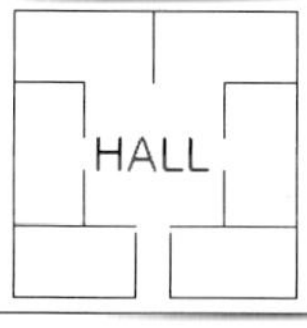
특징	긴 직사각형 OR 다각형의 전시실의 연속적 동선	연속된 전시실 + 복도 설치	중앙의 큰 HALL→각실로
장점	단순, 공간절약 2,3F의 입체 전시가능	원하는 실만 직접 들어감 독립적 폐쇄 가능	부지 이용률 큼 공간 절약
단점	싫은 부분도 보아야함 1실 폐쇄=전체 동선 막힘	전시 SPACE 감소	HALL 작음 → 중앙부 동선 혼란
	소규모 전시시설	성장하는 미술관	

4) 전시형식

- 천정 전시 : 전시물 부착 → 전시물 하부면 강조, 대조 전시 공간의 다양한 유용
  천정 면 요철 등 다양한 기법 요구 / 천정면과의 구별/ 피로감 → 안구의 적정 각도 30°

- 벽면 전시 : 벽면 전시판 알코브 벽 전시
  벽면 진열장, 알코브 진열장, 돌출 진열장
- 바닥 전시 : 바닥면 및 바닥면 요철 이용
  좁은 전시 공간의 개방감 줌 / 전시면 전체 조망
  사면 관찰 + 상부 관찰 필요할 때
  전시 방법 - 바닥 평면 전시/선큰된 바닥 평면 전시/경사된 바닥 전시
  안구의 적정 범위 40˚

5) 전시와 한계

- 전시 총 벽 길이 ≤ 300M
- 5˚ ≤ 수평방향 한계 ≤ 30˚
  30˚ ≤ 색채 판별 한계 ≤ 60˚
  5˚ ≤ 문자식별 한계 ≤ 60˚
  수직방향 한계 ≤ 30˚ (= 시축 중심 하향 30˚)
  67˚ ≤ 수직 방향 색체 판별 한계 ≤ 80˚ (= 시축 중심 하향 67~80˚)
  GLARE 현상 방지 FOR 광원 ≥ 상향 30˚ / 하향 40˚

B. 특별 전시

3차원 전시	- 인체적 전시 모체가 벽체와 독립한 전시 - 하모니카, 파노라마, 디오라마 등 기법구사 - 전시물 + 전시물 구성 패턴만으로 구성	진열장 전시	독립된 진열장 전시 유리케이스 이용	보존성, 중도성 높은 전시물
		전시물 전시	전시물 노출한 채 전시 전시 CASE 불필요 경계부분 - 난간 유리 스크린 바닥 높이는 좌대=전시UNIT	대형 및 보존성 낮음, 전시물
		전시판	평면상 전시물을 독립된 수직적 형태로 전시 전시물 걸기 위한 장치 조명/보조지주 전시 배경판 및 주제 전시판 역할	
		독립 전시판 형식	전시판 그 자체가 시각성 동선 분기 역할	
		전시판 입체 구성 형식	각각 전시판들의 조합, 구성된 내용 전시 단위 군으로 내부 동선 체계화 파티션 레일 형식 OR FREE STANDING형식	

PANORAMA	연속적 주체를 각 주체를 펼쳐 전경으로 연출	맥락이 중요할 때 벽면전시+입체물의 병행 단일 정황을PANORAMA 구성연출 동작 및 음향 효과 수반		
ISLAND	벽, 천정이용 x 전시물 전시장치 배치하여 전시공간 창출	전시물 크기 모두 가능. 군 배치 가능 관람자 시거리 short . 전시물을 통한 동선처리. 모든 방향 관람		
HARMANICE	하모니카 흡입구처럼 동일 공간의 연속 배치 규칙, 반복	동일 종류의 전시물의 반복 전시 시 전기 공간 명확 전기 구분이 짧고 동선 계획 용이 45˚ ,135˚ 사각 구성도 가능		
영상 전시	현물 직접 전시 불가능시 사용 수법	정지 영상 전시	정지 단일	SLIDE FRONT SCREEN REAR SCREEN
			정지 다원	MULTI VISION
		동적 영상 전시	동적 단일	VIDEO VIDEO THEQUE
			동적 다원	MULTI SCREEN CIRCLE VISION

▌9. 조명 / 채광계획

1) 기본 원칙

- 채광조명 → 건축

  인공조명 → 자연 채광

2) 종류

	자연광	인공광	형광등	백열등	HID
장점	심리적 안정감	빛 강도/색분포 조절이 용이 계획상 많은 가능성	발열량 낮음	장파장빛	빛의 분포 큼
단점	향상성 낮음 휘도 조절	조명효과 단조로움 조명의 CONTRAST 획득 DIF 인체의 민감도 신뢰도 적음 전반적 균일 조명 획득DIF		적외선 양 많음	자외선 양 많음

3) 전시실 빛 환경 원칙

- 현휘 없음 / 균등조도 / 적당조도 / 연색성 / 전시물에 음영, 반사연상 없음 / 필요 부분, SPOTLIGHT 사용

4) 채광 계획

정광창	측광	고측광	정측광	특수채광
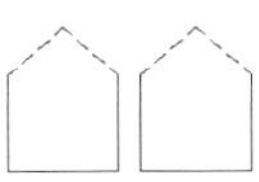	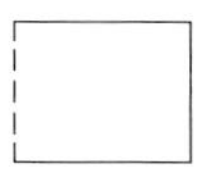		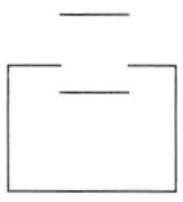	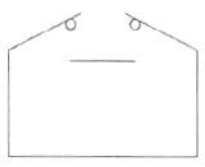
천정중앙에 천창	벽면에서 광선 사입	천장 내 가까운 벽면 상부의 창으로 사입	관찰자의 상부 천정 불투명 하여 측벽에 가깝게 채광창	중앙부 광량, 방향조절 불 균일 조도 위한 인공조명 시설
밝다(大)	밝기(中)	밝다(大)	어둡다	
직접 광선 인입 → 방사 장애 → 천정 루버 설치	외광 확산 광량 조절 루버 및 스크린 설비	광선 약할 염려	유지 관리 설치비 크다	
바닥면 > 벽면 휘도		보관		
	소규모 전시실		IDEAL	IDEAL

5) 광원

- 회화 : 15° / 45°
- 조각 : 보조 광선 설치
- CASE : CASE 내 휘도 OR 내부 조명

6) 조명 방법

- 면 조명 / 전 조명 / 점멸 조명

7) 적정 조도

  조각품(돌, 금속, 모형)　: 750 ~ 1500LX

  조각품(플라스틱, 서양화) : 300 ~ 750LX

  공예품, 한국화　　　　　: 150 ~ 300LX

8) 전시물 보관 및 손상방지

① 손상 변퇴색 & 조사된 빛의 양 (조도X조사시간)/전시물 온도 상승 & 방사조도

② 400㎜이하 파장은 극히 해롭다

③ 형광등 손상도 小 - 자외선 방지 형 형광등, 특정 고연색 형 형광등

9) 전시물 광색, 연색성

- 주광의 천정 고측창 (45° 이상) 천공광의 색입도 = 6,000 ~ 10,000K

① 인공광 : 자연광과 비슷한 색온도 높을 것 < 색 온도 낮은 인공조도 레벨

② 주광 : 자외선 적외선 Filter 사용 않으면 연색성 좋음

▌10. 관계제실

- 관리자 이용제실 / 사무 관계제실 / 진열품 보존 정리 제실 / 연구 용제실 / 기타

4. 계획 각론 조사 (극장, 영화관, 콘서트 홀, 다목적 홀)

▌1. 극장

- 개념 : 연극의 공연 - 관객 감상

▌2. 종류

	상연내용	특성
일반극장	고전극 현대극 상연	
오페라 극장	음악 + 연극, 대형예술	규모가 큼
MUSIC HALL	음악 + 무용	CONCERT HALL
영화관	영화	스크린, 확성기, 음향 조건은 비교적 용이
다목적 HALL	음악, 연극, 영화, 강연, 집회	융통성

▌3. 부지 선정

- 문화의 중심성 / 활동의 복합성 / 교통의 편리성 / 부지의 안정 조건

▌4. 대지면적 / 건축면적

1) 대지면적

- 극장전용 : 0.9명/㎡　　영 화 관 : 0.9 ~ 1.3명/㎡

2) 건축면적

	적당 객석 정원	객석수/㎡
영화관	600 ~ 1500	0.5 ~ 0.7
OPERA	800 ~ 1000	0.6 ~ 0.8
일반	1000 ~ 2000	0.45 ~ 0.6
콘서트 HALL	1000 ~ 3000	0.5 ~ 0.7

▌5. 극장 평면 형식

	PROSCENIUM 형	OPEN STAGE 형	ARENA 형	ADAPTABLE 형
형태	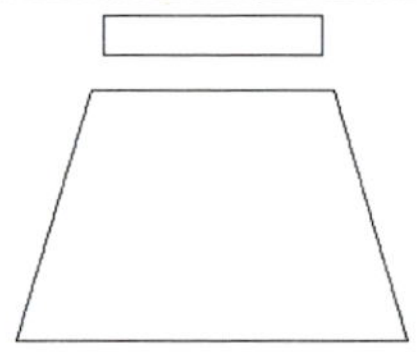	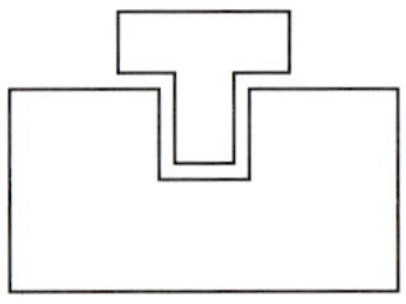	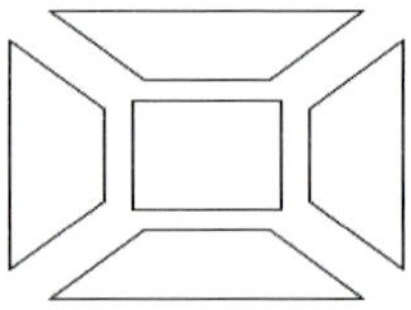	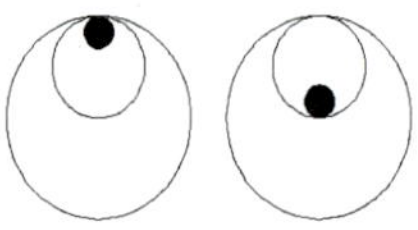
특징	한 방향 투시도법 응용	좀 더 근접 관람	가장 많은 관객 일체감	필요에 따라 변경 가능
장점	한 폭의 그림 전체적 통일 효과		무대배경 불필요	작품성격 따른 연출가능 최소 비용으로 최대선택
단점	수용 능력 한계 접촉면 제한	호환된 방향감 통일 효과 DIF 무대 장치 DIF	관객이 연기자를 가림 통일 효과 DIF 무대 소품 low형	
사용용도	강연, 연주, 콘서트			

▌6. 동선계획

- 혼잡 하지 않아야 함 / 명 쾌 / 비상시

▌7. 설비 계획

1) 공기조화 방식의 냉난방 설비

① 짧은 사용 시간 내 단시간 변화 가능

② 공기 오염 방지 기능

③ 냉난방 용적 비해 설비비 적음

④ 직접 난방 → 상부 온도만 상승, 효과는 적다

2) 급기 방식

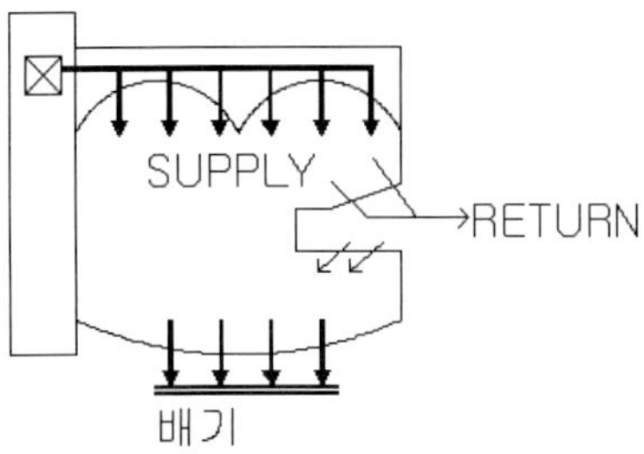

천장 급기 방식

- 난방 경우 효과가 적음
- 상하온도 차 큼
- 유도 확산형 DIFFUZER

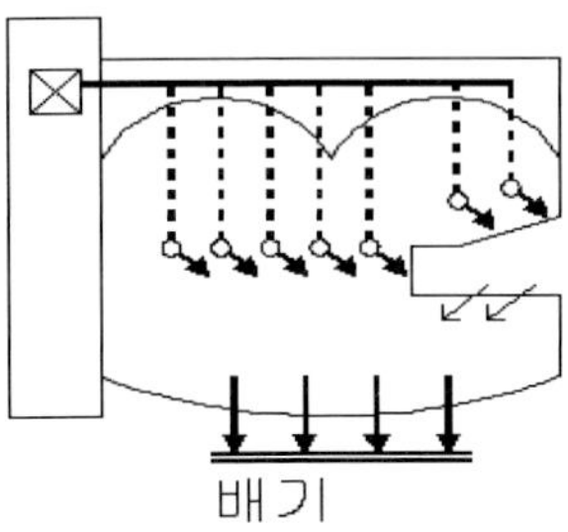

측벽 급기 방식

- 주덕트 - 천정
- 측벽의 덕트 SPACE 고려
- 수직 덕트 길게
- 실내 공기 분포가 좋음

8. 부속실 계획

- FOYER
    - 출구 및 비상구 폭 : 17cm 이상/객석 바닥 1㎡
    - 현관 주출 입구 : 17cm 이상/객석 바닥 2㎡
- 매표소
    - 당일 파는 표 : 1개/1250석
    - 환기 설비 이용
- LOBBY
    - 현관 경계 부분 : 일시 관객 집중, 정전시 전부 열수 있는 문 설치
    - 벽, 바닥 : 소음 적게 → 흡음률 최대, 마감재
    - OPERA : 0.18㎡/1석 / 영화관 : 0.09㎡/1석
- 라운지
    - 로비, 화장실 간이음료 매점과 연결
    - 각 층마다 면적 = 2층 바닥 면적 X 1/2 이상
    - OPERA : 0.7㎡/1석 / 영화관 : 0.1㎡/1석
- 계난
    - 수 계난 + 회상봉 OR 비상용 계단 설치
    - 계단참 140cm 이상, 3m이내 마다 설치
- 휴대품 보관소
    - 내규보 - 문산 배지 (살 보이는 곳)
    - 기운디 : 5명/1000석
    - 객석 의자 폭 = 외투입지 않았을 때 치수

화장실	남자		여자
	대	소	
500인 이하	3개/100인	대 X 2이상	대 X 3배 이상
500인 초과의 가산 비율	1개/100인		
1000인 초과의 가산 비율	1개/300인		

9. 무대 계획

1) PROSCENIUM ARCH

- 위치 : 무대와 객석 경계
- 형태 : 직사각형. 황금비(1:1.618)
- 역할 : 후면 무대 (BACK STAGE)가리게, 관객의 무대에로의 FOCUS

2) 무대의 평면구성

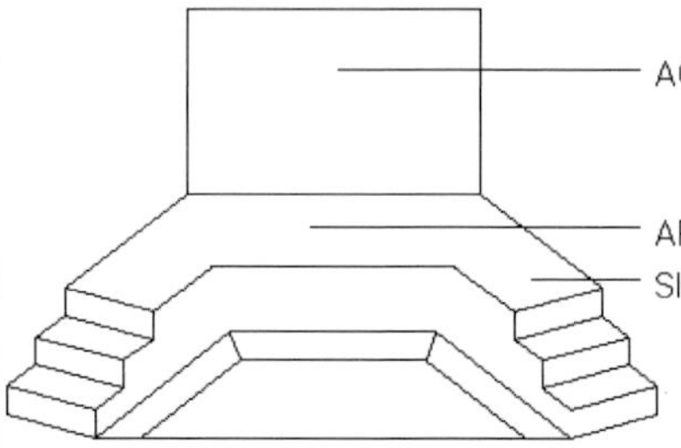

3) 무대 SIZE

- 폭 2PW 이상
- 깊이 PW 이상
- 높이 : 극장 CH≒3PM / IDEAL CH≒4PM

4) ORCHESTRA PIT

- APRON STAGE 와 SIDE STAGE 와 나란히
- PIT 바닥 : 객석 보다 낮게
- 출입 : 무대 끝 계단 설치
- 크기 : 80 ~ 100명 정도, 1㎡/명
  PIANO 大 9㎡

5) 무대 전환 장치

① 수평 전환 장치 - SLIDING STAGE(활주 이동 무대) / REVOLVING STAGE(회전 무대)
② 수직 전환 장치 - BATTERN(조물) / 승강 무대 장치
③ FLOOR TRAP - 연기자 퇴장 FOR 계단 OR 사다리

6) 무대 상부기구

GRID IRON	무대 천정 밑 철물 격자 발판 무대 배경, 조명기구, 연기자, 발사판, 매담
LOFT BLOCK	GRID IRON 활자 WIREROPE가 지나가면서 배경 들어 올림
PIPE BATTERN	75W의 철봉, 25~30m간격, 프로세움과 평행되게 배경1, 배경2.....
FLY GALLERY	무대 측면 벽 주위 6-9m의 설치된 통로 폭 1.2m-2.0m UNIT형
LIGHT BRIDGE	프로세움 바로 뒤에 접한 발판, FLY GALLERY 일종 조명, 조각, 비, 눈, 내리는 곳
CYCLORAMA	무대 제일 뒤의 배경
PROMPER BOX	무대 중앙 부분, 무대 쪽으로만 개방 대사 불러주고 연기연출 및 주의 환기
ROCK RAIL	WIRE ROPE를 한곳 내 모아 조정하는 장소

▌10. 객석계획

1) 가시선 선정

- CONCERT HALL : ① 음향교화 중시 ② 평면형은 부채꼴 OR 변형된 긴 직사각형
  ③ 가시선 기울기보다 더 경사
  ④ 단면 - 간격 좋음 ⑤ 실용적 6㎡/인 - IDEAL

2) 선호도

3) 가시선 계획

① 평면계획

- 104° (2PW선과 무대)
- 영사실 OFFCENTER - 2° 이내
- 영사각 최소 위치 CH : 2.1m 이상 /구조 : RC, 벽 반자: 내화구조 /기사실 4㎡이상
  밖으로 여는 자폐 방화문

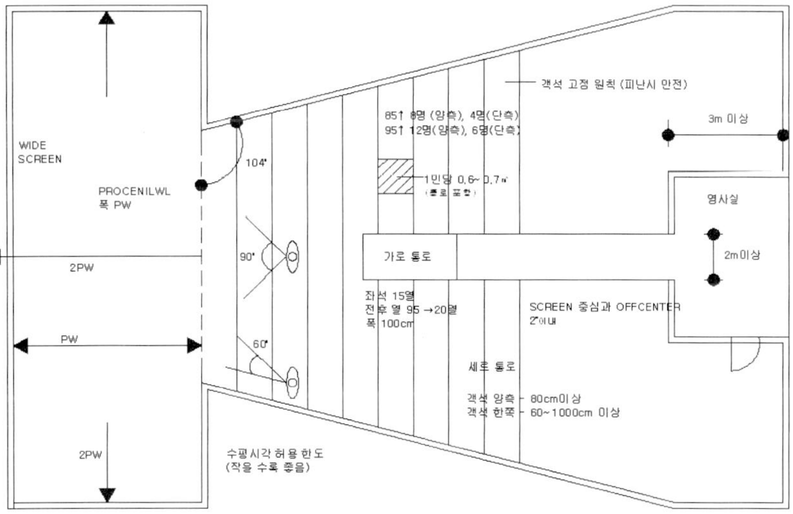

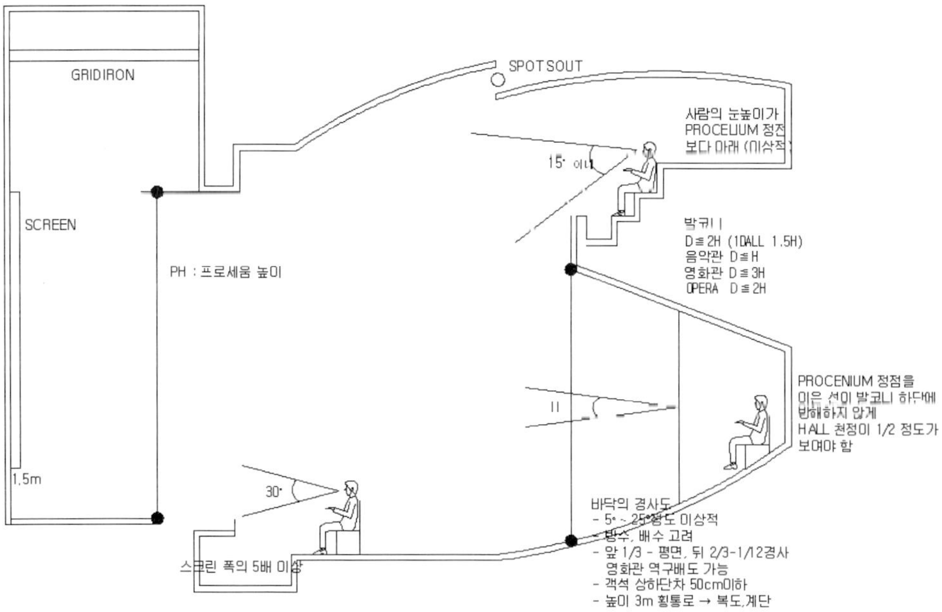

▌10. 음향계획

1) 소음 방지 계획

- 소음

외부소음	객석지붕, 외부에 접하고 부분 객석 PERIMETER 개구부	MIN 15이상 RC조 복도 화장실 등 SOUNDLOCK, BUFFER, 도로면에 피함, 기밀성
객석 소음	객석 후면 통로 무대설비	흡음재, DOOR CHECK 설치 카펫트 롤러베어링, 볼베어링
벽체, 배관	기계류 객석과 화장실 사이 벽 덕트	방진고무 1개 이상의 벽 OR 구조체로 격리

2) 음의 전달

① 요구 조건

- CONCERT HALL : 충만성 강조
- 강연장 : 명확성 강조

② 실용적과 객석 수

1000석 내외	3.5㎡/인
1500 ~ 2000석	5.0㎡/인
CONCERT HALL	5㎡/인

3) 음의 결합

① 반향 : 직접음과 1차 반사음의 경로차가 큼, 경로차가 큼

② 공명 : 마주 보는 벽이 있음

③ 반복되는 반향 : 마주 보는 벽 있음

4) 평면 계획

① 무대 쪽으로 좁은 부채꼴 형 GOOD

② 직사각형, 원형, 타원형 AVOID

5) 단면 계획

- 직접음과 1차 반사음 경로차 - 17m이내

① 천정음 - 음을 HALL내로 고른 분포 위한 형태

반사 법칙 / 천정과 바닥 면 평행하지 않게

② 바닥 - 경사지게

③ 측벽 - 반사 법칙 / 경사진 벽

④ BALCONY - 객석 길이 X 1/3이내 / 적당진향시간조절 - 콘서트 HALL 1.7-2.2초

5. 법규 조사

<table>
<tr><th>항목</th><th>법규내용</th><th>적용</th></tr>
<tr><td>다중이용건축물</td><td>㉠ 바닥면적의 합계가 5000m²이상인 문화집회시설 [전시장 및 동•식물원 제외] / 종교시설/ 판매시설/ 운수시설 [여객용 시설] / 의료시설 중 종합병원/ 숙박시설 중 관광숙박시설
㉡ 16층 이상인 건축물</td><td>X</td></tr>
<tr><td>용도별 건축물의 종류</td><td>28. 장례식장 [의료시설의 부수시설(「의료법」 제36조 제1호에 따른 의료기관의 종류에 따른 시설을 말한다)에 해당하는 것은 제외한다]</td><td>O</td></tr>
<tr><td>계단의 설치</td><td>가. 계단의 설치 기준
연면적 200m²을 초과하는 건축물에 설치하는 계단은 다음과 같은 기준에 적합하여야 한다.
①높이 3m를 넘는 계단은 3m이내마다 너비 1.2m이상의 계단참을 설치하여야 한다.
②높이 1m를 넘는 계단•계단참의 양옆에는 난간 [벽 또는 이에 대치되는 것 포함]을 설치하여야 한다.
③너비 3m를 넘는 계단에는 3m이내마다 중간난간을 설치하여야 한다. [단 높이 15cm이하, 단 너비 30cm이상인 경우에는 예외]
④계단의 유효높이 [계단바닥 마감면부터 상부구조체 하부 마감 면까지의 연직방향 높이]는 2.1m이상으로 한다.

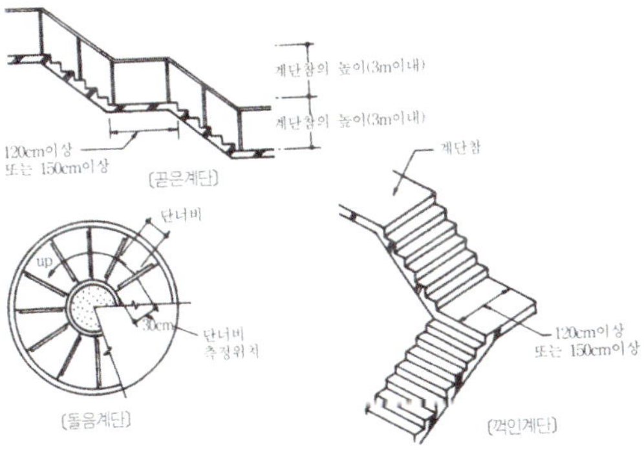

나. 계단의 설치구조
■계단 및 계단참의 각부 치수
<table>
<tr><td>계단의 종류</td><td>단 높이</td><td>단 너비</td><td>계단 및 계단참의 너비</td></tr>
<tr><td>①초등학교의 계단</td><td>16cm이하</td><td>26cm이상</td><td>150cm이상</td></tr>
<tr><td>②중•고등학교의 계단</td><td>18cm이하</td><td>26cm이상</td><td>150cm이상</td></tr>
<tr><td colspan="3">③문화집회시설 [공연장•집회장•관람장] •판매시설 등의 계단</td><td>120cm이상</td></tr>
<tr><td colspan="3">④위층 거실의 바닥면적 합계가 200m²이상이거나, 거실 바닥면적 합계가 100m²이상인 지하층의 계단</td><td>120cm이상</td></tr>
<tr><td colspan="3">⑤기타의 계단</td><td>60cm이상</td></tr>
</table></td><td>O</td></tr>
</table>

<table>
<tr>
<td>복도의 설치</td>
<td>

■건축물에 설치하는 복도의 유효너비

<table>
<tr><th>건축물 구분</th><th>양옆 거실의 복도</th><th>기타복도</th></tr>
<tr><td>① 유치원·초·중·고등학교</td><td>2.4m이상</td><td>1.8m이상</td></tr>
<tr><td>②공동주택·오피스텔</td><td>1.8m이상</td><td>1.2m이상</td></tr>
<tr><td>③당해 층 거실 바닥면적 합계20m^{2}이상</td><td>1.5m이상
[의료시설:1.8m이상]</td><td>1.2m이상</td></tr>
</table>

■관람석 [집회실]과 접하는 복도의 유효너비

<table>
<tr><th>건축물 구분</th><th>양옆 거실의 복도</th><th>기타복도</th></tr>
<tr><td rowspan="3">1.공연장·관람장·전시장
2.종교집회장·아동관리시설·노인복지시설·생활수련시설
3.유흥주점
4.장례식장</td><td>○당해층 바닥면적 합계 500m^2 미만</td><td>1.5m이상</td></tr>
<tr><td>○당해층 바닥면적 합계 500m^2 이상, 1천m^2 미만</td><td>1.8m이상</td></tr>
<tr><td>○당해층 바닥면적 합계 1천m^2 이상</td><td>2.4m이상</td></tr>
</table>

</td>
<td>O</td>
</tr>
<tr>
<td>직통계단의 설치</td>
<td>

가. 직통계단까지의 보행거리

①보행거리 →30m이하가 되도록 설치

②주요구조부가 내화구조 또는 불연 재료로 된 건축물→보행거리 50m이하 [16층 이하인 공동주택: 40m이하] 가 되도록 설치

▸위②의 건축물 중 지하층에 설치하는 바닥면적 합계 300m2이상의 공연장·집회장·관람장·전시장은 적용하지 아니한다.

③자동화 생산시설에 자동식 소화설비 [스프링클러 등]을 설치한 공장의 경우 → 보행거리 75m이하 [무인화 공장 보행거리: 100m이하]

▸위③의 공장: 반도체 및 디스플레이 패널 제조공장

나. 2개소이상 직통계단을 설치하여야 하는 경우

■2개소이상 직통계단의 설치 일람

<table>
<tr><th>층의 용도</th><th>거실의 용도 및 규모</th><th>비고</th></tr>
<tr><td>1. 문화집회시설 [전시장, 동·식물원 제외]·종교시설·주점영업·장례식장</td><td>그 층의 해당용도의 바닥면적 합계 200m^{2}이상</td><td rowspan="5">·직통계단의 출입구는 일정한 간격을 두고 설치한다.
·직동계단 상호간 각각 거실과 연결된 통로를 설치한다.</td></tr>
<tr><td>2. 3층 이상의 층→다중주택·다가구주택·제2종 근린생활시설 [학원·독서실]·판매시설·여객용 운수시설·의료시설 [입원실 없는 치과병원 제외]·학원·아동관련시설·노인복지시설·유스호스텔·숙박시설·장례식장</td><td>그 층의 해당용도의 거실 바닥면적 합계 200m^{2}이상</td></tr>
<tr><td>3. 공동주택 [층당 4세대 이하 제외]·오피스텔</td><td>그 층의 해당용도의 거실 바닥면적 합계 300m^{2}이상</td></tr>
<tr><td>4. 기타 용도의 3층 이상인 층</td><td>그 층의 거실 바닥면적 합계 400m^{2}이상</td></tr>
<tr><td>5. 지하층</td><td>그 층의 거실 바닥면적 합계 200m^{2}이상</td></tr>
</table>

</td>
<td>O</td>
</tr>
</table>

피난계단의 설치	가, 피난계단 • 특별피난계단의 설치 ①5층 이상 또는 지하 2층 이하의 층에 설치하는 직통계단은 피난계단 또는 특별피난계단으로 설치하여야 한다. ※주요구조부가 내화구조 • 불연재료인 다음의 경우는 제외한다. • 5층 이상 층의 바닥면적 합계→200m^{2}이하인 경우 • 5층 이상 층의 바닥면적 매200m^{2}마다 방화구획이 되어 있는 경우 ② 위①의 경우 판매시설 용도에 쓰이는 층으로부터 직통계단은 1개소 이상을 특별피난계단으로만 설치하여야 한다. 나. 특별피난계단의 설치 다음과 같은 경우 피난층 또는 지상으로 통하는 직통계단은 특별피난계단으로만 설치하여야 한다. ①갓복도식 공동주택을 제외한 건축물의 11층 이상의 층 ※갓복도식 공동주택 - 각층의 계단실 및 승강기에서 각 세대로 통하는 복도의 한쪽 면이 외기에 개방된 구조의 공동주택 ②공동주택의 경우 16층 이상의 층 ③지하 3층 이하의 층 ※위 ①~③의 경우 바닥 면적이 400m^{2}미만인 층은 제외한다. 다. 피난계단 • 특별피난계단 설치대상 건축물 5층 이상의 층으로서 문화집회시설 중 전시장/동 • 식물원/판매시설/여객용운수시설/운동시설/위락시설/관광휴게시설 [다중이 이용하는 시설] / 수련시설 중 생활권수련시설의 용도에 쓰이는 층 라. 피난계단 • 특별피난계단의 구조 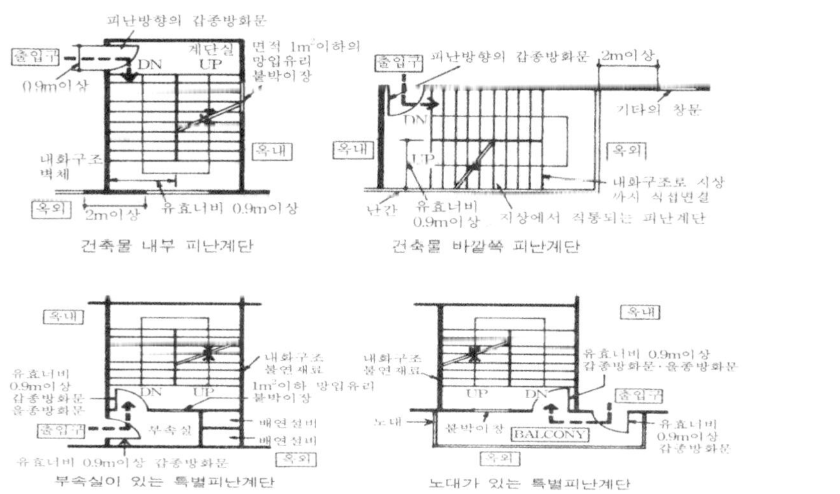 건축물 내부 피난계단 / 건축물 바깥쪽 피난계단 부속실이 있는 특별피난계단 / 노대가 있는 특별피난계단	O
옥상광장의 설치	가. 난간의 설치 옥상광장 또는 2층 이상의 층에 있는 노대 주위에는 높이 1.2m이상의 난간을 설치하여야 한다. [노대 등에 출입할 수 없는 구조인 경우 예외]	O

<table>
<tr><td></td><td>나. 옥상광장의 설치
5층 이상의 층이 다음과 같은 용도에 쓰이는 경우 옥상광장을 설치하여야 한다.
• 문화 및 집회시설 [전시장, 동•식물원 제외]
• 종교시설
• 판매시설
• 위락시설 중 주점영업
• 장례식장
다. 헬리포트 및 구조공간의 설치
1층 이상의 층의 바닥면적 합계가 10,000m2이상인 건축물 [평지붕인 경우에 한함]옥상에 헬리포트를 설치하거나, 헬리콥터용 인명구조공간을 확보하여야 한다.</td><td></td></tr>
<tr><td>방화구획의 설치</td><td>가. 방화구획의 설치기준
■방화구획의 설치기준
<table>
<tr><th>층별•면적별 구분</th><th>방화구획</th><th>스프링클러 등 설비</th></tr>
<tr><td>1. 10층 이하의 층</td><td>• 바닥면적 1천m²이내마다 구획</td><td>• 바닥면적 3천m²이내마다 구획</td></tr>
<tr><td>2. 3층 이상의 층•지하층</td><td colspan="2">• 층마다 구획
※지하1층과 직접 지상연결 경사로 부위는 제외함</td></tr>
<tr><td rowspan="2">3. 11층 이상의 층</td><td>• 바닥면적 200m²이내마다 구획</td><td>• 바닥면적 600m²이내마다 구획</td></tr>
<tr><td>• 실내마감이 불연 재료인 경우: 바닥면적 500m² 이내마다 구획</td><td>• 바닥면적 1천500m²이내마다 구획</td></tr>
</table>
나. 방화구획의 기준을 적용하지 아니하거나 완화를 받는 경우
①문화 및 집회시설 [동•식물원 제외] •종교시설•운동시설•장례식장의 거실로서 시설 및 활동 공간 확보 상 불가피한 부분
②물품의 제조•가공•보관•운반 등을 위한 고정식 대형기기설비의 설치상 불가피한 부분
※지하층의 경우 - 지하층 외벽 면적의 1/4이상 되는 면의 한쪽면 전체가 건물 밖으로 개방되어 보행•자동차 진출입이 가능한 경우에 한함
③계단실 부분•복도•승강기의 승강로 부분이 다른 부분과 방화구획으로 구획된 부분
④건축물의 최상층•피난층으로서 대규모 회의장•강당•스카이라운지•로비•피난안전구역 등 용도상 불가피한 부분
⑤복층형 공동주택의 세대안 층간 바닥부분
⑥주요구조부가 내화구조•불연 재료로 된 주차장 부분
⑦단독주택•동물 및 식물관련 시설•군사시설 [집회•체육•창고 용도로 사용되는 시설에 한함] 에 쓰이는 건축물</td><td>O</td></tr>
<tr><td>대지안의 공지</td><td>①건축선•인접대지경계선으로부터의 거리
㉠ 건축물의 건축•용도변경의 경우 용도지역•지구, 용도 및 규모에 따라 구분한다.
㉡ 건축선•인접대지경계선으로부터 6M이내의 범위에서 건축조례가 정하는 거리이상을 띄어야 한다.
② 건축선•인접대지경계선의 거리기준
㉠ 건축선 →대지와 도로의 경계선
• 소요폭 미달 도로의 경우 수평거리 후퇴선</td><td></td></tr>
</table>

	• 도로모퉁이 부분의 경우 가각전제선과 따로 지정되는 건축지정선 ㉡ 인접대지경계선 - 대지와 대지사이에 공원 • 철도 • 하천 • 광장 • 공공공지 • 녹지등 공지가 있는 경우 그 반대편 경계선을 말한다.	

■대지안의 공지기준

구분	대상건축물		조례에서 정하는 기준
1.건축선으로부터 건축물까지의 거리	가. 바닥면적 합계 500m² 이상인 공장으로 조례가 정하는 건축물	전용공업지역 • 일반공업지역 • 산업단지안의 공장 • 창고 제외	• 준공업지역:1.5m이상, 6m이하 • 준공업지역외의 지역: 3m 이상, 6m이하
	나. 바닥면적 합계 500m² 이상인 창고로 조례가 정하는 건축물		
	다. 바닥면적 합계 1,000m² 이상인 판매시설 • 숙박시설 [여관 • 여인숙 제외] • 문화 및 집회시설 [전시장 동 • 식물원 제외] • 종교시설		• 3m 이상, 6m이하
	라. 다중이용건축물로서 조례가 정하는 건축물		• 3m 이상, 6m이하
	마. 공동주택		• 아파트:2m이상, 6m이하 • 연립주택:2m이상, 5m이하 • 다세대주택:1m이상,4m이하
	바. 그밖에 조례가 정하는 건축물		• 1m이상, 6m이하
	• 한옥의 경우		• 처마선:0.5m이상, 2m이하 • 외벽선:1m이상, 2m이하
2.인접대지경계선으로부터 건축물까지 거리	가.전용주거지역안의 건축물[공동주택제외]		• 1m이상, 6m이하
	• 한옥의 경우		• 처마선:0.5m이상,2m이하 • 외벽선:1m이상, 2m이하
	나. 바닥면적 합계 500m² 이상인 공장으로 조례가 정하는 건축물	전용공업지역 • 일반공업지역 • 산업단지안의 공장 제외	• 준공업지역:1m이상,6m이하 • 준공업지역외의 지역:1.5m 이상, 6m이하
	다. 바닥면적 합계 1,000m² 이상인 판매시설 • 숙박시설 [여관 • 여인숙 제외] • 문화 및 집회시설 [전시장 동 • 식물원 제외] • 종교시설 *상업지역안의 건축물은 제외함.		• 1.5m이상, 6m이하
	라. 다중이용건축물로서 조례가 정하는 건축물 *상업지역안의 건축물은 제외함.		• 1.5m이상, 6m이하
	바. 그밖에 조례가 정하는 건축물		• 0.5m이상, 6m이하
	• 한옥의 경우		• 처마선:0.5m이상, 2m이하 • 외벽선:1m이상, 2m이하

건축물의 높이제한	(1) 전면도로의 사선제한에 의한 높이제한 가로구역단위별 최고높이가 정하여지지 아니한 가로구역의 경우 건축물의 각 부분의	O

높이는 전면도로를 기준하여 정한다.

①건축물의 각 부분의 높이는 그 부분으로부터 전면도로의 반대쪽 경계선까지의 수평거리의 1.5배를 초과할 수 없다.

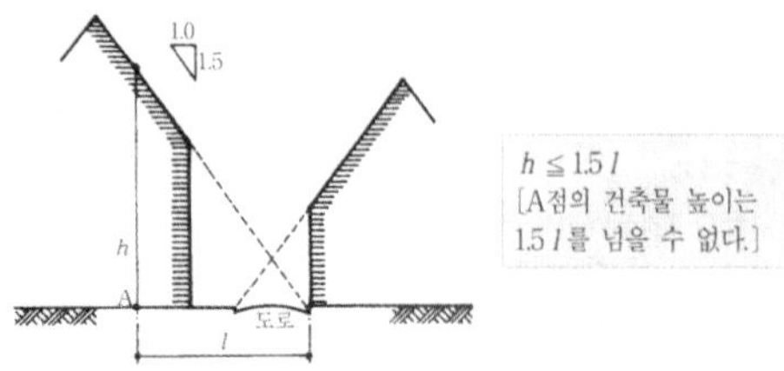

전면도로에 의한 사선제한

②대지가 2이상의 도로•공원•광장•하천 등에 접하는 경우 건축물의 높이는 당해 지방자치단체의 조례로 따로 정할 수 있다.

(2) 일조 등의 확보를 위한 건축물의 높이제한

가. 정북방향의 인접대지경계선까지의 거리

①전용주거지역•일반주거지역 안에서 건축하는 건물의 높이는 일조 등의 확보를 위하여 다음의 범위 안에서 건축하여야 한다.

■정북방향의 인접대지경계선

높이기준	정북방향으로 띄어야 할 거리기준
㉠ 높이 4m 이하	1m이상으로서 조례로 정함
㉡ 높이 8m 이하	2m이상으로서 조례로 정함
㉢ 높이 8m 초과	당해 건축물 각 부분의 높이의 1/2이상으로서 조례로 정함

②전용주거지역•일반주거지역안에서 너비 20m이상의 도로 [자동차•보행자•자전거 전용도로 포함]에 접한 대지 상호간에 건축하는 건축물의 경우에는 위 규정을 적용하지 아니한다.

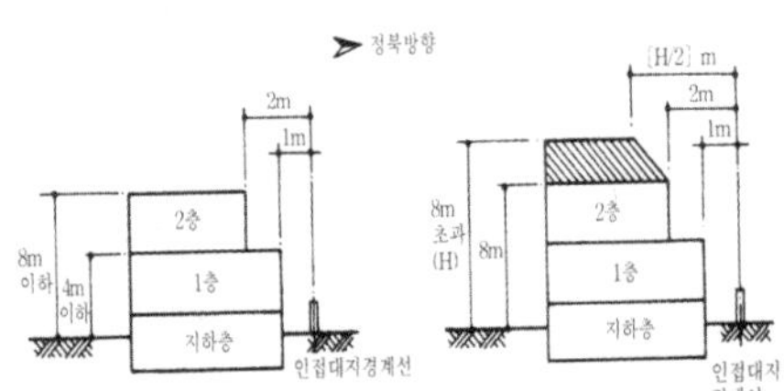

정북방향 인접대지 경계선

※일조등 확보를 위한 인접대지경계선의 적용

㉠ 대지와 대지사이에 공원 [도시공원중 공원의 일조확보 필요성이 인정되는 공원 제외] / 도로/철도/하천/광장/공공녹지/유수지/자동차전용도로/유원지 그밖에 건축이 허용되지 아니하는 공지가 있는 경우 그 반대편 대지경계선을 인접대지경계선으로 본다.

㉡ 공동주택에 있어서는 인접대지경계선과 그 반대편 대지경계선과의 중심선을 인접대지경계선으로 본다.

6. 사례 조사

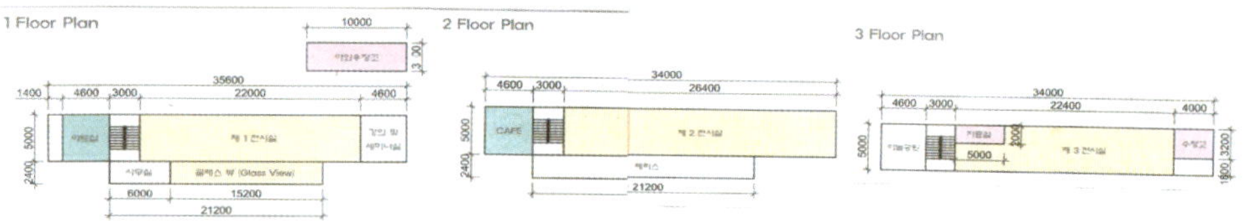

← 시안 미술관 : 경상북도 영천시 화산면 가상리 649

· 대지면적 : 1,040 M^2 (315py)

· 연면적 : 715 M^2 (217py)

· 제 1 전시실 : 149 M^2 (45py)

· 제 2 전시실 : 132 M^2 (40py)

· 제 3 전시실 : 102 M^2 (31py)

· 수장공간 : 53 M^2 (16py)

· 판매공간 : 39 M^2 (12py)

· 편의공간 : 46 M^2 (14py)

← 화이트 블럭 갤러리 : 경기도 파주시 탄현면 헤이리 마을길 72

· 대지면적 : 1,600 M^2 (484py)

· 연면적 : 1,500 M^2 (454py)

· 전시공간 (전시실 1~7) : 910 M^2 (276py)

· 편의공간 (아트샵) : 34 M^2 (10py)

· 판매공간 (사무실 1·2, 실내 계단식 관람석) : 125 M^2 (38py)

전시공간 : —— 판매공간 : —— 편의공간 : ——

의정부과학도서관

대지	경기도 의정부시 신곡동 124-1
대지면적	9386㎡
건축면적	1,660.47㎡
연면적	6951.70㎡
용적율	53.13%
건폐율	17.69%
층수	지하1층,지상3층
구조	철근콘크리트조

지하1층	식당,배움터,아트홀,자료정리실,중앙감시실
지상1층	꿈나무실,아기마루,사무실,디지털정보실, 놀푸른실,뜰안에,북카페
지상2층	인문과학실,정기간행물실,독서토론실,쉼터, 배움터
지상3층	천문우주체험실,자연과학실,사무실

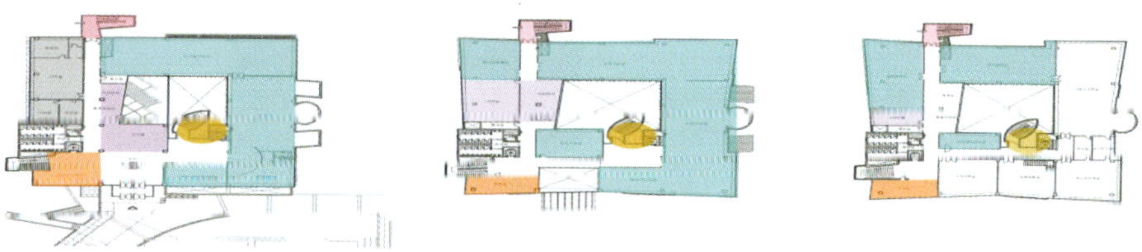

1F	
디지털정보실	48㎡
꿈나무실	41.16㎡
아기마루	10.25㎡
전시홀	18.15
인터넷실	8㎡
뜰안에실	10㎡
소장실	18㎡
사무실1	20.14㎡
화장실	10㎡

2F	
인문과학실	48㎡
배움터하나	10.8㎡
인터넷실	8㎡
정기간행물실	17.48㎡
자료관리실	16.2㎡
화장실	10㎡
쉼터	8㎡
독서토론실1	12㎡
독서토론실2	12㎡

3F	
자연과학실	65㎡
천문우주체험실	200㎡
통신실	16.2
화장실	10
휴게실	10㎡
사무실	8㎡
4D입체영상실	8㎡
천체투영실	6㎡

7. 트러스와 마스트 구조

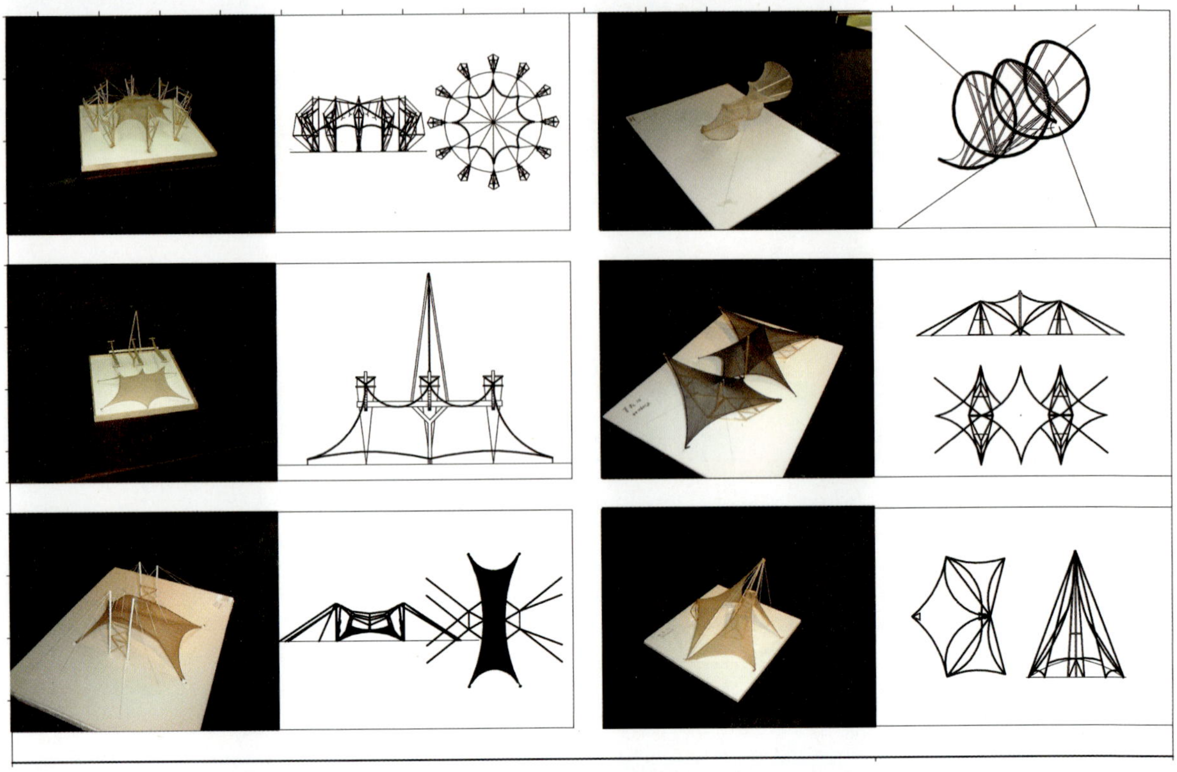

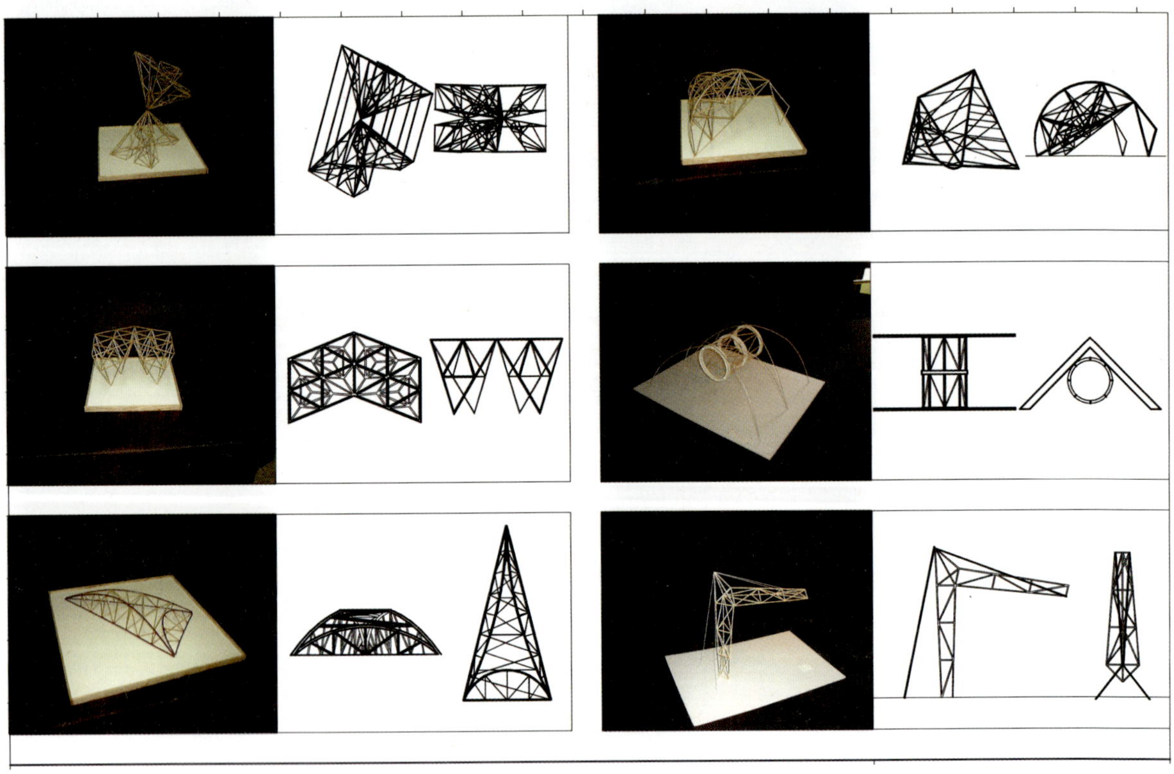

8. SPG 디자인

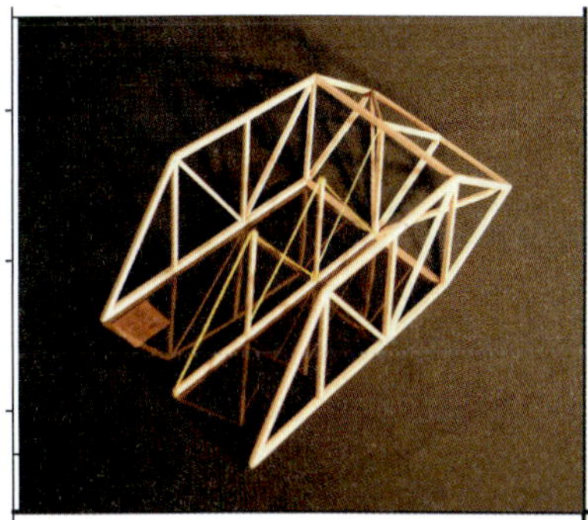
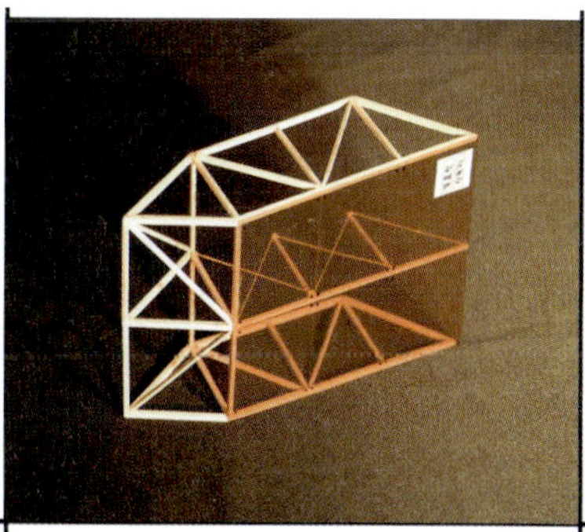

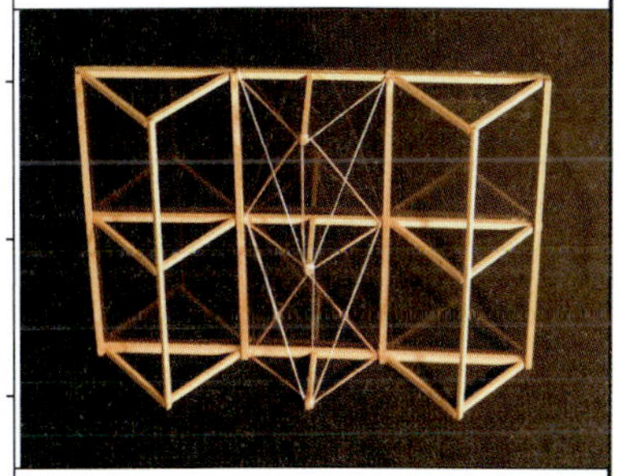
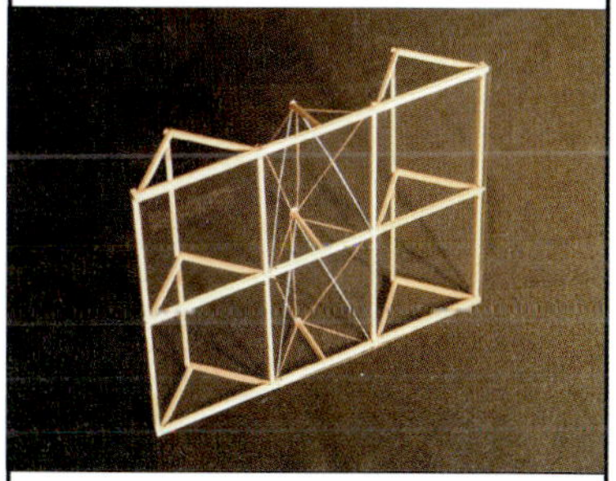
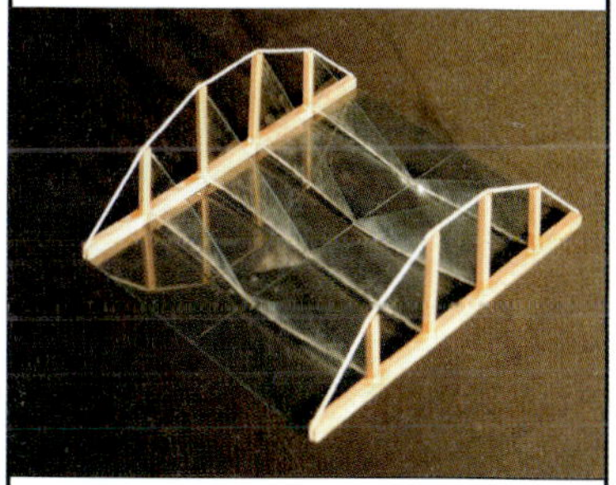
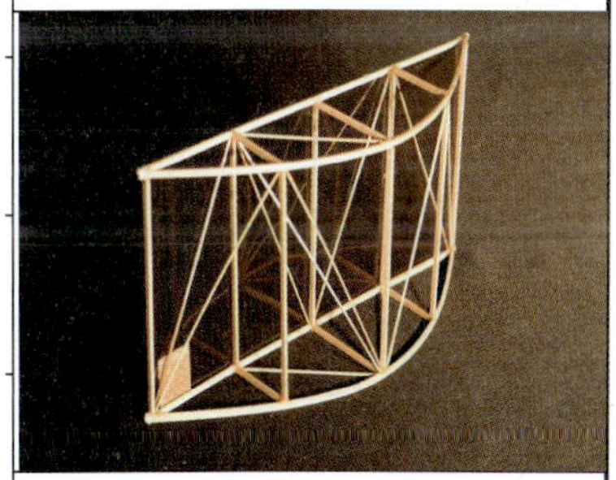
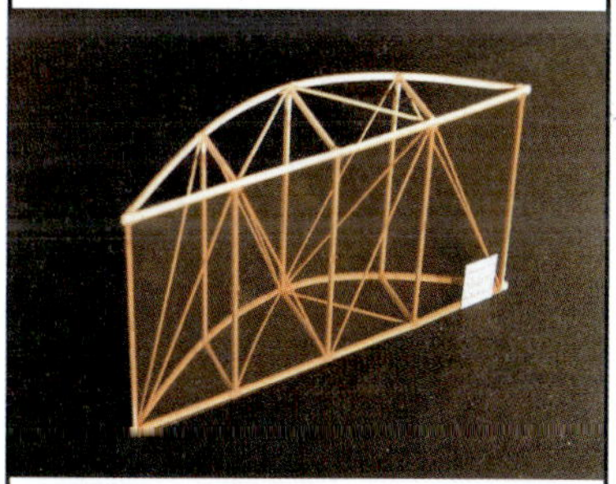

9. 미술관 설계(학생지도)

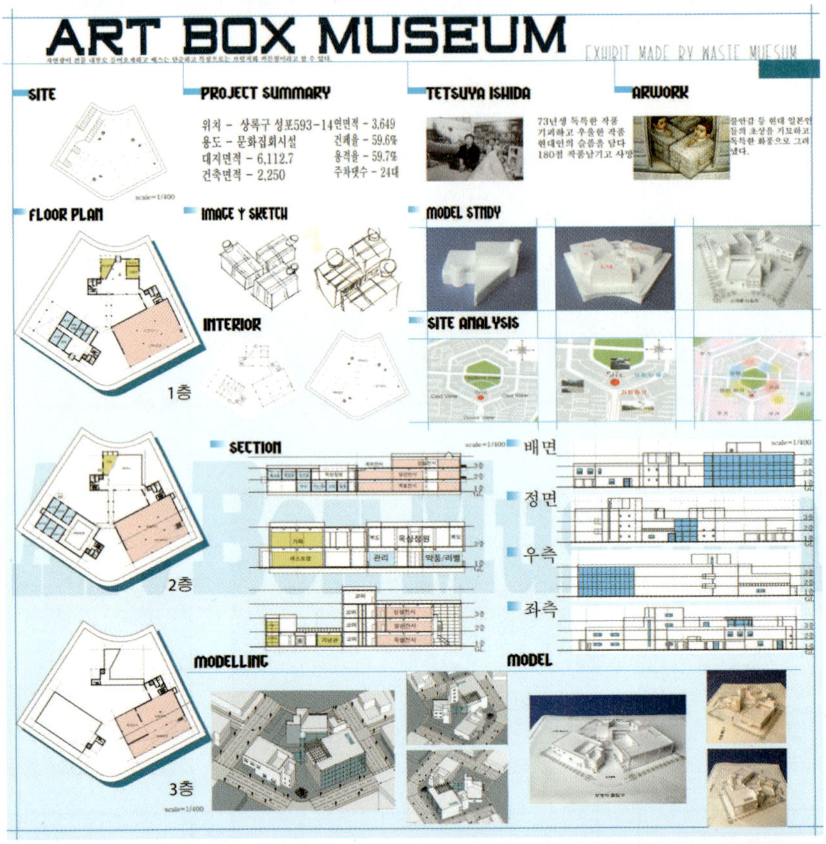
ART BOX MUSEUM
EXHIBIT MADE BY WASTE MUESUM
SITE
PROJECT SUMMARY
위치 - 성북구 성포593-14
용도 - 문화집회시설
대지면적 - 6,112.7
건축면적 - 2,250
연면적 - 3,649
건폐율 - 59.6%
용적율 - 59.7%
주차댓수 - 24대
TETSUYA ISHIDA
ARWORK
FLOOR PLAN
IMAGE & SKETCH
MODEL STUDY
INTERIOR
SITE ANALYSIS
1층
SECTION
배면
정면
우측
좌측
2층
MODELLING
MODEL
3층

Constellation art center
Summary
Site Plan
Image sketch & Photo
Concept
배치도
Site Analysis
perspective drawing
Model Photo
Mezzanine
Courtyard
Skylight
Pergora
Piloti
Floor Plan
Elevation
Sectional view

유병훈을 만나다
숲-바람
■ MOTIVE
■ SITE Analysis
■ Plan Synopsis
- 대지위치 안산시 상록구 성포동 593-14
- 지역지구 도시지역, 일반상업지역 중심미관지구
- 대지면적 6,112.7m
- 건축면적 1,698.7m
- 건 폐 율 27.8%
- 용 적 률 66.56%
- 조경면적 1,698.7m
- 구 조 철근콘크리트
- 규 모 지상 3층
- 주차대수 16대 (장애인전용 2대)
■ Perspective
■ SKETCH
■ MODEL
■ SKETCHUP
■ PLAN
Site Plan SCALE 1/400
1st F/L SCALE 1/400
2nd F/L SCALE 1/400
3th F/L SCALE 1/400
횡단면도 SCALE 1/400
정면도 SCALE 1/400
좌측면도 SCALE 1/400
종단면도 SCALE 1/400
우측면도 SCALE 1/400
배면도 SCALE 1/400

SQUARE WORLD
21509039 강채란 21509044 김소희
화가분석
김봉태는 색채와 선묘의
고도화된 조형술을 지닌
작가로 평가되고 있으며,
여러가지 세부형태와 그
위에 가해진 다양한
색채로 구성되어 있다.
Model
Synopsis
안산시 상록구 성포동 593-14
대지면적:6,112.7㎡ 주차대수
연면적:1523㎡ 일반:18대
용적률:72% 장애인:4대
건폐율:28% 층수:3층
조경면적:23%
Sketch
Site Aualsis
Structure Plan
Site Plan
1/400
Floor plan
1층 1/400
2층 1/400
3층 1/400
옥상층 1/400
Section Plan
종단면도 1/400
횡단면도 1/400
Elevation
정면도 1/400
우측면도 1/400
좌측면도 1/400
배면도 1/400

10. 어린이 도서관 설계(학생지도)

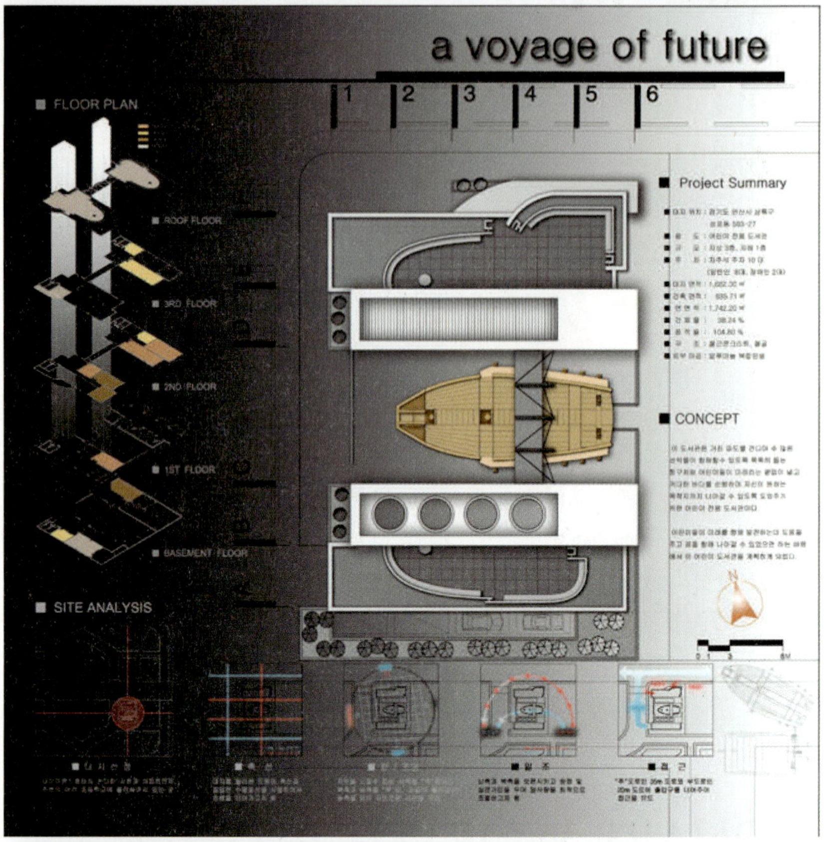

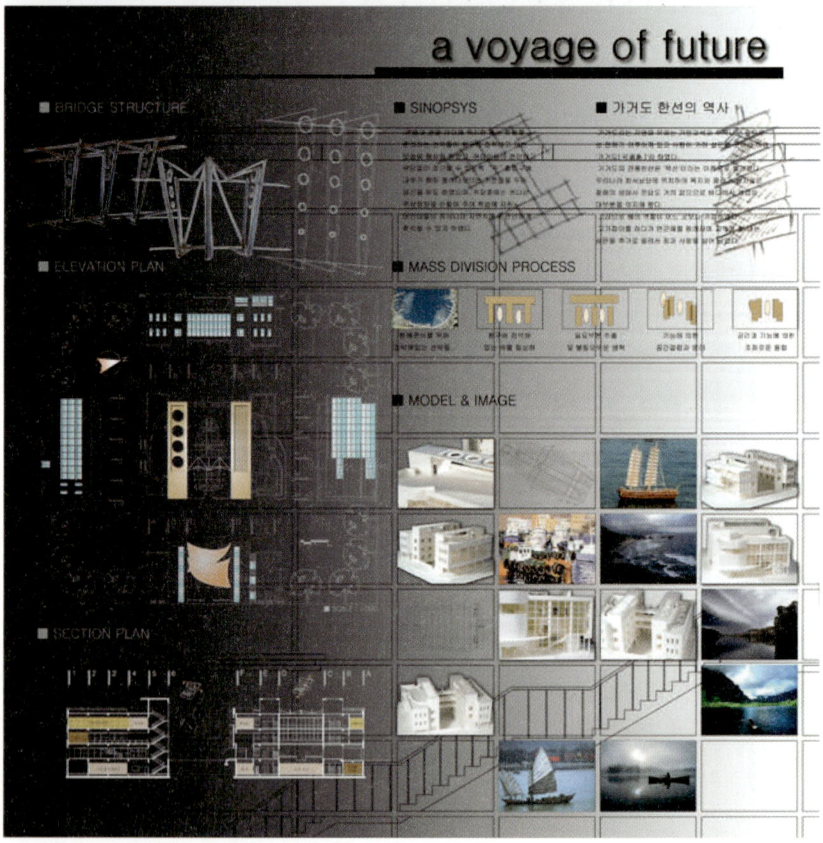

SPACE
CLON
ADBRARY
PROLOGUE
삭막하고 획일화된 사회에서 어린이의 상상력이 우주의 무한함을 닮기를 원하며 우주의 무한한 변화 속에서도 우주 정거장 미르가 한자리에 머무는 것처럼 어떠한 압력이나 거친환경안에서도 곧은 성품을 체험할수 있고 배울수 있는 그러한 어드벤쳐식 도서관의 개념으로 SPACE CLON ADBRARY를 설계해 보았다. 우주정거장 미르의 실내부를 체험할수 있는 체험관을 만들어 보았고 전체의 특별전시관을 통해서 우주의 전반적인 모습을 담아 보았다.
건물의 외부에는 아이들의 휴식공간을 자연 친화적으로 최대한 자연과 일치를 시키고자 녹지 공간을 확보 하였다.
SUMMARY
용도 : 어린이 도서관
규모 : 3층 (지상3층, 지하1층)
대지위치 : 안산시 상록구 성포동 593-27
대지면적 : 1162.30M
건폐율 : 760.35M (65.41775%)
용적율 : 121.35% (1417.19M)
구조 : 철골 콘크리트+원형철골 트러스
외부 마감 : 노출 콘크리트
SITE ANALYSIS
도로
DESIGN IMAGE
PLAN IMAGE
ELEVATION IMAGE
1ST FLOOR PLAN
SCALE : 1/200
MODEL PIC

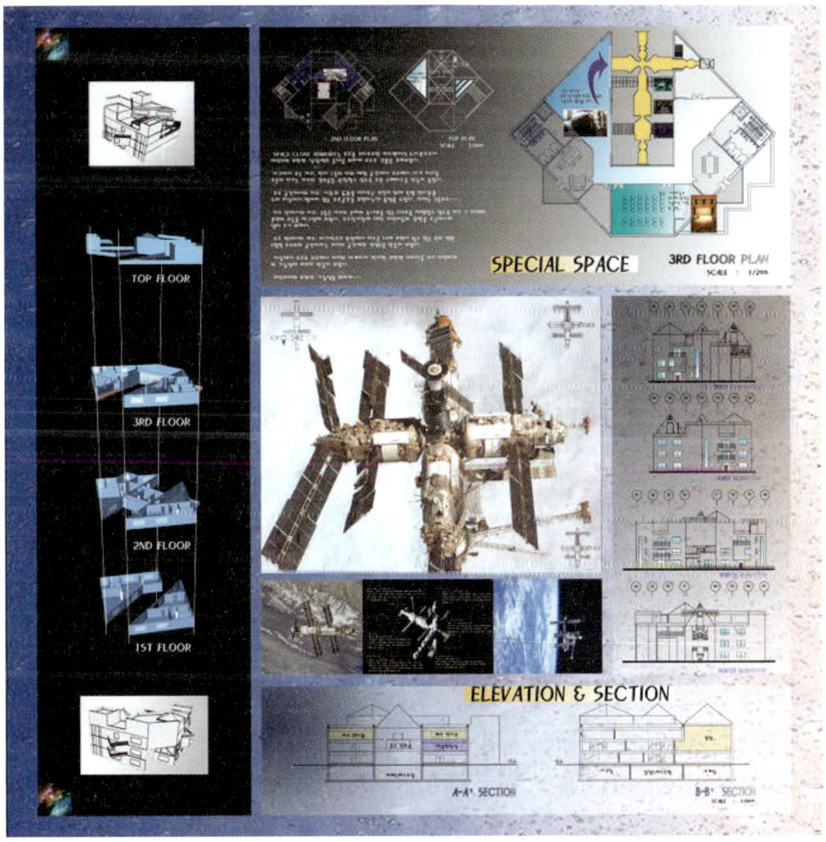
TOP FLOOR
3RD FLOOR
2ND FLOOR
1ST FLOOR
SPECIAL SPACE
3RD FLOOR PLAN
ELEVATION & SECTION
A-A' SECTION
B-B' SECTION

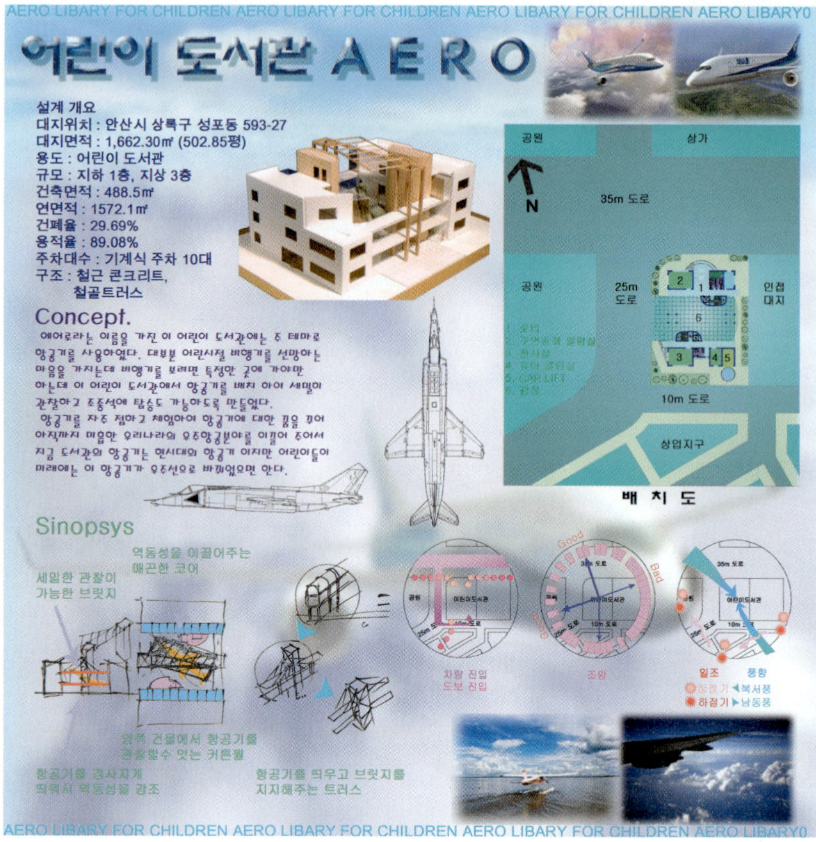
AERO LIBARY FOR CHILDREN AERO LIBARY FOR CHILDREN AERO LIBARY FOR CHILDREN AERO LIBARY0
어린이 도서관 AERO
설계 개요
대지위치 : 안산시 상록구 성포동 593-27
대지면적 : 1,662.30㎡ (502.85평)
용도 : 어린이 도서관
규모 : 지하 1층, 지상 3층
건축면적 : 488.5㎡
연면적 : 1572.1㎡
건폐율 : 29.69%
용적율 : 89.08%
주차대수 : 기계식 주차 10대
구조 : 철근 콘크리트, 철골트러스
Concept.
에어로라는 이름을 가진 이 어린이 도서관에는 주 테마로 항공기를 사용하였다. 대부분 어린시절 비행기를 선망하는 마음을 가지는데 비행기를 보려면 특정한 곳에 가야만 하는데 이 어린이 도서관에서 항공기를 배치 하여 세밀히 관찰하고 조종석에 탑승도 가능하도록 만들었다.
항공기를 자주 접하고 체험하여 항공기에 대한 꿈을 꾸어 아직까지 미흡한 우리나라의 우주항공분야를 이끌어 주어서 지금 도서관의 항공기는 현시대의 항공기 이지만 어린이들이 미래에는 이 항공기가 우주선으로 바뀌었으면 한다.
공원
상가
N
35m 도로
25m 도로
인접 대지
5. CAR LIFT
10m 도로
상업지구
배 치 도
Sinopsys
역동성을 이끌어주는 매끈한 코어
세밀한 관찰이 가능한 브릿지
Good
Bad
차량 진입
도보 진입
조망
일조
풍향
하절기
북서풍
남동풍
양쪽 건물에서 항공기를 관찰할수 잇는 커튼월
항공기를 경사지게 띄워서 역동성을 강조
항공기를 띄우고 브릿지를 지지해주는 트러스
AERO LIBARY FOR CHILDREN AERO LIBARY FOR CHILDREN AERO LIBARY FOR CHILDREN AERO LIBARY0

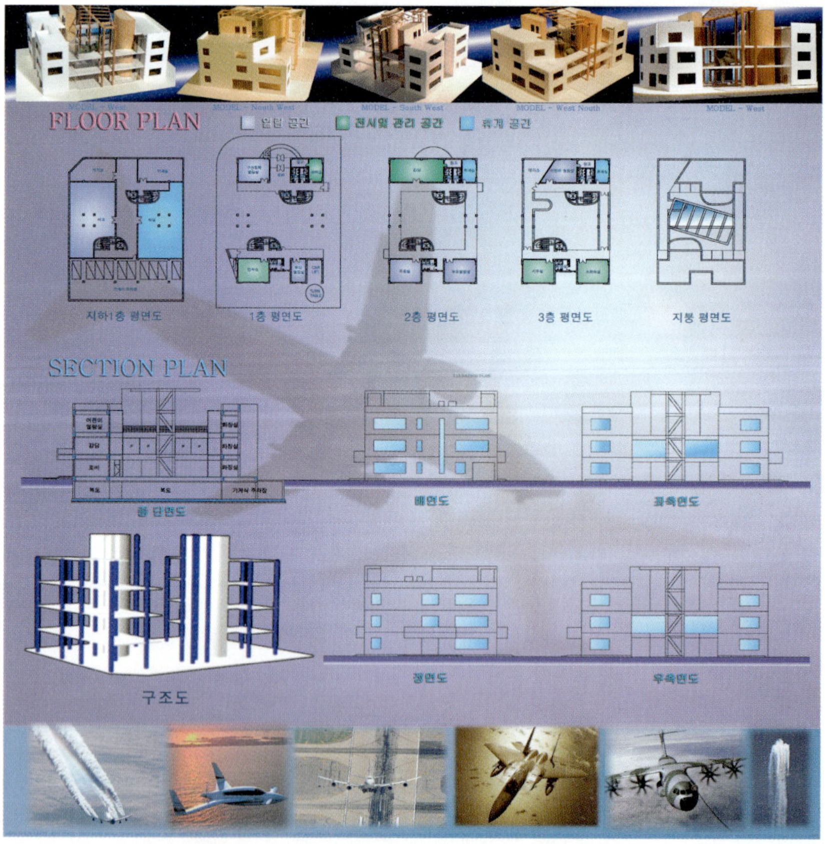
FLOOR PLAN
열람 공간
전시와 관리 공간
휴게 공간
지하1층 평면도
1층 평면도
2층 평면도
3층 평면도
지붕 평면도
SECTION PLAN
종 단면도
배면도
좌측면도
구조도
정면도
우측면도

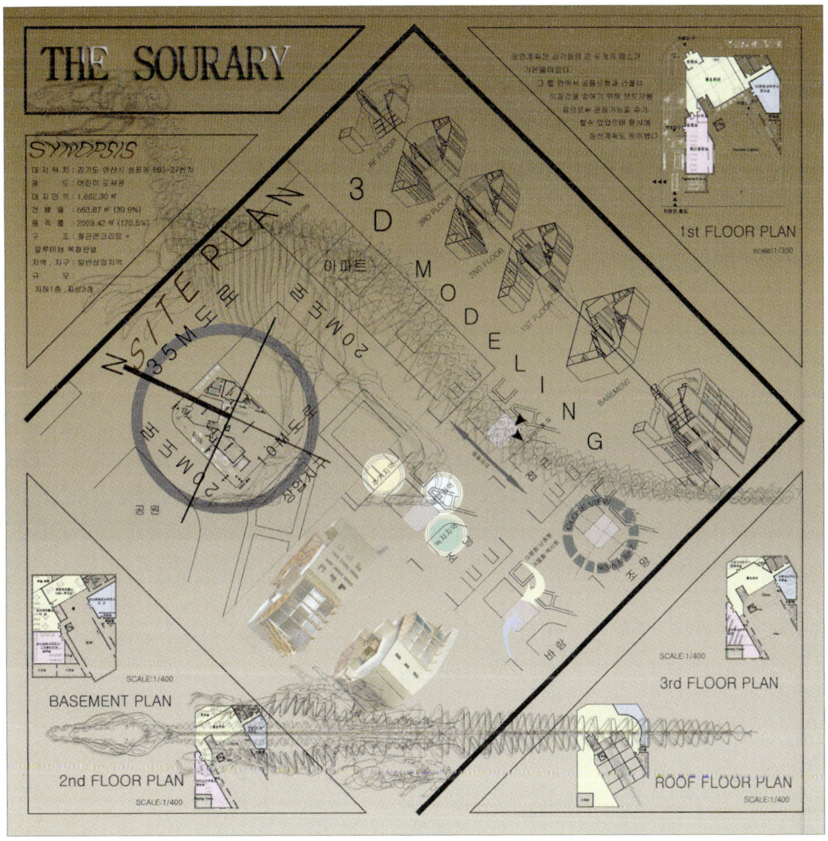
THE SOURARY
SYNOPSIS
3D MODELING
SITE PLAN
1st FLOOR PLAN
BASEMENT PLAN
3rd FLOOR PLAN
2nd FLOOR PLAN
ROOF FLOOR PLAN

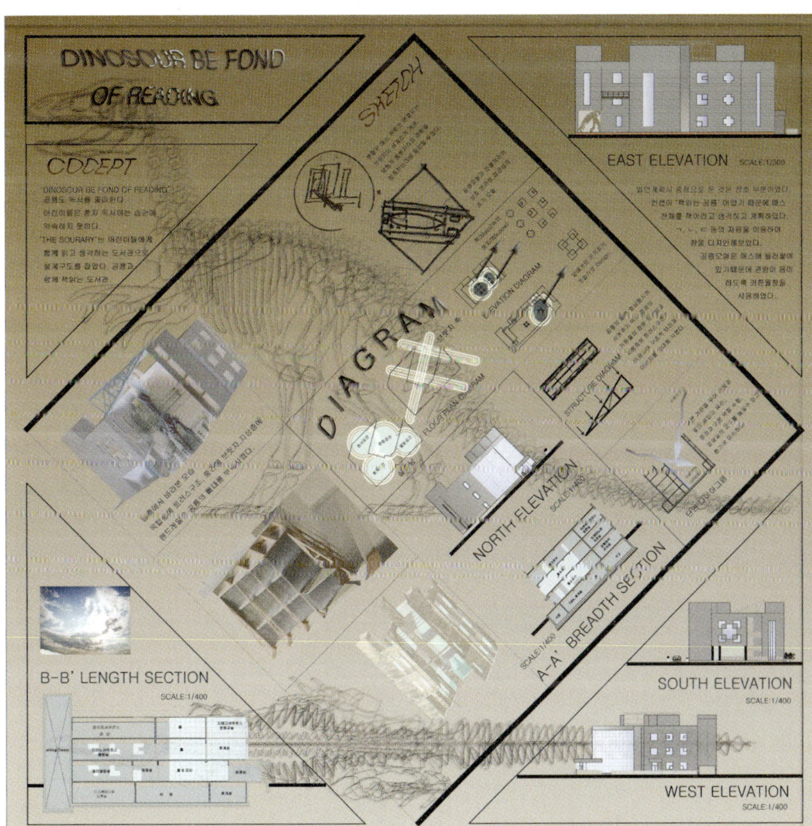
DINOSOUR BE FOND OF READING
CONCEPT
SKETCH
DIAGRAM
EAST ELEVATION
NORTH ELEVATION
A-A' BREADTH SECTION
B-B' LENGTH SECTION
SOUTH ELEVATION
WEST ELEVATION

11. 졸업 설계(학생지도)

UNBAN CONTEXT
DEVELOPMENT ZONE
PROBLE
SOLUTION SYMBIOSIS
DESIGN SOURCE CHLOROPHYLL
SITE PLAN
UNBAN CONTEXT
SOCIAL DISTRIBUTION
COMBINATION(신길지구대형마트 + 소상점계획)
SITE ANALYSIS
DESIGN PROCESS
3D-MODEL
IMAGE
ELEVATION & CROSS SECTION
RIGHT SIDE ELEVATION
REAR ELEVATION
FRONT ELEVATION
LEFT SIDE ELEVATION
CROSS SECTION
FLOOR PLAN
1ST FLOOR PLAN
2 - 4ST FLOOR PLAN
5ST FLOOR PLAN
6ST FLOOR PLAN
7ST FLOOR PLAN
8ST FLOOR PLAN

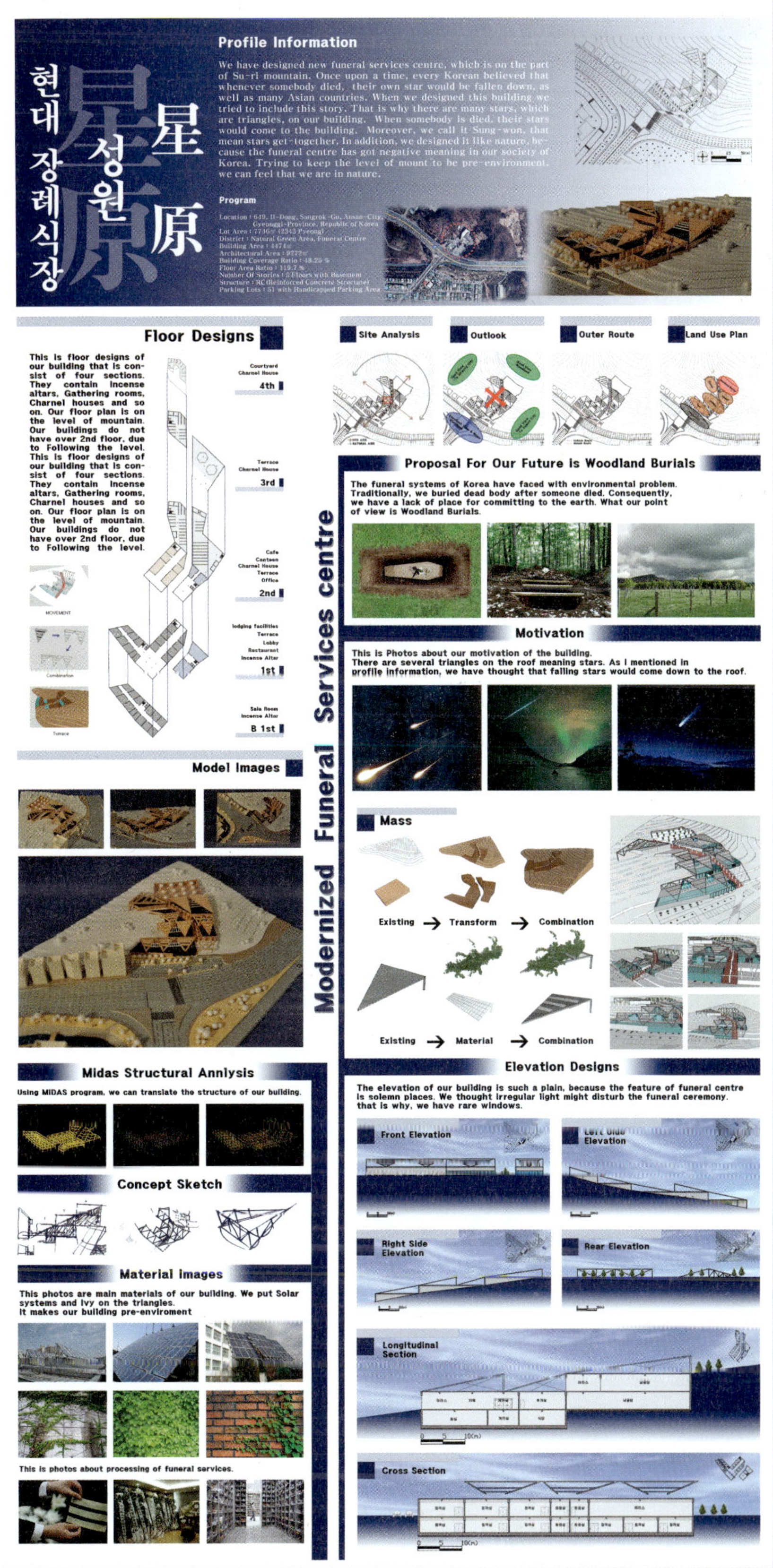
현대 장례식장
星原 성원
Profile Information
We have designed new funeral services centre, which is on the part of Su-ri mountain. Once upon a time, every Korean believed that whenever somebody died, their own star would be fallen down, as well as many Asian countries. When we designed this building we tried to include this story. That is why there are many stars, which are triangles, on our building. When somebody is died, their stars would come to the building. Moreover, we call it Sung-won, that mean stars get-together. In addition, we designed it like nature, because the funeral centre has got negative meaning in our society of Korea. Trying to keep the level of mount to be pre-environment, we can feel that we are in nature.
Program
Location : 649, Il-Dong, Sangrok-Gu, Ansan-City, Gyeonggi-Province, Republic of Korea
Lot Area : 7746㎡ (2343 Pyeong)
District : Natural Green Area, Funeral Centre
Building Area : 4474㎡
Architectural Area : 9272㎡
Building Coverage Ratio : 48.25 %
Floor Area Ratio : 119.7 %
Number Of Stories : 5 Floors with Basement
Structure : RC (Reinforced Concrete Structure)
Parking Lots : 51 with Handicapped Parking Area
Floor Designs
This is floor designs of our building that is consist of four sections. They contain incense altars, Gathering rooms, Charnel houses and so on. Our floor plan is on the level of mountain. Our buildings do not have over 2nd floor, due to Following the level. This is floor designs of our building that is consist of four sections. They contain incense altars, Gathering rooms, Charnel houses and so on. Our floor plan is on the level of mountain. Our buildings do not have over 2nd floor, due to Following the level.
Courtyard
Charnel House
4th
Terrace
Charnel House
3rd
Cafe
Canteen
Charnel House
Terrace
Office
2nd
lodging facilities
Terrace
Lobby
Restaurant
Incense Altar
1st
Sala Room
Incense Altar
B 1st
MOVEMENT
Combination
Terrace
Site Analysis
Outlook
Outer Route
Land Use Plan
Modernized Funeral Services centre
Proposal For Our Future is Woodland Burials
The funeral systems of Korea have faced with environmental problem. Traditionally, we buried dead body after someone died. Consequently, we have a lack of place for committing to the earth. What our point of view is Woodland Burials.
Motivation
This is Photos about our motivation of the building.
There are several triangles on the roof meaning stars. As I mentioned in profile information, we have thought that falling stars would come down to the roof.
Model Images
Mass
Existing → Transform → Combination
Existing → Material → Combination
Midas Structural Annlysis
Using MIDAS program, we can translate the structure of our building.
Concept Sketch
Material images
This photos are main materials of our building. We put Solar systems and ivy on the triangles.
It makes our building pre-enviroment
This is photos about processing of funeral services.
Elevation Designs
The elevation of our building is such a plain, because the feature of funeral centre is solemn places. We thought irregular light might disturb the funeral ceremony. that is why, we have rare windows.
Front Elevation
Left Side Elevation
Right Side Elevation
Rear Elevation
Longitudinal Section
Cross Section

Prologue
Synopsis
STROMENT
Strobile ApartMent (ACM)
Process of transition
Concept Image (Strobile)
Sketch 1
Sketch 2
Model Study 1
Model Study 2
Model Study 3
Model Study 4
Site Analysis
Movement
Noise
View
Pedestrian
Unit Floor plan
Unit.1 sketch
Unit.2 sketch
Unit.3 sketch
Sunken Floor plan
Site plan
Evacuation
Resident
Guest
3D Model
West view
East view
South view
North view
Top view
Bird's eye view
Shopping center Floor plan
Pictures of model
Top view
South view
North view
West view
East view
Bird's eye view
Elevation
Cross Section
Evacuation
Resident
Guest
Car
Entrance
Circulation

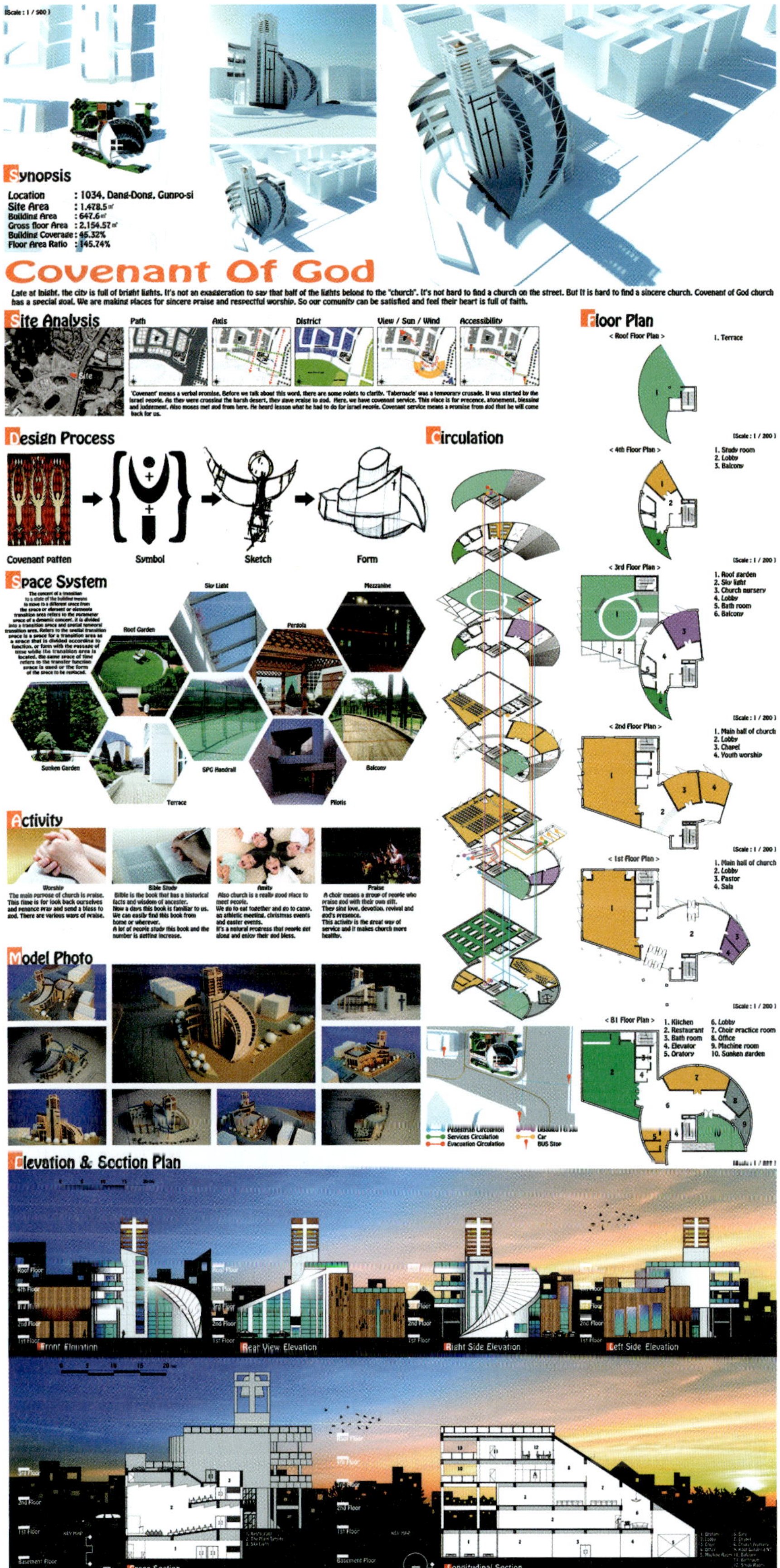

Synopsis
Location : 1034, Dang-Dong, Gunpo-si
Site Area : 1,478.5㎡
Building Area : 647.6㎡
Gross floor Area : 2,154.57㎡
Building Coverage : 45.32%
Floor Area Ratio : 145.74%
Covenant Of God
Late at knight, the city is full of bright lights. It's not an exaggeration to say that half of the lights belong to the "church". It's not hard to find a church on the street. But it is hard to find a sincere church. Covenant of God church has a special goal. We are making places for sincere praise and respectful worship. So our comunity can be satisfied and feel their heart is full of faith.
Site Analysis
Path
Axis
District
View / Sun / Wind
Accessibility
Floor Plan
Design Process
Covenant patten
Symbol
Sketch
Form
Circulation
Space System
Activity
Model Photo
Elevation & Section Plan
Front Elevation
Rear View Elevation
Right Side Elevation
Left Side Elevation
Cross Section
Longitudinal Section

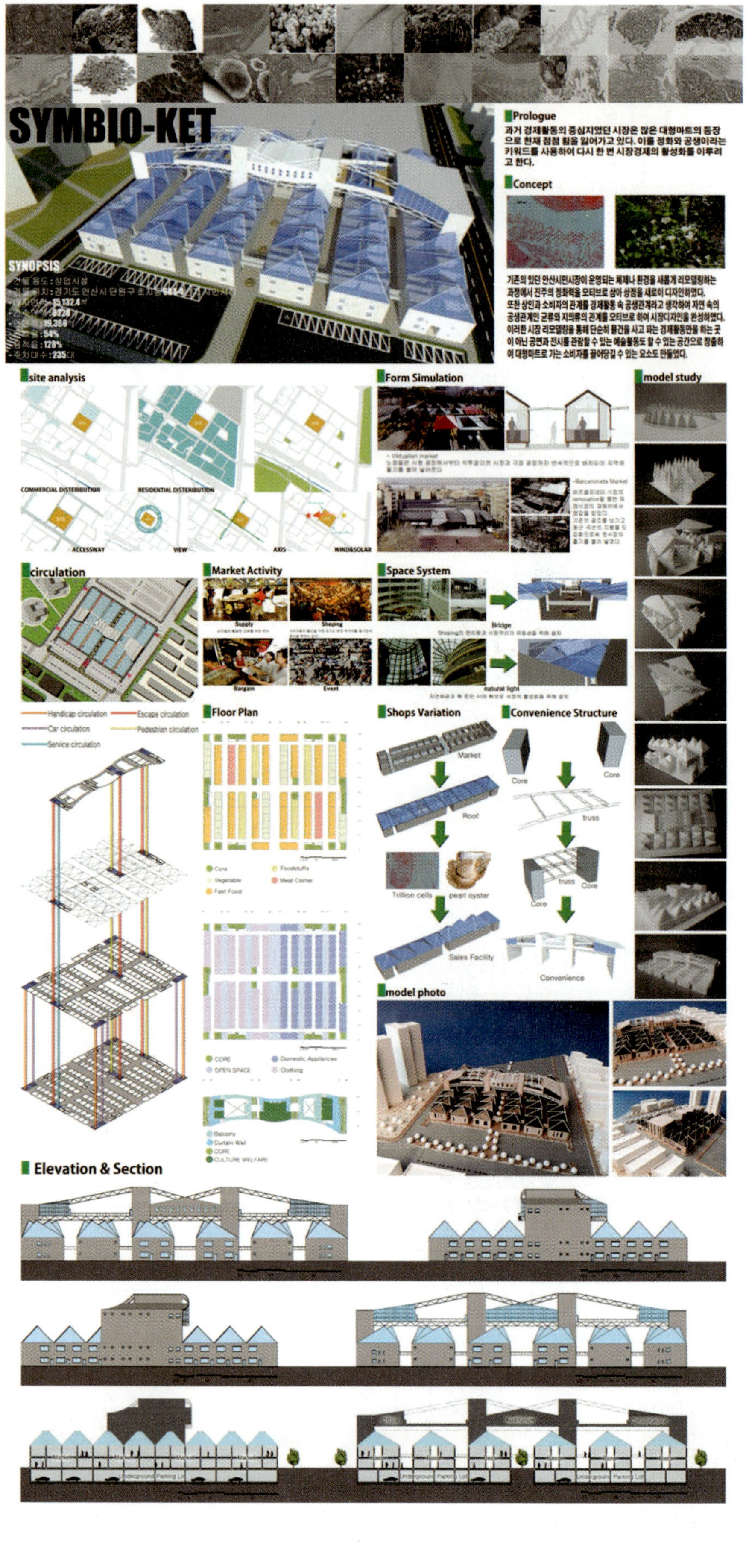
SYMBIO-KET
Prologue
과거 경제활동의 중심지였던 시장은 많은 대형마트의 등장으로 현재 점점 힘을 잃어가고 있다. 이를 정화와 공생이라는 키워드를 사용하여 다시 한 번 시장경제의 활성화를 이루려고 한다.
Concept
기존의 있던 안산시민시장이 운영되는 체제나 환경을 새롭게 리모델링하는 과정에서 진주의 정화력을 모티브로 삼아 상점을 새로이 디자인하였다.
또한 상인과 소비자의 관계를 경제활동 속 공생관계라고 생각하여 자연 속의 공생관계인 균류와 지의류의 관계를 모티브로 하여 시장디자인을 완성하였다.
이러한 시장 리모델링을 통해 단순히 물건을 사고 파는 경제활동만을 하는 곳이 아닌 공연과 전시를 관람할 수 있는 예술활동도 할 수 있는 공간으로 창출하여 대형마트로 가는 소비자를 끌어당길 수 있는 요소도 만들었다.
SYNOPSIS
건물 용도 : 상업시설
경기도 안산시 단원구
15,132.4㎡
19,366
54%
128%
주차대수 : 235대
site analysis
COMMERCIAL DISTRIBUTION
RESIDENTIAL DISTRIBUTION
ACCESSWAY
VIEW
AXIS
WIND&SOLAR
Form Simulation
model study
circulation
Handicap circulation
Escape circulation
Car circulation
Pedestrian circulation
Service circulation
Market Activity
Supply
Shoping
Bargain
Event
Space System
Bridge
natural light
Floor Plan
Core
Foodstuffs
Vegetable
Meat Corner
Fast Food
CORE
Domestic Appliances
OPEN SPACE
Clothing
Balcony
Curtain Wall
CORE
CULTURE WELFARE
Shops Variation
Market
Roof
Trillion cells
pearl oyster
Sales Facility
Convenience Structure
Core
truss
Convenience
model photo
Elevation & Section
Underground Parking Lot

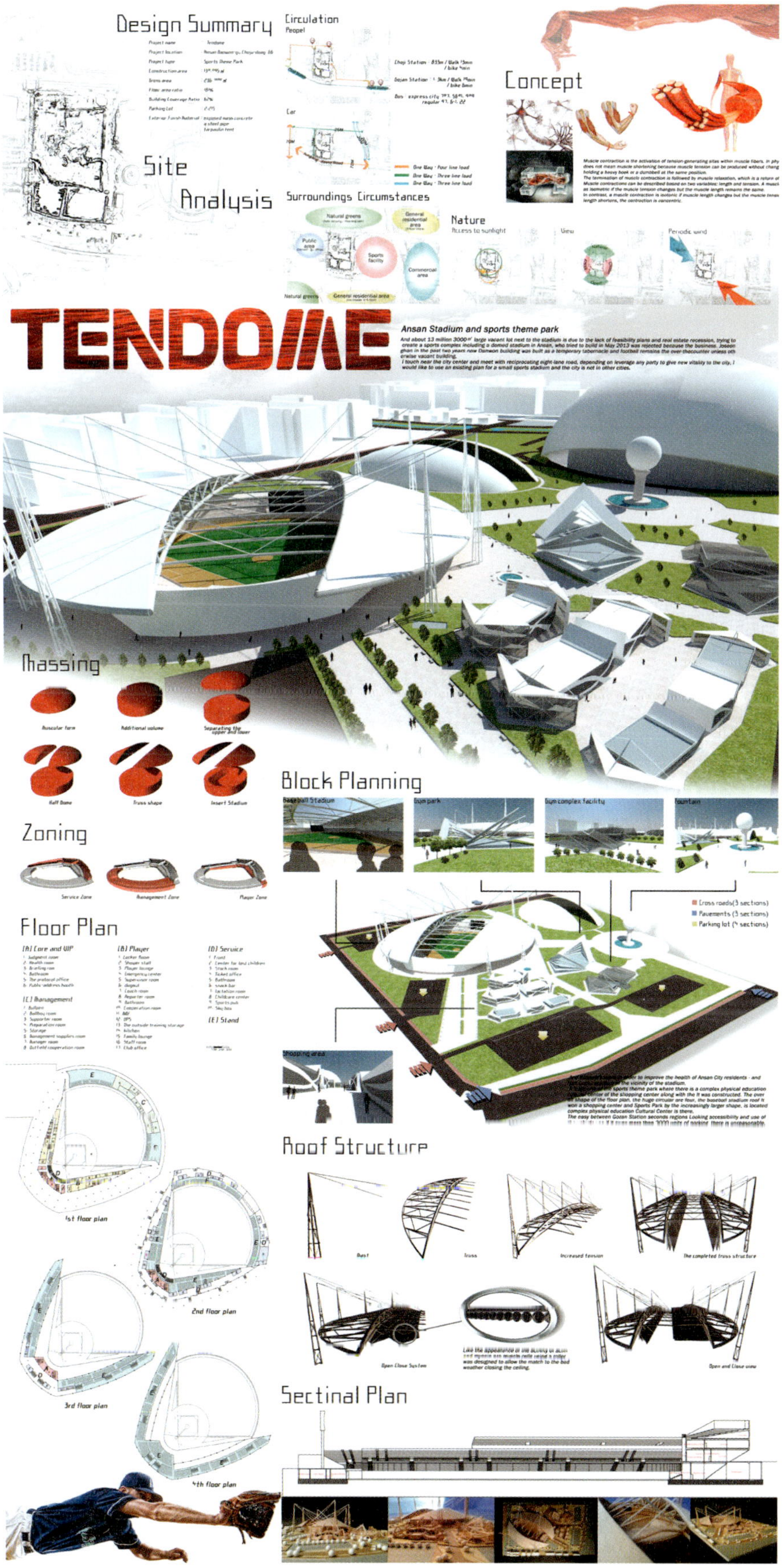
Design Summary
Circulation
Peopel
Car
Concept
Site
Analysis
Surroundings Circumstances
Nature
TENDOME
Ansan Stadium and sports theme park
Massing
Block Planning
Zoning
Floor Plan
Roof Structure
Sectinal Plan
1st floor plan
2nd floor plan
3rd floor plan
4th floor plan

■저자 약력

백 경 무 (白 炅 武 Baik, Kyung Moo)

▸ 학력

· 성균관대 건축공학과 졸업 (공학사)

· Pratt 대학원-New York(건축계획 석사)

· 성균관대 건축과 대학원 졸업(건축학 박사)

▸ 경력

· (주)Pos.A.C. 종합건축사 사무소

· 동경대 생산기술연구소 건축 연구교수

· 현재 신안산대학교 건축과 교수

▸ 저서

·건축설계의 실무영어, 도서출판 서우

·건축형태분석, 기문당

·공간조형설계 및 동선계획, 한국직업개발원+대한건축학회

NCS 기반의 산업체 직무프로그램에 맞는 프로그램

건축 설계 시스템

2016년 12월 10일 초판인쇄
2016년 12월 20일 초판발행

저 자 : 백 경 무
펴낸이 : 이 석 환
펴낸곳 : 도서출판 서우
등 록 : 제8-159호
주 소 : 서울시 은평구 대조동 188-8
전 화 : (02)383-1696, 1697
팩 스 : (02)387-9578
ISBN 978-89-97153-94-7 93540

값 20,000원